食與時：
透過秒、分、時、日、週、月、年，
看時間的鬼斧神工如何成就美味

珍妮·林弗特 著　呂奕欣 譯

The Missing Ingredient:
The Curious Role of Time in Food and Flavour

Jenny Linford

ISBN 978-986-235-742-2
FS0103 NT$420 HK$140

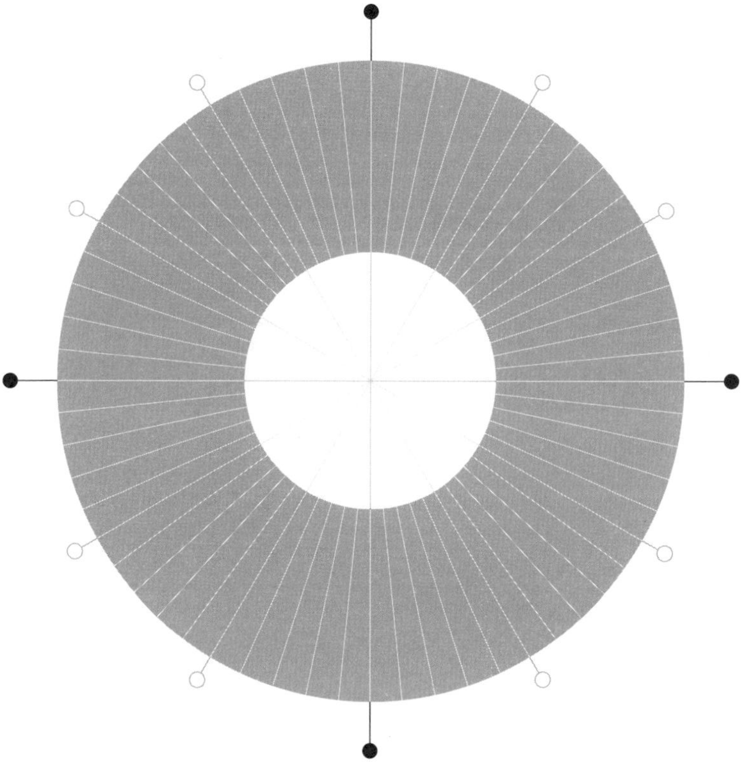

以愛，獻給我的家人與朋友

目錄

9 引言

19 秒

在廚房裡，確實要有掌握瞬間的能力，要目光銳利、高度專注，否則可能引發災難。

味覺的立即性／手工巧克力：登峰造極／鮮味：滿足口欲的滋味／焦糖的五十道陰影／汆燙：速燙速決／再忙，也要喝杯咖啡

51 分

「分鐘」是很有彈性的時間單位，因此在這一部分所談到的主題也包羅萬象。

新鮮／學習品味食物／蛋料理的精準度／魚的誘人美味／現代微波爐／喝茶時間／速食／鑊氣／「完美」牛排／漫長尾韻／山葵的嗆鼻時間／油炸的藝術／完美的麵食／暫停的優點／蒸氣的威力／焦香味／製作美乃滋／大胃王比賽／炒香／尋找豆餅／奇妙的梅納反應／正確的煮飯法／壓力鍋／布朗尼時刻／「幾分鐘上菜」食譜／尋找凝固點／燒烤

145 小時

隨著準備食物與烹煮的時間受到擠壓，費時的料理反而獲得新價值。

麵包之藝／烤肉儀式／隔水加熱之美／深鍋與淺鍋／生活中的豆泥／醃／製作高湯／慢工出細活的酸種麵包／真空低溫烹調／慢煮風潮

183 日

「日」觸及到食物保存的領域：如何避免時間導致食物腐敗。

融合與豐醇／醃漬的正確之道／糖的力量／令人上癮的煙燻味／冷卻科技／保存期限／齋戒與饗宴／冷肉的製作技巧／發酵／不可或缺的鹽

223 週

有些食物的生產過程是以週來計算，例如家禽的生命是以週齡計；許多美味乳酪的製作時間也以週為單位。

製造乳酪／精釀啤酒／吊掛的必要／禽肉生產／乳酪的熟成

253 月
不同月份就有不同的季節食物。食物的季節性對人們來說，依然彌足珍貴。
蜂蜜的滋味／脂肪的保存能力／浸漬／讚頌季節性／新鮮橄欖油／冷凍奇技／最好的牛肉

291 年
時間具有為食物賦予甘醇味的獨特能力。這效果是其他做法模仿不來的。
完美的帕瑪乾酪／威士忌的傳承／回歸本土品種／雪利酒的釀造技藝／口齒留香的西班牙火腿／波特酒的飲酒之樂／陳年巴薩米可醋／體驗老酒的魅力／時光旅行

325 傳承：將數千年的飲食延續下去

331 參考書目

333 食物生產者名錄

339 謝詞

引言

我是在清晨時分，冒出這本書的靈感。那時約莫四到六點之間，天將泛起魚肚白。我睡眠淺，常在這怪異、孤單的期間，於黑暗中躺在床上半夢半醒。這時，思緒會從潛意識深處浮上心頭——通常是煩憂，但也有問題解方，或靈感迸發。當時我得為某個日子要舉辦的活動尋找與食物相關的主題，因此日夜苦思。我雄心勃勃，考慮帶領大家踏上食物歷史的旅程，先從英國早期食物出發，穿越不同的時間點……忽然，「時間」這個詞引起我注意，思緒因而頓了片刻。我內心頗中意這個字，遂繞著它打轉——若不談歷史上的食物，而是食物裡的時間呢？時間是食物裡的材料，一種普世皆然、看不見的材料。那靈光乍現的一刻，我突然領悟更廣大的道理。我似乎不僅碰觸到某個活動主題，更找到能發展成一本書的核心概念。

本書探索的是料理中的時間。二十五年來，我以食物為主題寫作，思索關於食物的事。一直以來我都著迷於食物與生活諸多層面的緊密牽繫，例如歷史、身分認同與文化等方面。食物遠不只是人體的燃料，更承載著滿滿的意義。時間與食物這個主題博大精深，令我十分著迷。我花了數個月思考架構，想想該在書裡談些什麼。時間總以某種方式觸及食物的所有層面，但我希望能讀起來有趣，引人入勝。於是，我把這本書想像成萬花筒，每篇短文就像透過食物或烹飪的稜鏡來看待時間，集結起來，就會構成複雜細密的圖案。撰寫這本書，就像走一趟令人全神貫注的旅程，過程因為與許多有識之士相遇而更精采。巧的是，無論是與食物生產者、主廚或飲食作家見面，大家不約而同往往都會提到投入充分的時間有多麼重要，且通常還不是我主動提及的。我在訪談時，鮮少告知對方我的主題是料理時間（我通常說，這本書談「食物之藝、好食物的要件」），這麼一來，我才能親自分辨出時間在他們工作中所扮演的角色。本書從秒談到年，和讀者一起從料理時間的角度踏上旅程，可從頭開始讀到結束，也可隨時翻閱其中一部分。我在研究與寫作時，發現材料會重複。若從不同的時間觀點探討同一項主題（例如肉），整合起來之後，更能洞悉時間扮演多麼複雜多元的角色。比方說，家畜該飼養多久，風味才能達到顛峰；肉品該如何吊掛、烹煮才最恰當；長久以來，哪些巧妙的方式可以保存肉，留住珍貴的蛋白質。

在烹煮與吃進食物時，會發現時間是無所不在的材料。然而，時間卻是看不見的，也鮮少被獨立考量。時間是烹飪的必備條件，要煮一道好菜，得知道如何適當運用時間。在廚房中，時間或許是分秒必爭的事：以沸騰的水烹煮義大利麵得動作迅速，麵才會彈牙；切好的馬鈴薯放進熱油鍋，一下子就能炸出薯條，教人興奮不已；把麵粉、牛油與牛奶攪拌在一起煮成濃稠白醬也很快。當然時間也可能賦予豐醇之味：高湯得花好幾個小時慢火燉煮肉骨與蔬菜；羊肩和香料可滷上一整夜；苦橙皮要浸漬久一點，才能做成橙皮果醬；

豬五花要低溫慢烤幾個小時，才會多汁酥脆，帶有金棕色澤。某些菜色（例如煎蛋捲或烤魚排）講究快速，否則會煮過頭。想端出這類菜色，手腳要夠敏捷、眼睛要注意時鐘，才會吃得愉快，避免這餐失去光彩。但其他料理需要耐心。肉要煎出棕色，透過複雜的梅納反應（Maillard reaction）產生令人垂涎的香氣與滋味，這過程就得花點時間，效果才會剛剛好。製作馬來西亞料理的咖哩與醬料時，首先要把香料、香草與調味料煮成糊。這過程必須謹慎，切莫匆忙，若想省時，端出的菜勢必味道粗糙單薄，差強人意。觀看經驗豐富的主廚工作，會發現其時間感相當精準，並影響接下來的決定。能以「適當」時間烹煮食物，是廚師的關鍵能力。從學習烹飪可獲得許多種成就感，其中之一來自掌握到有效率運用時間的要領。能行得通的料理知識也需要時間學習，無捷徑可走。

時間與食物的關係遠不止適當的烹調時間，而是相當多樣、複雜的。我們能體會到料理時間的諸多層面。在光譜的一端是新鮮度；吃到真正新鮮的食物，那經驗會令人留下鮮明印象的經驗。我少女時代在義大利居住時，曾隨著雙親造訪菲耶索萊（Fiesole）山上的義大利友人家。貼心的主人發現，我在大人談天時百無聊賴，遂建議我到花園，自己採水果吃。我走出屋外，來到溫暖的托斯卡尼陽光下，猶豫地將手伸向杏桃樹枝，摘下外皮毛茸茸的深橘色杏桃。我吃了一口，那鮮美的滋味令我至今難忘。我吃的不僅是尚未有時間腐壞的鮮採杏桃，而且那是正好成熟可食的果實。在春夏的這幾個月，杏桃花經授粉而產生轉變。在雨水滋潤與暖陽照耀下，花朵膨脹成熟，結出我大啖的果實。這棵大樹耗時多年生長，從種下樹苗到開花結果的過程需要主人悉心照料。我與杏桃的短暫相遇，其實是靠著諸多不同的時間尺度醞釀而成。

我們也珍視陳年過程為飲食賦予的魅力。許多最受推崇的飲食需多年醞釀，例如摩德納傳統巴薩米可醋、伊比利火腿、陳年葡萄酒與烈酒。這些美食令我們著迷之處，多是靠著大量時間製作而成。如今「耗時製作」儼然成了一種行銷工具。近年來，跨國企業聯合利華（Unilever）不怕費工，推出包裝精美的特級陳年馬麥醬（XO Marmite，XO意指「特別古老」〔Extra Old〕）。這款商品號稱「長期熟成，造就更濃郁的滋味」，即是以「陳年」幫產品加分，讓原本平凡的量產食物變得奢華迷人。飲食界相當重視陳年，甚至採用諸多捷徑，模仿陳年效果。有些乳酪廠商為了沾陳年起司的光，遂將乳酪以塑膠膜包好，在冷藏環境存放一兩年，即在市面銷售。但只要一嚐，就能發現風味沒多少改善，與原來相去無幾。乳酪熟成要有意義，就得和帕瑪乾酪或農家切達乳酪一樣那麼小心謹慎，讓乳酪呼吸、乾燥。這種陳年乳酪吃起來有濃郁的鮮味，尾韻在口齒間縈繞良久。真正的熟成過程對我們最終的感官經驗會帶來正面的效果，提升香氣、風味與質地。時間的效用宛若神祕的鍊金術。我們或許不太瞭解時間究竟如何淬煉出美味食物，例如熟成乾肉，或是陳年波特酒，燉菜放了一天之後，味道也會更融合。不過，我們嚐得出時間淬煉出的美味，也懂得鑑賞。

時間與食物的關係是兩面刃。時間的摧毀力量強，會導致食材變質腐敗。好幾世紀以來，人類設法為得來不易的珍貴食物找出保存方式，避免時間搞破壞。乾燥、鹽漬、煙燻、發酵、醃製、泡漬、加入滿滿的糖，以及更近期發明的罐頭，種種創新之舉皆是為了讓食物能安全保存得更久。在冷藏與冷凍技術出現之後，食物保鮮期的拉鋸戰出現大進展。世界上許多國家已不需採用過去的食物保存法，但人們持續沿用，珍惜這些讓飲食更豐富的做法。

飲食是生命所不可或缺。我們得重複「吃」與「喝」，才能維持人體生存。過去人們瞭解準備食物相當耗時，首先得靠漁獵、農耕或交易方式來取得食材，接著要去除內臟、採摘、揀選、揉、捶打、研磨，才能開始烹煮。如今有麵包機、食物調理機等琳琅滿目的省力設備，讓食物製作比以往更快速簡便。即使如此，我們似乎仍不願意花時間準備與製作食物。從烹飪方式中，也透露出現代人在生活中是多麼缺乏耐性。

我小時候，父母說的「煮」，是現在說的「從頭開始煮」，也就是料理生的食材。現在若不想這樣煮食，也有更多選擇。一九五〇年代美國發明的即食食品，起初是奇特的創新玩意兒，後來已成為隨處可見的主食。微波爐開始出現在居家空間，就表示冷凍與冷藏食品三兩下就能徹底加熱。一直到二〇一三年，歐洲爆發假牛肉醜聞（Horsegate），肉品可能摻雜未申報的馬肉與豬肉，才導致即食品的銷售應聲倒地。但之後即食品市場已觸底反彈，甚至成為食品製造業中蓬勃發展的區塊。英國市調公司「關鍵筆記」（Key Note）一項近期的報告預測，二〇一五年到二〇一九年，即食品的市值將成長一五．七％。就算想自己煮食，也能找到許多已準備好的食材，節省開伙時間。磨碎起司、切好的洋蔥、袋裝沙拉菜——以前人認為理所當然的簡單炊事，如今都成了商機。

在餐飲界，外食時間也縮短了。和朋友上館子、花時間悠閒吃頓飯，坐著慢慢喝完咖啡，彷彿已屬於逝去的年代。大都市的餐廳面臨租金昂貴的殘酷現實，提高翻桌率已是普遍現象。餐點必須在嚴格規定的時限內端上，用餐者也得在預期時間趕快吃完，騰出空間給下一輪客人。「在倫敦，你外食所付的錢並不是用來買食材或付給員工，而是繳房租，」一名餐館老闆告訴我。「鐘面」（Ziferblat）是經營模式很新奇的連鎖咖啡館，不向客人收取食物或飲料費用，而是每分鐘收取六便士。「什麼都免費，只有你在這裡占用的時間例外，」創辦人柯林．沈頓（Colin Shenton）說。外食本身的觀念也加速了。如今大家懶得親自光顧餐廳，因此動動手指，就能把餐點送到家的行動應用程式蔚然成風。「戶戶送」（Deliveroo）就是一個例子，口號是「從您最愛的餐廳快速配送到府」，由快遞員穿梭在城市的街道，盡快把食物送到家。這間公司在二〇一三年成立，旋即成為歐洲最有錢的新創公司，顯示線上外送餐點服務的商機龐大。

食物製作的歷史是從個人製作，朝大量生產的方向演進，這種變化會擠壓食物的製作時間。在工業化食品製造界，「時間就是金錢」，人們不知投入多少智慧，盡量縮短製作時間。一九六〇年代初期在白金漢郡發明的喬利伍德（Chorleywood）麵包製做法就是明顯的例子，顛覆麵包的製作原料與製作方式。這種新製程是以強力攪拌機，把蛋白質含量低的麵粉、油脂、酵母與添加物高速攪拌混合。這樣麵團會快速發酵，比過去幾世紀以來的傳統方式能更快烤好。如今，英國的麵包有百分之八十是以喬利伍德法製作。不過，這種方式做出的麵包太輕，口感不扎實，味如嚼泥。然而放眼世界，總有食物生產者投機取巧，模仿過去慢工細活的做法，例如在培根裡注入濃鹽水；以塑膠包裝來「熟成」牛肉；在啤酒裡加二氧化碳來產生氣泡，取代天然發酵法；以有煙味的添加物做「煙燻」乳酪……等等。更快做出食物的需求延續到今日。太空時代「食物藥丸」的想法仍然有吸引力。二〇一三年，加州的年輕科技新創業者羅伯·萊恩哈特（Rob Rhinehart）發明 Soylent 代餐，有飲料、代餐棒與粉末型態，起初是為了替自己省時省錢。他和夥伴認為這個點子很有意思，於是開始尋求群眾集資，果然引起廣大迴響，短時間就募集大量的投資金額。Soylent 是結合蛋白質、碳水化合物、脂質與微量營養素的混合物，每年銷售持續增加。它的訴求為省時：「如果你曾浪費時間與精力決定午餐吃什麼，或忙得沒空準備一餐，那麼 Soylent 就是為你而打造的。」在這種世界觀裡，煮與吃都只是浪費時間。對於像我這樣愛煮又愛吃的人來說，這種純粹講究機能的食物處理方式，完全違反我對食物的所有信念。撰寫這本書的過程中，我瞭解到為做出好食物，時間有多麼重要。

另一方面，手工食物生產者也在崛起。許多人固然是採用傳統做法製食，但他們不乏實驗與創新的意願。手工食物領域很有意思，製作者充滿想像力與活力。他們在產製優質食物時，有個共同特色很明顯：適當運用時間。在製作正宗的酸麵團時，麵包師會讓它慢慢發酵，這樣做出來的麵包才有好的風味與口感。煙燻坊會以卓越的技巧，費時鹽漬與冷燻，把容易腐敗的新鮮魚肉變成高檔醃製美食。乳酪師傅懂得以不同時間，做出千變萬化的乳酪，有的新鮮濕潤，做完後幾天即可食用，但有些大型乳酪則要在適當環境下靜置幾個月，仔細熟成。提供高品質肉品的畜牧業者也深深明白，飼養過程中時間多重要。放慢生長時間可讓肌內脂肪與膠原好好生成，骨骼充滿髓質而強健，而消費者也就能得到鮮嫩多汁、充滿風味的肉。這樣的食物值得我們細細品味，看看眼前的食物，想想自己在吃什麼。

年輕一輩的主廚正擁抱耗時的技法，例如醃肉、醃菜與發酵，他們樂於成為精通料理食材的基本功的大師。製作食物的成就感也蔓延到一般家庭，從民眾逐漸講究起食物的採買即可看出端倪。城市興起美食市場與小農市場的風潮，提供更悠閒、有個別特色、有季節性的購物經驗，居民不再只是推著推車，在超市匆匆走一遭。養酸酵頭來烤麵包、製作發酵康普茶、把水果煮成果醬、橙皮醬和酸甜醬——越來越多人興沖沖投入這些花時間的活動，有人就是知道食物值得這樣的時間投資。花費時間、不嫌麻煩做食物給別人吃，與「養育」和「款待」等深刻概念緊密交織。煮頓飯給別人吃，就是傳達情感——親子之愛、伴侶浪漫情感，或是朋友情誼。

時間既是流動的，卻又毫不留情。即使人類有源源不絕的創意，仍無法複製出時間形塑與創造食物的影響力。不得不承認，時間的確是了不起的材料，因此我們該在種植、製作到烹煮等一整個飲食鏈中妥善使用時間，從中尋得樂趣——簡言之，就是付出時間好好地做。

秒

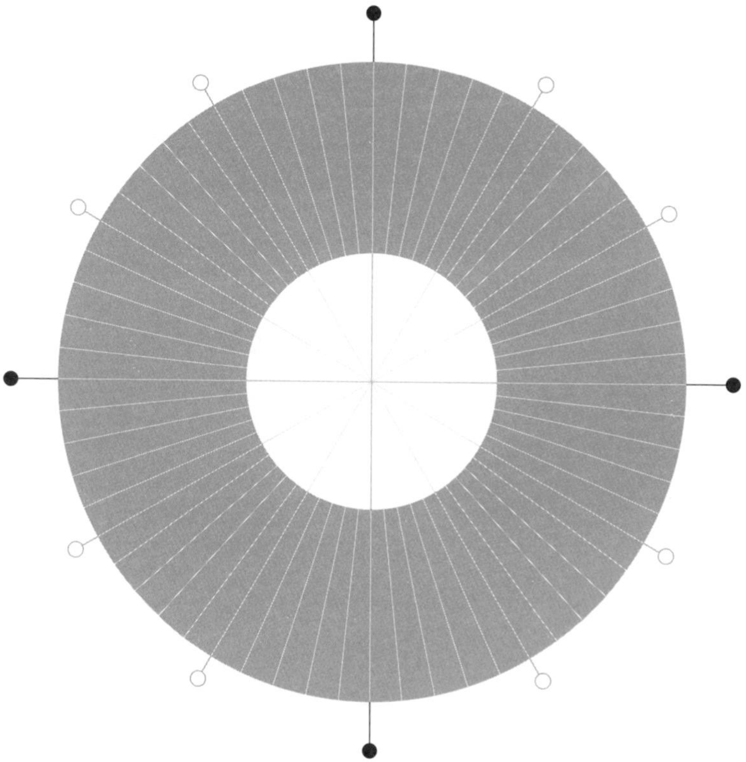

秒

秒

這個小小的時間單位總是頭也不回，飛快前進。鮮少有食物在瞬間即逝的幾秒間就能烹煮完成，這表示，即使大環境無情逼我們加快烹煮速度，以提供立即滿足，但這個關於「秒」的章節，篇幅仍不算長。然而我們在廚房裡，確實要有掌握瞬間的能力，要目光銳利、高度專注，否則可能引發災難，例如巧克力或奶黃醬結塊、美乃滋煮過頭而油水分離。要知道一道菜何時完成，該在哪一秒收手，靠的是經驗累積。另一方面，我們在攝取食物時，味覺也有即時性。人體有生物防衛機制，對所吃的東西會立即出現反應，以避免不慎吞進苦的、可能有毒的食物。要探索這迷人的食物主題，不妨從一個充滿喜悅的感官經驗開始：巧克力碰到人體，幾秒之後開始融化。

味覺的立即性

味覺有鮮明的立即性。將食物放入口中，一兩秒內就能嚐到滋味。我們認為這現象理所當然，但在那電光石火的瞬間，其實發生了許多事。人類的口部與喉部平均含有十萬個味蕾，位於小小的舌乳突（papillae）上。味蕾裡有味覺受體，含有細微且高度敏感的味覺毛（微絨毛〔microvilli〕）。食物進入口中後，可溶性化學物質（稱為「味覺物質」〔tastant〕）會在碰到唾液時融化，味覺毛偵測到之後，就會觸發味蕾，把味覺訊息透過神經傳遞到大腦。人類味蕾可偵測五種基本味：甜、鹹、酸、苦、鮮。不過，口部偵測到的這五種基本味道，只是我們品嚐某種食物時的部分感受。我們在建立整體味覺「樣貌」時，還深受鼻子影響；要是嗅覺受阻（例如感冒），就會覺得食物索然無味。氣味對味覺很重要，因為食物分子會沿著喉嚨後方，往上抵達鼻子末端的嗅覺神經，產生氣味訊息，送到大腦——這稱為「鼻後嗅覺」。大腦以為鼻後嗅覺察覺到的氣味是來自口部，而形成的訊息就是我們嚐到的「風味」。人類嗅覺敏銳，能偵測到成千上萬的不同氣味，因此我們能察覺的風味也難以計數。若觀察專業品嚐者工作，會注意到他們怎麼嗅聞與品嚐。比方說，葡萄酒專家會搖晃杯裡的酒，增加酒與空氣接觸的面積，強化酒的香氣，之後深深嗅聞才喝。這麼做其來有自，因為酒的滋味基調絕大部分是由香味構成的。

我們不認為品嚐能力有什麼了不起，但要能享受食物，品嚐能力就是關鍵。我們能分辨出五花八門的風味，無論是天然優格的細膩酸味、成熟桃子的汁液甜味，或咖啡的苦、辣椒的辣、大蒜的刺激等強烈味道。只是隨著年齡增長，味覺感受能力也會衰退。味蕾的出生、死亡與更新週期為兩個星期，隨著身體老化，更新的味蕾也越來越少。不僅如此，嗅覺也不再那麼敏銳，進而影響到感知風味的能力。一旦對風味的感受鈍化，多采多姿的食物世界也會黯然失色。下回吃或喝到美食時，別忘了停下來想想味覺讓人生變得多麼豐富。

手工巧克力：登峰造極

我坐在書桌前，伸手拿「緊急專用」巧克力。我剁一小方塊放進嘴裡，不出幾秒，在室溫中呈現固態的巧克力就在溫暖的口中開始融化。巧克力是人見人愛的奇妙食物，其部分魅力正是來自一接觸人體就開始融化的感官經驗。

巧克力是以可可樹（*Theobroma cacao*）的種子做成。如今巧克力糖的價格便宜，到處皆可購得，但是回顧漫長的歷史，可可大部分是供飲用，而不是固體型態。人類與可可的關係可追溯到中部美洲（Mesoamerica）的時期。考古證據顯示，諸如奧爾梅克文明

（Olmecs）與馬雅文明等古代社會，皆會以可可豆製作飲品。可可在阿茲特克社會同樣占有特殊地位，是具有象徵意義的食材，可可經過烘烤、以香料調味，成為貴族的奢侈飲料。大約在一五一九到一五二一年間，阿茲特克帝國敗給科爾特斯（Cortes，*1485—1547*，西班牙殖民者）及其軍隊，這時西班牙征服者把可可引進了歐洲。巧克力是來自異國、以可可製成的新飲品，據信有催情等諸多功效，深深擄獲西班牙王公貴族與歐洲社會的心。要製作巧克力飲品時，必須先把可可豆磨成泥、壓成餅狀，再以水或牛奶稀釋成濃稠飲品。一六五七年，倫敦開始有人販售巧克力，廣告詞是「來自西印度群島的完美飲料，稱為『巧克力』」。山繆爾・皮普斯（Samuel Pepys，*1633—1703*，托利黨政治人物，其日記曾描寫當時社會的諸多大事與現象）對新奇流行的事物有獨到眼光，就曾經撰寫過幾次喝巧克力的經驗。

巧克力從飲品變成固體食物則是發生在工業革命時。當時發明的新機器能以新的方式加工巧克力。我們今天認識的巧克力，多得歸功於如今仍屹立的諸多大型巧克力廠商所研發。一八四七年在英國貴格會成員所創辦的弗來（Fry & Son）可可公司，法蘭西斯・弗來（Francis Fry）將可可粉、糖、可可脂混合成巧克力——這是事關重大的一刻。一八七九年，瑞士巧克力製造商魯道夫・蓮（Rodolphe Lindt）發明巧克力精煉機（conche），能慢慢研磨與攪拌巧克力混合物，減少顆粒，做出柔滑無顆粒的質地。蓮也增加巧克力混合物的可可脂含量，賦予巧克力滑順口感。

透過這些創新，巧克力得以量產，變成平價商品。巧克力具有能融化與重新塑形的優點，而在法國和比利時，製作巧克力的風氣相當盛行。巧克力製作時要先融化與調溫（temper）。調溫，就是在一連串程序中把巧克力依序調整到精確的溫度上，且溫度會因為所使用的巧克力而有所不同。這過程會重新排列組成巧克力的晶體，使它的結構更穩定。若調溫調得好，完成後巧克力會呈現出光澤與脆度，可塑形成巧克力片或松露巧克力之類的巧克力糖。技巧高超的巧克力師傅備受肯定，其心血結晶也會是奢華高擋的點心。

如今世界各地的巧克力生產，多掌握在屈指可數的幾家大公司，例如瑪氏（Mars Inc）、億滋國際（Mondelez Int）與雀巢（Nestle S.A.）。但在一九九〇年代，美國與歐洲掀起一股手工巧克力熱潮，其焦點放在探索如何運用不同種類與生產國的可可。近年來，越來越多「從可可豆到巧克力」（bean to bar）都很講究的手工巧克力師傅出現，他們通常直接向種植者採購可可豆，製作小批量的巧克力。「這其中集結了諸多因素，包括優質可可豆變得方便取得、巧克力機價格趨於平價，以及主廚和愛好者熱衷於做出好巧克力，」史賓塞．海曼（Spencer Hyman）解釋，他來自可可經營者（Cocoarunners），這間公司展示並銷售來自世界各地的手工巧克力。「我們在二〇一三年成立公司時，全英國直接購買可可豆、手工製作巧克力的人總共有三個，現在大約是四十個。美國原本約有

二、三十個，現在則是超過三百個」。巧克力含有超過四百種不同的風味化合物，有些有水果味或花香調；有些帶有土味或香料味。如今愛好巧克力的師傅在製作巧克力時，會表現出可可的特色。「通常量產的巧克力一開始嚐起來不錯，但僅止於此。一小塊手工巧克力則有和酒一樣的繁複風味，持續在發展、變化，」史賓塞說。

我最喜歡的巧克力師傅之一，是原本擔任主廚的丹麥人米克・弗里斯－霍姆（Mikkel Friis-Holm）。他身材魁梧，個性和藹可親，言談間散發出才智、知識與幽默。他心胸開闊，又有好奇心，從二〇〇七年便開始不斷挑戰巧克力的極限。米克製作巧克力的流程一絲不苟，從一開始的可可採購即可見一斑。「我花了許多時間和可可農建立關係，曾去尼加拉瓜、宏都拉斯、多明尼加和農人見面，也親自去看種植的規畫，與他們談一談，並擬定發酵程序」。實地與處理可可豆的人交流有了收穫。他曾問，若在五天的發酵過程（這樣可可才會產生「巧克力味」的特色），翻攪可可豆三次，而不是一般的兩次會如何。二〇一一年，他使用兩批不同的朱諾可可豆（Chuno），以這兩種不同方式發酵，之後做成兩種巧克力：朱諾百分之七十單一產地二翻攪巧克力（Chuno 70% Double Turned Single Bean），以及朱諾百分之七十單一產地三翻攪巧克力（Chuno 70% Triple Turned Single Bean）。若同時品嚐這兩種巧克力，便能清楚察覺差異：兩者味道都很濃郁，但是翻攪三次的味道醇厚，翻攪兩次的明顯較清淡，有更強烈的酸味，舌尖感受的尾韻較刺激。「翻攪三次會讓更多氧氣進入發酵的可可豆堆，發酵時會比較早升溫，因此經歷攝氏五十一度的時間，會多個十二小時，」他解釋。過去從來沒有人這樣做巧克力的實驗，或把實驗結果加以比較。「全世界巧克力行家都跌破眼鏡，」米克咧嘴一笑。他是個開路先鋒，熱衷於以不同方式製作巧克力，冒險挑戰成見，因此在精品巧克力的圈子也吸引了熱忱的追隨者。「我認為巧克力是很複雜的，裡面含有許許多多的味道化合物。巧克力有很多可能性，卻沒什麼人探索，」他強調說，「製作可可與巧克力之所以超級有趣，就是因為這是個我能在其中發揮影響力的領域」。

二〇一四到一五年間的冬季，米克成立了新的弗里斯—霍姆巧克力工廠，地點在哥本哈根外的寧靜鄉間。我造訪時，工廠正在製作巧克力，空氣中充滿濃濃的巧克力香。看見米克和團隊的辛勞，我漸漸瞭解要把一袋袋可可豆變成精緻的巧克力，需付出多少力氣、歷經多少階段。首先可可豆要經過烘焙、碾碎、耗時去殼，留下裡頭可食的可可碎豆。碎豆再磨成含有可可脂的濃可可膏（可可脂是從可可豆萃取的天然脂肪）。接下來，巧克力混合物便來到精煉階段。這裡有一台巨大的精煉機（三點六公尺長、二點四公尺寬），我看見、聞到深棕色的液狀巧克力，而液體表面下有花崗石輪在攪動巧克力，於是巧克力波浪流過整個表面——這一刻，《巧克力冒險工廠》就在我眼前上演。巧克力精煉之後，要放到調溫機調溫。之後液態巧克力要倒入模具中，溫暖的巧克力表面有明亮光澤，甚至能映出後方的磁磚。最後要小心翼翼放到冷卻機。冷卻後的巧克力會通過一台大型的精密儀器，完成包裝，讓我想起童年時希斯・羅賓森（Heath Robinson，*1872—1944*，英國插畫家，畫風細膩，充滿幻想色彩）為布蘭斯東教授（Professor Branestawm）系列小說（此系列兒童小說作者為諾曼・杭特〔*Norman Hunter*〕，在一九三三年到一九八三年期間共出版十三集，內容主要敘述布蘭斯東教授發明了許多稀奇古怪的機器）所繪的插畫。這是工業化流程，只是大型巧克力工廠花八到十二小時就把可可豆變成巧克力，而弗里斯—霍姆卻要整整耗費四天。米克一開始就烘烤整顆可可豆，而不是可可碎豆，這就需要三十到五十分鐘。烘烤可可碎豆會快得多，但小塊碎豆可能會烤焦。烘烤整顆的原豆能「保留更多風味」。

這裡的每台儀器都是精心研究和挑選過的，其中縱向的可可精煉機最重要。這是一台已有約百年歷史的古老機器，有貝殼型的槽與花崗石輪。「現在沒有這種精煉機了，現在企業會用乾式精煉，需要用到乳化劑。乾式精煉可以縮短製作時間」。我問他為什麼費時費力，還去尋找、修補這台老精煉機。「因為它做出來的巧克力比較好，」米克簡單回答，「可塑性無與倫比。我們每一批巧克力大約花三十到四十八小時的時間精煉」。米克解釋，他們的巧克力花這麼長的時間精煉，不僅能讓巧克力口感滑順，提升口感，更會影響滋味。「機器周圍的水匣裡裝著溫水，幫助多酚與揮發物質蒸發，因此在精煉過程中可去除過多的酸，風味會更圓潤。你聽到機器傳來液體流動的聲音時，代表巧克力正在與空氣接觸，這麼做可去除不理想的酸度」。這麼耗時去除揮發性物質，巧克力風味當然好。

米克的巧克力是大獎常勝軍，以亞光紙包裝，採用簡約的北歐風格，顯然是要幫顧客上一堂巧克力課。包裝上不僅說明巧克力產區國（米克認為這只是探索可可的起點），還強調以哪些可可豆混合製成，例如拉達利亞（La Dalia）來自尼加拉瓜。有些巧克力來自單一產區可可豆，例如馬雅紅（Indio Rojo）來自宏都拉斯的，而尼可利索（Nicaliso）和約賀（Johe）皆以尼加拉瓜可可豆製成。他也嘗試各種不同濃度的可可含量，例如有兩款深色牛奶巧克力都比一般可可含量要高，兩種皆採用尼加拉瓜可可豆，其中一種為百分之五十五，另一種則為百分之六十五，兩者可以直接比較。弗里斯—霍姆的巧克力，特色就是可可味既有深度，而且種類也很豐富。有些有水果調性，從明亮的柑橘調到紅莓果不一而足，有些則帶有香料味或泥土味。由於在製造過程中使用大量可可脂，因此可可風味會從奢華柔順的口感中傳達出來。品嚐這樣的巧克力堪稱感官饗宴。米克從未忘記，品嚐好的巧克力是一大樂事。

米克的創作力旺盛。造訪他的工廠，看見他投入新的巧克力計畫中，這並不令我訝異。這一次，他打算要讓巧克力陳年。「若把巧克力當成是活的東西，會隨著時間發展，不是很有趣嗎？巧克力師傅都知道，巧克力在做好後的一兩個月，風味會改變。一塊巧克力剛做好就吃，和放了一個月之後再吃，等於是吃到兩種不同的巧克力。分子和時間結合後很奇妙，但我認為剛做出、很生的巧克力，和達到平衡的巧克力可能一樣有意思」。他會想要展開這項實驗，是在第一次碰到一批魯戈索（Rugoso）可可豆時。這種可可豆味道強烈，業界不建議做成巧克力，但他卻反其道而行。「我嚐了剛做好的巧克力，哇，」他暫停一下，做了個生動的鬼臉，傳達出他多驚訝，「非常強烈，單寧含量很高，吃完牙齒發痠！但我在想，這就和喝剛釀好、單寧酸含量高的紅酒一樣。通常單寧會轉變成更渾厚的風味，而這塊巧克力放了一年半之後果然如此！原本太生的未成熟李子味，變成成熟、近乎李子乾的味道，就像波特酒。那種香料味本來活像憤怒的蜜蜂想衝出蜂巢的那股勁，雖然現在還是嚐得到，但已變得甘醇。這是我架上最好的巧克力，」他愉快地咯咯笑，「我想要把這種巧克力在三、四種不同熟成階段推出，每階段間隔六個月，提供二十五公克的巧克力。這在巧克力領域可是破天荒創舉」。

鮮味：滿足口欲的滋味

烹飪的動機，乃是想做出能讓人享受的美食。這牽涉到瞭解味覺與風味如何運作。

如今我們知道，人類舌頭可察覺的味覺包括甜、鹹、苦、酸，以及「鮮」。鮮味較為細膩，常有人稱之為「鮮美」、「肉味」或「湯味」，不像甜鹹苦酸這四種主要味道那麼容易辨識，在味覺史上，也是相對晚近的發現。若拿一小塊優質的帕瑪乾酪放進口中，停下來專心體會悠長的尾韻，就會感受到令人滿足、鹹中帶甜的豐富口感；這就是鮮味。常有人說，這是比較「滿足口欲」的質地，具有重量與深度。其他富有鮮味的食物尚包括馬麥醬（Marmite）與醬油。鮮味的優點在於能提升鹹味與甜味。美國飲食作家哈羅德·馬基（Harold McGee）在《鮮味：第五味》（*Umami: the Fifth Taste*）的前言中提到，鮮味仍「帶有一些神祕色彩。它比其他味道更複雜，要完全體會到鮮味，必須靠其他味道帶出」。鮮味是在二十世紀初期，由東京帝國大學的化學教授池田菊苗發現與命名。他是從妻子以昆布和柴魚片熬出的美味傳統日式高湯，獲得了啟發。某天午餐時，他發現這湯中的某種味道不包含在傳統的四味，遂展開研究。一九〇九年，池田菊苗在《東京化學會會刊》發表第五味：鮮味。他把鮮味和麩胺酸鹽的存在連結起來（麩胺酸是一種胺基酸，也是神經傳導物）；許多食物都含有天然麩胺酸，經烹煮或發酵之後會成為麩胺酸鹽。在這項發現公布之後，更深入的研究接踵而至。日本旨味資訊中心（Umami Information Centre）指出，鮮味是「麩胺酸、肌苷酸與鳥苷酸的味道」。科學研究亦確認人類舌上有鮮味的受體。近年來，在實驗室與日本以外都掀起鮮味風潮，世界各地的名廚紛紛研究起如何在廚房中使用鮮味。舉例來說，赫斯頓・布魯門索（Heston Blumenthal）的扇貝、樺樹糖漿、佛手柑與（Scallop, Birch Syrup, Bergamot and Coral Royale）、大衛・金希（David Kinch）的愛之蘋果農場番茄佐帕瑪乳酪（Love Apple Farms Tomatoes with Parmesan），以及維吉里歐・馬丁尼茲（Virgilio Martinez）的炙燒章魚、紫玉米佐海菜（Charred Octopus, Purple Corn, Seaweed）等，都是為了提供食客豐富的鮮味感受。

值得注意的是，許多含有豐富麩胺酸而鮮味濃郁的食物，都得花時間烹煮。這需要許多工序，例如乾燥（昆布、乾牛肝菌菇、羊肚菌與日曬番茄乾），以及發酵（例如泰式魚露）。帕瑪乾酪是鮮味很強的西方食材，熟成時間長達好幾個月。肉吊掛幾天之後，也能明顯提升鮮味。不過池田教授相當創新，將引起「鮮味」感的化學物質獨立出來，設法使之穩定。他把麩胺酸和鹽與水結合，做出麩胺酸鈉鹽，為這種白色的結晶體申請專利，稱為「味精」（MSG）。他的產品命名為「味之素」，通常是磨成細細的粉，當成增味劑。味精只要一小撮，即可大幅提升食物的滋味，在日本與中國家庭與世界各地的工廠廣受歡迎。日本火紅的QP美乃滋（Kewpie mayonnaise）就含有味精。但在西方國家，味精的名聲不佳。一九六〇年代，許多人認為吃了味精會強烈口渴與頭痛，這症狀稱為「中國餐館症候群」，只是後來科學界對於中國餐館症候群和味精的連結抱持懷疑態度。批評者認為味精根本是非必需的添加物，只是貪快、走捷徑的化學替代品，取代過去耗時費力做出的食物滋味，例如醃肉、藍紋乳酪或濃郁高湯。即使味精受到質疑，但是鮮味的概念在西方料理界卻很風行。愛用者指出，若為食物賦予鮮味，即可減少用鹽，同時做出令人滿意的風味。為了追求鮮味，簡便、提煉自天然食物的增味劑應運而生。有創新頭腦的食物生產者還推出以番茄、大蒜、味噌與抹茶等鮮味濃郁的材料製作的鮮味調味膏，或是用香菇、鹽與昆布做成鮮味粉。同時，味之素或味精等方便的粉末，仍在世界各地的食品廠商與速食界廣泛使用。

焦糖的五十道陰影

製作焦糖時，只需要糖與熱就夠了。小時候，我很喜歡把糖加點水，加熱到焦糖化，再把金色糖漿倒入盤裡，靜置變硬後，再壓碎成類似玻璃碎片。那是我很愛吃的甜點，看起來是簡單的東西。焦糖是甜點常用的食材，在餐廳廚房裡，焦糖常與奶黃結合，製做成法式甜點，例如烤布蕾與焦糖布丁。糖加熱時，焦糖的顏色會出現不同階段的變化，而不同的焦糖各有用途。淡色焦糖可做花色小蛋糕的糖衣，深色焦糖味道較強，可幫甜點調味。焦糖也可營造視覺效果，糖漿還可拉成細細的線，冷卻硬化後即成細絲。法國經典甜點泡芙塔（croquembouche）就是運用焦糖的這項特色。法國傳奇名廚安東尼·卡黑姆（Antonin

Carême）在一八一五年的食譜《巴黎皇家糕餅師》（*Le Patissier Royal Parisien*）中，提出泡芙塔的做法。這項費工的甜點是以泡芙堆貼成壯觀的塔，並以焦糖絲來結合與裝飾。

近年來，加鹽焦糖再度獲得青睞。英國巧克力師保羅·楊（Paul A. Young）的巧克力是我的最愛。他的海鹽焦糖松露巧克力曾獲獎，光滑的半圓巧克力球裡，填著柔滑濃郁、甜中帶鹹的焦糖，長年來都是熱門商品。另一位糕點師克萊兒·克拉克（Claire Clark）也赫赫有名，她的工作坊位於倫敦輕工業區，來到這兒，可一瞥專業人士製作焦糖的過程多麼細膩。「焦糖對甜點師來說很重要，」克拉克說，「可以搭配巧克力與堅果。焦糖用途廣泛，不光當作醬料，還可用來做最後修飾、調味與染色」。

焦糖的滋味甜蜜蜜，又可用來製作精巧漂亮的甜點，很容易讓人忽視製作焦糖那其實充滿危機的過程。糖在焦糖化的過程中，由於焦糖化的觸發溫度很高，融化後又會保持高溫好一段時間，可說是暗藏危機。學徒在練習製作焦糖時，絕不會無人在旁監督，因為溫度很高（嚴重燙傷的風險也大），且整個過程要動作迅速。克拉克示範了最快速的焦糖製做法，也就是「直接法」，這過程只用到糖。首先，厚底鍋子先以高溫預熱，而克拉克加入剛好夠多的糖，在鍋底平鋪一層。糖碰到滾燙的金屬時會「冒煙」，馬上變色。克拉克分批加入更多糖，每次加入後徹底攪拌均勻。糖必須分批加入，以免在鍋底燒焦，導致硬糖塊產生。過了幾分鐘，她就做出栗色的深色焦糖，適合做太妃糖醬（butterscotch sauce），黏黏的太妃糖布丁、花生糖……等可口點心。

克拉克還會使用另一種焦糖製做法：「間接法」。這是在糖尚未焦糖化前先加水，製作時會需要多花幾分鐘，才能去除水分。間接法的優點在於製作過程較長，能更細膩掌控焦糖顏色。間接法又稱「濕煮法」，這種做法結晶化的風險較高，也就是融化的糖再度結晶，使焦糖出現瑕疵與條紋，屆時就無法修正了。克拉克採取幾項訣竅來防止這情形發生：使用優質的糖，並在糖裡加點葡萄糖漿，一起入鍋。她加入的水足以蓋過糖，但不能多。「水不能太多，」她說，「因為煮越久，結晶化的風險也越高」。在攪拌成雪泥狀之後，她把鍋子放到大火上，利用快速沸騰，將結晶化程度降到最低。不久之後，糖漿表面就布滿一層氣泡。「這階段可別搖晃鍋子，」她強調。等糖與水的混合物煮滾蒸發的時間很催眠，這時我發現，克拉克雖然看起來氣定神閒聊著天，卻保持機警，隨時盯著焦糖的情況。她和我說話時，不時以沾濕的烘焙刷在刷鍋身；「我不希望糖的結晶掉回鍋裡，也不希望有東西濺出，在鍋身變黑又掉入糖漿」。她瞥一眼焦糖混合物說：「焦糖冒出很多氣泡，氣泡又很小，因此我知道還沒到軟球階段。」糖漿要煮到「軟球」階段，需要到攝氏一百一十三到一百一十六度；這階段若把一點糖漿丟到冷水，會形成有彈性的球。但幾秒後，她指出冒泡速度變慢，泡泡越來越大、越來越密；「快開始焦糖化了，」她預測。果然，鍋子邊緣的糖漿開始呈現金色。克拉克把糖漿混合物離火，放到一旁，之後開始輕柔但是徹底搖晃，讓顏色均勻，並把少量的糖漿舀到盤子上靜置。之後她再把鍋子放回爐子上，糖漿顏色迅速變深。「這就是近乎完美的顏色。要停止這個階段，得把整個鍋子泡在冷水裡，讓焦糖化停止」。雖然已經離火，但我還是看得出來焦糖的顏色在幾秒間毫不客氣地變深，從深棕色（適合焦糖布丁，因為苦味和奶黃可形成對比）變成更深的棕色。克拉克有本事「預測」焦糖顏色如何隨著時間改變。方才先舀到盤中的樣本已變硬，呈現出透明玻璃的樣子，從淡淡的黃色到如糖蜜般的棕黑色都有。克拉克解釋，焦糖在每個階段不僅顏色會變，連味道也不同，顏色最深的味道最苦。「這種顏色很深的焦糖是用來著色的；例如幫焦糖乳酪蛋糕上色，因為它的苦味和蛋糕體的甜味很搭」。

身為糕點師，克拉克會依照用途，選擇間接或直接焦糖化。在製作瓦片脆餅時，她會使用間接法製作焦糖，在糖和蜂蜜裡加雙倍的鮮奶油與奶油，再使之焦糖化，但只煮成淺淺的金色。這濃稠糖漿裡有碎果仁、橙皮與蜜餞，她知道放進烤箱烘焙後，顏色會逐漸從淺金色變成棕色，焦糖也會凝結成形。

對專業糕點師而言，保持顏色一致是一大挑戰。一旦焦糖達到理想點，速速處理是關鍵所在。以製作牛軋糖為例，淺色焦糖與堅果混合後，要在適當的溫度下快速把混合物快速鋪平。如果混合物冷卻變硬，可放入烤箱軟化「救回」，重做一次，但是烤箱的熱度會影響顏色。「焦糖製作很講究視覺。要一而再、再而三做出同一種顏色可不容易，」克拉克告訴我。「在法式洗衣店（The French Laundry，位於加州的餐館，克拉克在此擔任總糕點師），顏色一定要一模一樣，沒有偏差的餘地！會影響顏色的因素太多，溫度計根本派不上用場。這牽涉到冷卻速度有多快、製作速度有多快——都得靠個人的能力與經驗來掌握。快速製作焦糖需要時間學習」。在法式糕點的世界裡，焦糖化的快速特質，意味著要發揮技術與耐心，好好加以運用。

汆燙：速燙速決

我來到馬來西亞吉隆坡的堂哥家，他們公寓的廚房美觀整潔又寬敞。堂嫂安琪拉是新加坡人，正準備製作備受喜愛的國民料理：海南雞飯。安琪拉廚藝卓越，深諳料理門道，我總喜歡看她下廚。她在爐子上的大炒鍋將水煮沸，裡頭放幾片薑和蔥，水持續在滾。安琪拉靈巧地以隔熱手套與夾子，緩慢輕柔地把一整隻雞放進水中，在過程中持續舀熱水淋到雞上。整隻雞一泡到水裡，她又立刻拿起。「可看出雞皮已開始緊實收縮，」她說。接著，她又把水煮滾，小心把整隻雞再浸入水中，然後拿起。之後她把雞肉放到鍋裡，燙到剛剛好熟。我看到的動作叫「汆燙」，這個字的英文稱為「blanching」，源自於古法文的「變成白色」（blancher）。安琪拉解釋，烹煮雞肉前先汆燙，是為了讓雞肉有好的口感。

在料理過程中要先小心用熱水燙雞肉，才能確保肉質軟嫩。「海南雞飯最講究的就是肉質滑嫩如絲，不能乾、柴，」她告訴我。中國人在煮豬高湯時也會使用同樣的技巧，豬骨先放入滾水中，旋即取出。不過豬骨在燙的過程會釋出蛋白質，使水變混濁，因此會倒掉。之後要再把豬骨放到一鍋清水中，慢燉出沒有混濁蛋白質的清澈湯底。

汆燙是把食物過一下滾水，浸泡時間很短，有時幾秒，最多也就幾分鐘，是快速進行的料理過程。若曾在中國餐館享用一盤軟而不爛的蠔油蔬菜（例如油菜或青江菜），就會知道這種快速烹煮綠葉蔬菜的效果多好。「我把青菜放到滾水中，一看到泡泡冒出來、知道水快滾又未滾時，就要把青菜取出，」安琪拉說。若有時間，食物汆燙後要馬上放進冰水裡，讓食物馬上停止繼續變熟，才會爽口。

汆燙是料理的初始步驟，例如讓新鮮的藤蔓葉或包心菜葉軟化，比較容易包住餡料。汆燙的功用很多，例如去除番茄、桃子或杏仁等不易剝除的果皮，而食物與滾水接觸的時間很短，不會影響風味或口感。汆燙也可去除蒜、洋蔥與培根的強烈氣味，降低刺激性，或去除某些蔬菜的苦味。在冷凍蔬菜領域，汆燙是重要步驟。冷凍本身不會停止酵素活動，汆燙可阻止蔬菜裡的酵素反應，以免影響顏色、風味與口感。這是短暫、靈活的烹煮方式。內容頗有學術性的《牛津食品指南》（*Oxford Companion to Food*）說法很貼切：「汆燙時間會因食材或目的而稍有長短差異，但絕對不會太長。」

再忙，也要喝杯咖啡

佛羅倫斯市中心的夏天早上八點，雨燕尖銳的叫聲從上方傳來，輕型摩托車從石板路上呼嘯而過。我站在羅畢葛里歐（Robiglio），這間酒館隱藏在市中心的小巷，距離壯觀的聖母百花大教堂僅幾步之遙。這裡乾淨無瑕，地上鋪著大理石地板，桌面是深色木頭，牆上掛著鏡子，擺出香噴噴的誘人糕點。羅畢葛里歐的外觀古雅，是深受當地人喜愛的知名商家。我邊等邊觀察。顧客川流不息，進入酒館敞開的門：有穿西裝拎公事包的男子、衣著時髦的女子、隔壁餐廳穿白色制服的主廚、學生、粗壯的工人。顧客一進門，店員就會看見就會招呼一聲：「你好。」吧台的男子穿著黑白制服，反覆問著同一個問題：「咖啡（Caffè）？」，第二個音節揚起，代表疑問。答案千篇一律為「是」。人人點咖啡，無一例外。若進門的是店家認得的常客，咖啡就會馬上開始製作。吧台的男子每收到一次點單，就靈巧地開始使用閃亮亮的金屬濃縮咖啡機。他先把沖過的研磨咖啡粉用力敲出，再加入新鮮咖啡粉到手把、壓實、卡好手把、放好小杯子接咖啡；打奶泡、把小而厚實的瓷盤端到吧檯，準備讓顧客喝。他沖煮咖啡時，也用布擦拭沖泡頭，保持乾淨。他工作時散發出驕傲、專業的氣息。咖啡很快端上，吧檯旁顧客也很快喝完這熱而苦的飲料。客人挑好陳列的糕點，店家就簡單以方形白紙包好，遞給客人，讓他們一手拿著，站在吧台享用或邊走邊吃。客人從進入店裡、喝咖啡到離開，只不過短短幾分鐘，整個過程快得出奇。我發現，義大利酒館在早上時是讓人短暫停留的，讓大家愉快地速速達到目的。無獨有偶，這情況在整個義大利的鄉村、城鎮與都市反覆上演。在商店拉起鐵門之前，義大利勤快的酒館早已開門營業，為義大利人提供必不可少的燃料，讓他們展開新的一天。

幾個世紀以來，咖啡皆與提神畫上等號。傳說中，咖啡最早是一位叫加爾第（Kaldi）的衣索比亞牧羊人發現的。他注意到羊群吃了咖啡樹的果實後，會異常活潑。咖啡樹（Coffea）漿果的種子含有咖啡因，這種鹼化合物會對身體起作用，刺激中樞神經系統。咖啡飲品是以烤過的咖啡樹種子製成，是咖啡因的主要來源。喝下之後，只要二十分鐘效果就會顯現，能明顯提高警覺性與專注力。這是因為咖啡因能阻斷腺苷受體。若腺苷累積，大腦就會告訴我們要感到疲累，而咖啡因會阻斷受體，我們就會覺得比較「清醒」。這效果在大約三小時之後就會消退，產生咖啡因驟降的症狀。

咖啡靠著阿拉伯商人，從非洲傳到中東，之後傳入土耳其，進入歐洲。威尼斯在一六四五年就有家咖啡館成立。倫敦第一間咖啡館是一六五二年，由巴斯卡．羅西（Pasqua Rosee）開設，地點位於康希爾（Cornhill）附近聖米歇爾教堂旁的巷子。同一年，一份標題為「咖啡之優點」（The Vertue of the Coffee Drink）的傳單上宣傳著羅西的咖啡事業，強調這種異國新飲料的特色是「預防疲倦，更適合工作」。

久而久之，濃縮咖啡成為最具代表性的咖啡飲品：老練成熟、深色濃烈，是大人的飲料，目的就像名稱「espresso」所示——要速速喝完。濃縮咖啡的出現，是因為發明者想要找出更快的方式，為生意興隆的咖啡店的顧客製作咖啡。到了十九、二十世紀，有人嘗試將蒸汽的力量應用到咖啡上。濃縮咖啡機就和許多科學發明一樣，誕生的故事相當冗長複雜。起初是在一八八四年，安傑羅．莫里翁度（Angelo Moriondo）發明以蒸汽和水製作咖啡的機器，並取得專利。一九〇六年，貝澤拉（Bezzera）與帕文尼（Pavoni）在米蘭世博會推出「理想」咖啡機（Ideale），利用蒸氣的壓力推動水與蒸氣，通過咖啡粉，做出帕文尼所稱的「濃縮咖啡」（caffe espresso）。這種快速沖泡的咖啡很新奇，但這種以高溫低壓沖泡的咖啡味道總是苦而淡。直到一九三八年才有了重大突破。阿基里．佳吉亞（Achille Gaggia）發明一台濃縮咖啡機，運用活塞，以高壓迫使熱水通過咖啡。這樣做出來的濃縮咖啡有一層咖啡脂層（crema），因為在加壓過程中，咖啡釋放的二氧化碳會在表面形成一層類似奶油的泡沫。有了這台力量強大的機器，即可在三十秒之內沖泡出一份風味濃郁的咖啡。佳吉亞申請專利，並在一九四八年成立同名公司，他們生產的咖啡機成為歐洲咖啡館的常見配備。

近年來，紐澳民眾講究咖啡品質的風氣蔓延開來，英國跟著興起精品咖啡運動。二〇〇五年，倫敦開設紐澳風格的咖啡館「澳式白」（Flat White），堪稱咖啡發展的重要時刻。雖人英國的人均咖啡消費量大略維持穩定，但星巴克（Starbucks）與咖世家（Costa Coffee）等連鎖咖啡館廣受歡迎，如今咖啡館在英國的商業大街上成為隨處可見的景象。有趣的是，近年英國市場的即溶咖啡銷售量下滑，喝咖啡的人口中僅有五分之一每天喝一次以上的即溶咖啡，年紀二十出頭的人更只有百分之八會喝即溶咖啡。不過，人們依然尋求方便快速的咖啡製做法，因此推動膠囊咖啡機的普及，雀巢的奈斯派索（Nespress）正是先驅。這是將磨好的咖啡粉，裝進密封鋁箔膠囊，只要把膠囊放進機器，機器就會把膠囊刺穿，十二秒就能沖泡出咖啡。咖啡膠囊的普及速度非常快，因此英國國家統計局（Office for National Statistics）在二〇一六年計算通貨膨脹時，把咖啡膠囊也列入調查項目。

二〇〇七年的世界咖啡大師冠軍詹姆斯．霍夫曼（James Hoffmann）是英國精品咖啡的推手。二〇〇八年，霍夫曼與二〇〇七年杯測大師冠軍安妮特．莫德瓦（Annette Moldvaer）共同開設平方英里咖啡烘焙坊（Square Mile Coffee Roasters），這間烘焙公司位於倫敦東區，批發自家烘焙的咖啡豆。若我看見某間咖啡店使用平方英里的豆子，就代表這裡很重視咖啡豆，我喝到好咖啡的機率也較高。不僅如此，霍夫曼還致力推動英國的咖啡文化發展，撰寫文章、為平方英里舉辦各種活動，分享他的專長。我抵達位於工業園區的咖啡烘焙坊，進入素樸的門，來到一個咖啡香氣滿盈、以咖啡為中心的世界。霍夫曼是個瘦高的年輕人，口才好又慧黠，談吐就和他所烘的咖啡一樣精準到位。

烘豆階段是把來自非洲、亞洲與美洲等咖啡豆產區的豆子加熱，讓青綠的生豆變成我們熟悉的深棕色咖啡豆。對精品烘豆師來說，要烘出「自己」的咖啡豆，需要技術與專注。我想看的東西在烘豆房：平方英里的烘豆房充斥機器的噪音、風扇呼呼作響，背景音樂震耳欲聾。來自衣索比亞的綠色咖啡生豆，會在這裡烘成義式綜合豆。霍夫曼得意洋洋，說我眼前的無孔滾筒烘豆機是一九五〇年代打造的老機器，平方英里在四年前買來改裝。「精品烘焙者有點盲目崇拜古老設備，」他說，「但它的魅力主要是在鑄鐵滾筒。現代的烘豆機不會使用同樣的鑄鐵。那就像古老的鍋子，用老的長柄鍋煮菜就是比用新的過癮。這台老機器的精準度與扎實度，總是讓我眼睛一亮」。這台滾筒烘豆機一次能裝三十到三十五公斤的豆子；「就全球咖啡產業的宏大規模來說，或許少得可憐，但是在精品咖啡界已算是中等規模，」他解釋，在滾筒中有葉片來混合與移動生豆。「烘豆大部分的工作是靠熱風完成。因此底下有個很大的瓦斯爐來加熱滾筒，讓空氣在裡面流動。大風扇會把空氣從瓦斯爐上推出來，吹過整個滾筒，然後排出」。

三十三公斤的綠色生豆從管子滑進滾筒上方的漏斗，發出震耳欲聾的喀啦聲。滾筒裡的溫度是烘焙成功與否的關鍵，而烘豆機改裝後，增加兩個精準的溫度探測器，其中一個測量豆子的溫度，另一個測量熱風溫度，讓烘豆師可追蹤烘豆的進度，並與螢幕上的理想咖啡豆烘焙線條比對。「這線條是我們的目標，也就是我們知道味道很好的情況。時間與溫度的函數十分重要」。

當滾筒裡的空氣到了適當的溫度，也就是「入豆溫度」（charge temperature，大約攝氏兩百度），烘豆者就會打開漏斗，讓綠色生豆快速滑進滾桶，這時熱風溫度會快速下降。「你可以烘很快，花九十秒就完成所有工作，但這樣會和即溶咖啡一樣，味道不太好，」詹姆斯解釋。「有些半商業的烘豆師或許會烘個六到八分鐘，而我們通常烘得更慢。通常精品咖啡業主喜歡烘得慢些，這樣能賦予豆子更成熟甜美的繁複味道。對部分業者來說，慢慢烘焙可能需要二十二分鐘。我們認為這樣有點太慢；豆子在烘豆機裡太久就會烘得太深。我們用這台機器烘義式濃縮豆時，會烘十四到十六分鐘。如果是用這台機器烘濾式咖啡，很可能是十到十二分鐘，視每批豆量而定。」不過，霍夫曼很注意細膩的差異，繼續說重點不光是總烘焙時間。「重要的是溫度進程，咖啡花多久時間經過不同的階段、豆子多慢或多快抵達某種溫度。時間與溫度都必須講究」。

烘咖啡豆的第一階段稱為乾燥，需要大量的精力讓咖啡豆的水分蒸發。「這時還沒辦法發生棕化反應，因為豆子裡的水分限制了溫度。在這時候，豆子聞起來還有濃濃的植物味，很青」。在平方英里，這個階段會花時間盡量去除咖啡的水分，且是均勻移除。「放慢速度，可以均勻移除水分。如果太急，咖啡豆外層會比內部更早除去水分，開始棕化，導致豆子烘得不均勻，有些尚未烘好，結果不理想，」霍夫曼解釋，徹底除去水分很重要，若沒有徹底去除水分，則會有草味和酸味。「烘豆師在許多小地方都可能犯錯，使得豆子烘不均勻。我們對於『美味』的接受範圍其實很狹窄」。

乾燥完成之後，咖啡豆會開始「黃化」，這時用取樣匙舀出少許咖啡豆樣本，看看進展如何。霍夫曼以專家眼光評估一下，高深莫測地說：「我估計大概再四分鐘左右開始爆裂。」我發現，在烘豆子的過程中，等待咖啡的進展要有耐性，也要夠機警。「烘豆子這件事很怪，」霍夫曼很有感觸地說，「既無聊又有壓力，詭異得很！」。果不其然，四分鐘後，除了豆子持續在滾筒中轉動的聲音隻外，我也開始隱約聽到傳來爆裂聲，讓我想起在蓋著蓋子的鍋裡有爆米花爆裂。這就是「第一爆」，是因為氣體噴出（主要是二氧化碳），以及水蒸氣從豆子裡推出，造成豆子破裂。霍夫曼讓我看看樣品，我看見豆子上確實有細細的裂痕，那就是二氧化碳離開處。大約過了兩分鐘，更精采的好戲上場了，豆子以更大的嘩啦嘩啦聲，落下到冷卻盤。剛烘好的豆子大約為攝氏兩百度，要用大型風扇盡快冷卻，還要加以翻攪，以確保均勻冷卻。短短三分鐘，咖啡豆已接近室溫。「如果冷卻得太慢，咖啡豆嘗起來就沒那麼甜，」霍夫曼解釋。

剛才在我眼前悉心烘焙完成的咖啡豆，會用來配成義式濃縮咖啡綜合豆：把充滿花香的衣索比亞咖啡豆和另外兩種咖啡豆混合，變成平方英里獨有的混合配方豆。老派的咖啡烘豆師會預先把濃縮咖啡豆先混合好再一起烘。但不同的豆子有不同的大小與密度，因此平方英里寧願分開烘，之後再混合起來。不僅如此，當代精品咖啡的特色，在於多把濃縮咖啡豆烘到第一爆，不會烘到約攝氏兩百二十四度，達到聲音更明顯的「第二爆」。「長久以來，烘豆師會烘到第二爆，這樣泡出的濃縮咖啡較為濃郁，」霍夫曼說，「但現代的咖啡趨勢則較注重明亮與甜味，不那麼苦，因此我們通常會烘淺一點。但缺點是很容易烘太淺，這樣泡出來的咖啡會較酸且不夠圓潤。任何情況往往只有一線之隔……」。

剛烘好的咖啡豆一冷卻就馬上裝袋，才能確保品質。袋子上有日期與批次戳印，而每一批都有一些樣本另外放置，以控制品質。雖然平方英里出貨的咖啡豆是當天或前一天烘焙的，但霍夫曼建議咖啡豆可以先放個幾天再用，讓烘豆子時產生的二氧化碳散掉，以免二氧化碳影響到咖啡的萃取。使用平方英里咖啡豆的咖啡館至少會等上七天，才打開烘好的義式濃縮咖啡豆。不過家庭使用者通常三天後就可以打開豆子，因為他們用完一包豆子的時間會比較長。最好趁豆子狀態最佳時喝完，亦即烘好後的一個月內。把咖啡豆放在密封罐，保持陰暗涼爽（但不要放冰箱），豆子便可望維持在風味最佳狀態。

看完咖啡豆的烘焙過程，霍夫曼與我來到環境較安靜的訓練室，討論如何製作咖啡。廣泛而言，霍夫曼解釋，沖煮咖啡的方式有兩種。一種是浸泡式，「就是把咖啡和水一起靜置」，另一種是滲濾式，是讓水通過咖啡。愛壓樂（Aeropress）是結合兩者，咖啡粉先泡後濾。咖啡的製作是讓水和咖啡粉接觸，而研磨方式會影響到沖泡時間。通常滲濾式咖啡會使用較細的咖啡粉，浸泡式咖啡則用稍微粗一點的咖啡粉。若未以熱來加速萃取咖啡的過程，製作時間就會延長，也因此冷萃咖啡會用研磨顆粒中等的咖啡粉，製作時間長達二十四小時。

無論在咖啡館或在家中泡咖啡、使用浸泡或滲濾，霍夫曼認為，首要之務在於採用新鮮現磨咖啡豆。「預先磨好的咖啡豆不好喝，喝起來遠不如現磨豆，原因有三：會失去美妙的香氣；油脂氧化變臭；不理想的風味開始出現」。因此平方英里秉持只販售全豆的原則，不賣咖啡粉。在沖泡咖啡時，咖啡的重量和水的重量「超級重要」。正因為影響因素林林總總，霍夫曼熱愛咖啡。「泡咖啡的學問可大了，」霍夫曼說，「所以才有這麼多咖啡比賽可以辦！」。

我們坐著聊時，霍夫曼客氣地問我是否要來杯咖啡，於是我請他給一杯滲濾式咖啡。我饒富興味地看著霍夫曼靈巧精準量出所需的豆子重量、磨豆、開始泡咖啡。首先他先加點水倒咖啡粉上，讓咖啡粉濕潤、膨脹，這做法稱為「悶蒸」（bloom），接著他小心量水分，每個階段無不審慎小心。在經過兩分半鐘的沖泡之後，一杯滲濾式黑咖啡端到我面前。這裡不提供奶與糖。我仔細地啜了一口：咖啡有明顯的甜味，也有酸味來達到恰好的平衡，喝起來很清爽。這和會議中心裝在保溫壺裡淡而苦咖啡是天壤之別，更是我喝過最好喝的滲濾式咖啡。

霍夫曼解釋，義式濃縮是當代精品咖啡運動的核心。「精品咖啡通常是透過義式濃縮滲透到市場，因為義式濃縮製作起來很快，一杯好的義式濃縮只要二十五到三十秒就能完成，但是滲濾式咖啡卻需要兩三分鐘沖泡。用義式咖啡機，就能得到少量而濃度高的咖啡精華，稀釋後會很好喝。因此義式濃縮棒就棒在不僅可在二十五到三十秒內完成，還能用來做許多不同的咖啡——拿鐵、澳式白……我只要買磨豆機和義式咖啡機這兩種設備，就能做出千變萬化的咖啡」。

在平方英里見識了從烘豆到製作咖啡的每個階段有多麼審慎之後，我請教霍夫曼：為什麼有的咖啡不好喝？他先從咖啡豆講起：在購買生豆時只考慮價格、不顧品質，之後豆子烘很快，才能生產更多咖啡豆，又急著冷卻，使得咖啡豆裡面有水。劣等咖啡豆會在販售之前先磨好，導致風味和香氣盡失。如果供應鏈很長，咖啡豆會拖到三個月之後才使用，雖然咖啡豆在十八個月後才會過期。如果沖泡咖啡的人只想搶快，不夠仔細，用骯髒的機器做咖啡，那麼咖啡就不會好喝。「這樣會喝到一杯苦澀、含有咖啡因的咖啡，但喝起來不怎麼樣，因此需要奶與糖。多數人想在咖啡裡面加奶與糖是有原因的，因為大部分的咖啡根本難以入口」。

分

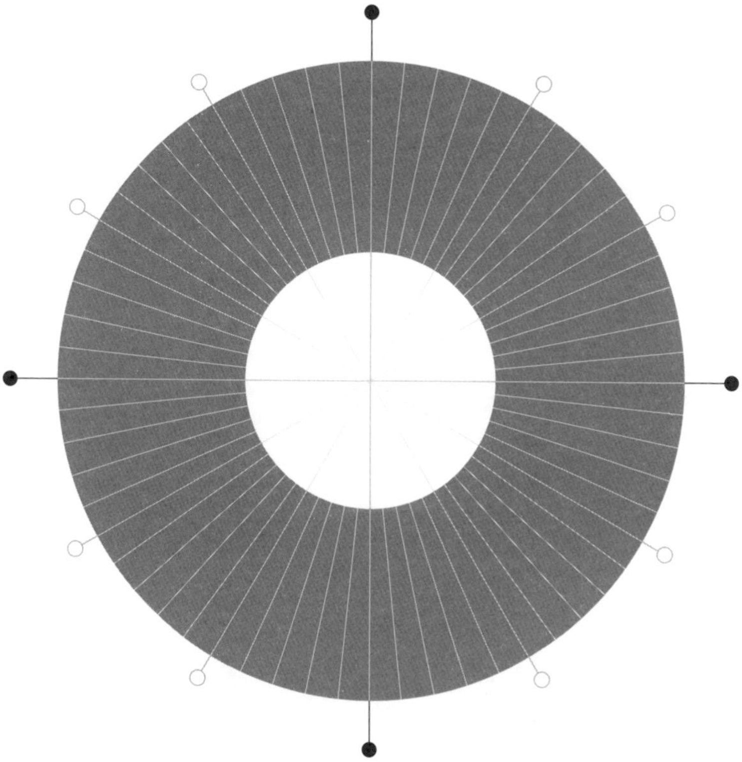

分

一分

在廚房所耗費的時間中，「分鐘」是重要的構成單位。我們所吃的許多食物可在幾分鐘內烹煮好，人人愛喝的茶與咖啡也能在幾分鐘內完成。分是很彈性的時間單位，可衡量快速的烹飪過程。六十分鐘可構成一小時，因此分鐘也能用來衡量慢煮的所需時間，例如煮飯、肉發生梅納反應，或製作美乃滋等過程。在飲食領域中，「分鐘」是很有彈性的時間單位，因此在這一部分所談到的主題也包羅萬象。另一個顯而易見的現象是：如今大家缺乏耐心，最注重速度，因此在製作食物時會追求以最快的時間完成。微波爐當然能在幾分鐘內烹調好食物；速食餐館可在幾分鐘內把餐點端上桌；而「幾分鐘就上菜」的食譜書也持續風靡。

新鮮

我在街上，看見一輛超市的廂型車駛過，車身上寫著「點選新鮮」（Freshly clicked）的廣告標語。許多文化向來重視食物新鮮度，在收穫、宰殺或料理完成後馬上祭五臟廟。過去在冷藏技術尚未發明的好幾個世紀裡，魚肉類食物必須新鮮食用才安全，然而，人類對於新鮮的迷戀，也與飲食樂趣脫不了關係。新鮮食物受到重視是因為品質好，吃起來愉快。因此新鮮度受到推崇。

不過，現代食物鏈通常既長又複雜。日常食材往往經過長途運送，甚至在遙遠的國度生產，因此對於一般西方購物者而言，要購買新鮮食物這麼簡單的東西可不容易。超市很善於打造新鮮的陷阱，例如擺出新鮮蔬果、翠綠的香草盆栽、香噴噴的剛出爐麵包。其實這些農產品多從遠方送來，香草採用水耕，風味遜於戶外栽種的香草；麵包在工廠生產成型，只需在店面以烤箱烘烤，吃起來缺乏手工麵包的香味與質感。英美的農夫市集盛行，多少是因為可提供不同的食物採買模式，直接向食物生產者購買。消費者光顧農夫市集，常說因為這裡賣的蔬果新鮮。新鮮並未完全消失，但需要在地主義（localism）與夠短的食物供應鏈才能成立。工業化與全球化導致食物供應鏈變長，經常得仰賴跨國生產，如此一來勢必無法提供真正的新鮮。

真正的新鮮需要有內行識貨的顧客群。在世界各地，無論是拉丁美洲、非洲、中東、亞洲，或部分歐洲地區，每天上市場採買食物仍是理所當然的習慣。我最近去了一趟新加坡，在某個週間的早晨造訪中峇魯的「濕巴剎」。我早上八點抵達時，身邊盡是來來往往的本地人在採買。大家離開市場時，拎著一袋袋的新鮮蔬果、魚和肉。大家趁著早上的涼爽時刻，上班前已經採買完畢。這座市場和國內外諸多同行一樣生意興隆，因為顧客堅持每天早上購買最新鮮的食材。

英國的食品零售業由超市主宰。一九六〇與七〇年代，基於方便起見，每日採買食物的習慣由「每週」購物來代替。不過，我們仍堅信，某些食物一定要新鮮，例如乳製品。我記得孩提時代有牛奶車緩緩在倫敦街道上巡迴，每天清晨挨家挨戶把幾品脫的新鮮牛奶放在門口的階梯上。如今牛奶巡迴車多已從英國街道消失，牛奶成了超市虧本販售的商品，如今顧客每週才到超市一次，一口氣買很大的量。

魚的情況也差不多。魚和海鮮要盡量吃剛捕撈上岸的，是出於實際考量——畢竟海鮮腐壞得很快，吃下肚會造成健康風險；不僅如此，新鮮的魚才美味。世界各地知名的海鮮料理多是靠著地利之便而誕生，例如秘魯利馬能端出酸溜溜的檸汁醃生魚；在伊斯坦堡的博斯普魯斯海邊可吃到簡單的烤魚；馬賽以當日捕的魚做成知名的魚湯；東京名聞遐邇的築地市場會販賣壽司早餐；在葡萄牙阿爾加維海岸度假的人，可享用烤沙丁魚……等等。在中式美饌中，活海鮮餐廳很受歡迎，餐館會以魚缸養龍蝦、螃蟹與魚，讓客人「現點」。用餐者可選擇想吃哪一隻，餐館會把用餐者挑選的那條魚或海鮮撈起、迅速處理、馬上烹煮。不過，在商業大街上的獨立魚鋪漸漸消失，表示要享用很新鮮的魚機會越來越低。我們可以很清楚看到這一點：一九九二年，英國國家魚販協會（National Federation of Fishmongers）有兩千名成員，如今驟減到四百名。雷克斯．戈史密斯（Rex Goldsmith）擁有一群行家顧客，他的「赤爾夕魚舖」（Chelsea Fishmonger）是位於已有百年歷史的海鮮店面，就隱身在赤爾夕綠地（Chelsea Green），距離繁忙的倫敦國王路不遠。這個高大、平易近人的男子臉上掛著笑容。我與他相約七點半在店鋪見面；那天，他早已在三點半起床。他早上的第一件任務，是從薩里郡（Surrey）的住家開車到倫敦碼頭區（Docklands）補貨。不過，他店內販售的魚主要來自康瓦爾，二十七年來皆由位於紐林（Newlyn）的公司送貨。他販賣的魚主要是從康瓦爾或德文郡當日往返的小船捕撈、送到漁港。雷克斯電話訂購的魚貨，隔天大清早就會送到。我看見雷克斯與助理正忙著從廂型車卸下巨大的白色寶麗龍箱子，搬運時發出刺耳的摩擦聲。開箱後，我看見碩大的鰈魚、海鱸、鯖魚、活龍蝦。雷克斯教我怎麼判別魚貨還很新鮮的線索：眼睛明亮、魚鰓鮮紅、皮有光澤，摸起來結實僵硬，這表示仍在屍僵的階段。我也發現，雖然四周擺滿了魚，卻聞不太到腥味，這也足以證明魚貨確實新鮮。

特別是在倫敦這個區域，雷克斯必須提供頂級、非常新鮮的魚和海鮮，服務一群懂魚又挑嘴的都會消費客群，他告訴我，他的生意是仰賴與供應商建立起信任關係，他們會賣他好貨、也知道他願意付錢買好貨。「我很尊敬漁夫，」他說，「捕魚是危險的工作」。孩子走路上學、通勤者前往工作時，雷克斯與助手就忙著把買來的魚貨，細心放在鋪著碎冰的板子上。他在打理魚貨時，行經的顧客會與他打招呼、開開玩笑。雷克斯發現有個外貌不凡的老紳士想買東西，便停下手邊工作來招呼他。「你昨天賣我的鯖魚很好吃，」顧客滿意地說。我發現，悉心擺在檯面上的魚貨，就是雷克斯的招牌。雷克斯說他擺出的魚是在「亮相」，是每天一早開門營業就登場的好戲。修長閃亮的白色鱈魚排、有亮橘色卵塊的扇貝、深粉色的野生鮭魚排、有斑紋的灰色、棕色、綠色比目魚、綻放虹彩光芒的青綠色鯖魚……一看到就知道這才叫真正的「新鮮」。雷克斯很熱衷發揮精準估算數量的本事，知道需要多少的魚能滿足當天的客戶需求，又不會賣不完。「這些在上午就都能完銷，」他驕傲地比著擺在檯面上的魚貨說。

在餐飲界，新鮮農產品也炙手可熱。許多國家都有主廚提倡「從農場到餐桌」、「吃在地食材」（locavore）的運動，例如愛麗絲．沃特斯（Alice Waters）在美國加州柏克萊開設的帕尼絲之家（Chez Panisse）、亞倫．帕薩德（Alain Passard）在巴黎開設的琶音餐廳（L’Arpege），或賽門．羅根（Simon Rogan）在英國坎布里亞主持的鐵砧餐廳

（L'Enclume），都和農夫與種植者密切合作，也自行成立農場與菜園，每天供應風味濃郁的蔬果與香草。極具影響力的哥本哈根Noma餐廳主廚雷內・瑞茲比（Rene Redzepi）把餐廳收掉之後，旋即投入「都市農場」，迎來事業第二春。

西方社會仍重視蔬果的新鮮度，遂發展出「蔬果箱」的做法，種植者會直接把蔬果寄到消費者家中。不少人也會設法自己種點東西，例如像我這樣在後門或窗台上簡單擺幾盆香草，或在花園裡種植蔬果。英國在工業化之後，民眾開始體認到有土地種植蔬果很重要，因而在二十世紀催生了農圃系統（allotment system）。城市居民可租一小塊地，自己種植農作物。民眾想自行種菜的渴望很強烈，因此社區農圃相當熱門。英國農圃協會（National Allotments Association）估計，目前有超過九萬名園丁在候補農圃。我家附近有間肉舖，老闆史蒂夫・努恩（Steve Noon）和藹可親又健談，我在店裡等待時，他常聊到他的農圃，以及吃自己種植的蔬果多滿足。於是我在七月的某一天，造訪努恩位於倫敦北部維斯頓（Whetstone）布魯克農場（Brook Farm）的農圃。我親眼見識到悉心照料的農圃有多迷人。這塊土地朝著地鐵北線（Northern Line）的鐵道傾斜，修剪出的草坪間有小徑蜿蜒，農地很整齊，看得出來農圃主人多費心打理。這是個沒得挑剔、生意盎然、產量豐盛的綠洲。努恩的驕傲溢於言表，也帶我一起逛逛農圃，這裡就和他的肉舖檯面一樣乾淨整齊。我們一邊走，一邊停下來採水果吃：我吃了兩種鵝莓（一種酸，另一種較甜，可當餐後點心），也吃了結實的黑醋栗。「可惜妳錯過櫻桃產季，」努恩說，「今年的櫻桃很棒」。史蒂夫是在三年前租下這塊園圃，但他解釋，第一年要先整地鋤草，收成不好。「當初這塊地只有雛型，」他指著這些菜圃說。但現在，努恩一家人可享受每週在此辛勞的成果，有馬鈴薯、豆類與水果可吃，太太還會把收成的水果煮成果醬，享用一整年。「採下來帶回家，半個小時之內煮好，味道完全不一樣，」他說。「無論櫛瓜、整根玉米、甜菜根，就算店家再怎麼聲稱是新鮮貨，但吃起來就是不一樣。連馬鈴薯也不一樣。挖起來後就烹煮，那滋味……我不是專家，但確實吃得出不同」。

學習品味食物

品味食物是花點時間，仔細且徹底嚐一嚐食物的滋味。只是品味食物似乎已是過去式，屬於生活步調較優閒的往昔。法國美食家讓．安泰爾姆．布里亞－薩瓦蘭（Jean Anthelme Brillat-Savarin，*1755—1826*）提倡品味飲食，他主張「大意、匆忙的人」，會錯失仔細飲食的樂趣。想更進一步體會品味食物的經驗，不妨在吃的時候暫停一下，思考與體會食物的風味。用心製作的食物通常有風味迷人的尾韻，值得好好感受。

我是在巧克力品鑑認證一級的課程上，學到品味食物——取得這項認證聽起來是件樂事。這項課程是在倫敦國王十字車站（King's Cross）舉行，授課者是巧克力專家馬丁・克里斯提（Martin Christy），他也是國際巧克力大獎（International Chocolate Awards）與國際巧克力與可可品鑑協會（International Institute of Chocolate and Cacao Tasting）的創辦人。這門課程恰好說明了精品巧克力的有趣發展。

一到課堂上，我印象最深刻的是參加者來自許多國家，有比利時、加拿大、厄瓜多、愛爾蘭、韓國、西班牙與美國。有志於學習巧克力的知識與品味之道，似乎不分國界。克里斯提個子高，散發出博學多聞的氣質，也是有效率、幽默迷人的溝通者。他解釋，我們這天的目的是學習關於巧克力的資訊，瞭解與品鑑巧克力。在開始入門的幾分鐘，克里斯提就說：「我們的一大問題在於已受到制約，三兩口就吃光巧克力。因此首要之務是放慢速度——我們會好好練習，也因為這樣，各位要到午餐之後，才能真正地吃塊巧克力。」

香氣是風味的主要部分，因此我們首先練習的，是辨識巧克力的主要香氣。我們先嗅聞裝著其他東西的罐子，例如菸草、肉桂、木頭、覆盆莓果醬。接下來，每個人要聞一匙融化的巧克力。這實在太誘人，但克里斯提嚴禁我們把眼前的東西吃下肚，只能分析與討論香氣。克里斯提也帶領我們瞭解舌頭的五種味覺：甜、鹹、酸、苦、鮮，利用味覺來強化我們的辨識能力。接下來則是談到巧克力市場與精品巧克力的知識，談完之後，我們總算能吃融化的巧克力。只是在吃的過程有規定：先得捏住鼻子吃，吞下後才能放開鼻子。

我放開鼻子時，風味在口中湧現，感覺美妙極了。克里斯提滿意地看著我們一臉驚奇的表情。他說：「那一瞬間，就好像置身在一座可可園中。」他解釋，風味長久縈繞，是精品巧克力最重要的指標；我們的大腦要花點時間，理解方才吃的小片巧克力是屬於哪種風味。尾韻長，代表巧克力品質佳。要做出像方才吃到的精品巧克力，關鍵是優質可可。在巧克力的漫長歷史中，像目前這麼關注可可的採購與應用是前所未見的現象。這天我們一再談到要支持可可農，珍視他們的工作。

接下來我們透過感官練習，理解精品巧克力有多值得細細品味。我們每個人得到一塊巧克力，把它掰成兩半。我完全依照克里斯提的指示，把其中一半先放在一臂之遙，端詳一會兒，慢慢朝自己拿過來，嗅聞後再放進口中。克里斯提嚴肅地說，讓巧克力在口中融化，不要嚼、不要咬。巧克力的滋味慢慢展開，過程充滿感官喜悅。教室內，大夥兒輪番指出巧克力的滋味，有柑橘調、百香果、蜂蜜芬芳，口中還會感受到淡淡的單寧。「再把第二片拿來，」克里斯提說，「現在快速吃巧克力。我數到三，你們盡快在七秒鐘之內咀嚼吃完」。我們照他所說的囫圇吞棗，但這回能辨認出的味道很有限：酸味、單寧與香草，沒什麼餘韻，只有刺激的乾燥感。

克里斯提解釋，可可脂（在室溫是固態，但會在口中融化）在巧克力予人的感官經驗中是重要的關鍵因子，但在快速咀嚼時，可可脂來不及在口中融化。可可脂會帶出風味，巧克力融化時會釋放出完整而複雜的風味。可可脂的脂肪會平衡單寧。同樣的巧克力如果囫圇吞下，不僅嚐不到風味的優點，還會感覺到討厭的乾味。再好的巧克力，若吃得太快，滋味也會像是不好的巧克力。「這故事的重點在於，巧克力別用咬的，讓它融化就好」。

品鑑優質巧克力的課程聽起來太放縱，但在克里斯提的言談間，我明白巧克力有很政治的一面。「我想在全世界建立一批巧克力大軍，傳播優質巧克力的訊息，」他告訴我。他認為，品嚐精品巧克力的其中一個關鍵，在於放慢時間，細細品味。克里斯提希望教育大眾在看待精品巧克力時，要像看待佳釀一樣，如此才能培養越來越多有鑑賞力的消費者，願意為了品質掏錢出來。「如果我們想吃巧克力、支持可可農，讓精品巧克力的可可農能得到適當的報酬，就必須為優質可可豆建立起夠強勁的市場。我們必須創造出像咖啡的市場，有懂得重視精品咖啡的消費者，而這市場會瞭解，優質巧克力是需要花錢的」。

蛋料理的精準度

蛋是平凡的日常食材，烹煮時卻很講究時間。正因如此，蛋在所有食材中可說是獨一無二，擁有專屬的料理計時器，例如傳統的迷你沙漏計時器，或者水煮蛋專用的感熱塑膠「蛋」。把這種塑膠蛋放進水中之後，在加熱過程會變色。蛋的料理學問大，靈活多變，相關著作非常多，也不乏整本都談蛋料理的專書。蒂利亞・史密斯（Delia Smith，*1947* 年出生的英國食譜作家）的食譜書很值得信賴，廣受喜愛。她在《如何料理》第一冊（*How To Cook Book One*）開宗明義說：「想學習烹飪，先從蛋開始。」

烹煮蛋會這麼複雜，原因之一，在於蛋是由兩種性質不同的物質所構成：蛋白與蛋黃。蛋黃營養豐富，蛋白主要是水和些許蛋白質構成。蛋黃與蛋白內的蛋白質都是在水中分布。在烹煮雞蛋的加熱過程中，蛋的蛋白質鏈會展開，彼此結合，使得生蛋從質地黏滑的液體變成固態。在烹煮過程中，蛋黃和蛋白會在不同溫度開始固化，因此能做出半熟蛋，也就是蛋白熟了，但是蛋黃還是軟的。蛋料理的細膩差異，在美國蛋料理的愛好者行話就能清楚展現。他們不僅有常見的蛋料理名詞，比如以「wrecked」代表炒蛋，還詳細說明烹煮方式。「太陽蛋」（sunny side up）是很有畫面的表達方式，意思是只煎一面，蛋白固定了，但是蛋黃仍是軟的，而「微熟」（over easy）代表蛋煎到凝固後，翻面稍微煎一下，讓蛋黃表面固定即可，中間蛋汁仍是流動的。

幾道經典的蛋料理，重點都在不能烹煮過度，過程只花短短幾分鐘，甚至只有幾秒。許多人喜歡的炒蛋口感或西班牙烘蛋，是中間保持柔嫩，不會因為「煎太久」而變乾。即使是水煮蛋這種看似簡單的料理也可能煮太久，導致蛋太硬，宛若橡皮，且有硫磺味。另一方面，不夠熟的蛋可能令人作嘔：半熟蛋的蛋白與蛋黃若沒熟，呈現未凝固的水狀，會讓許多人感覺噁心。要達到理想的結果，烹飪時間就得精準。

蛋料理的第一要件，就是蛋要新鮮。蛋的新鮮度是指雞下蛋後已過了多少時間，這會影響蛋的質地及用途。歐盟法令規定，蛋「最佳使用期」最多是雞下蛋後的二十八日，這表示我們買的雞蛋可能已放了幾個星期，不是幾天而已。如果不知道保存期限，有個簡單的方法可測試新鮮度：把蛋放到一碗水中。蛋殼上有很多孔，因此雞下蛋之後，水分會蒸發，氣室會越來越大，蛋也會越來越輕。新鮮雞蛋放到水裡面時，會沉在碗底。不那麼新鮮的雞蛋會載浮載沉，不新鮮的蛋就會浮在水上。

有些菜色需要新鮮雞蛋，水波蛋就是一例。「唯一的條件，」法國名廚埃斯科菲耶（*Georges Auguste* Escoffier，*1846—1935*）語帶權威地主張，「就是使用完全新鮮的雞蛋」。真正新鮮的雞蛋做成的水波蛋，會有滑順如奶油般的質感，而蛋白堅挺，滋味細膩新鮮，享用起來是一大樂事。隨著雞蛋老化，質地會逐漸改變，蛋白變得比較容易流動，卵黏蛋白（ovomucin，固定蛋白的蛋白質）會分解。蛋黃吸收蛋白的水分後會越來越稀，細胞膜因為拉扯變脆弱。如果用不新鮮的蛋來做水波蛋，形狀不會緊實，反而在水中散開。另一方面，放得比較久的蛋因為蛋白不那麼緊實，比較容易打發，適合製作蛋白霜。

新鮮雞蛋也是歐姆蛋捲的關鍵，做出歐姆蛋捲這道經典料理，代表著烹飪者有能力、有自信。「要成功做出歐姆蛋，靠的是經驗，」知名法國主廚保羅．博古斯（Paul

Bocuse，*1926—2018*）說，「練習比建議更為重要」。伊麗莎白·大衛（Elizabeth David，*1913—1992*，英國飲食作家）在知名的散文《歐姆蛋與紅酒》（*An Omelette and a Glass of Wine*）中，以獨有的優雅文筆，描述吃歐姆蛋的喜悅。「論及歐姆蛋，那似乎是製作起來最直接的菜餚。需要的是新鮮雞蛋與新鮮奶油的滋味，視覺上則是柔和明亮的金色蛋捲，豐滿厚實，邊緣溢出一點點蛋汁」。要做出經典的歐姆蛋，食譜作家有志一同，指出重點在於速度。在《掌握法國料理的藝術》（*Mastering the Art of French Cooking*）一書中，作者西蒙娜·貝克（Simone Beck）、路易賽蒂·貝爾托勒（Louisette Bertholle）與茱莉亞·柴爾德（Julia Child）的煎蛋捲（l'omelette roulée）食譜就明確指出「烹煮時間不到三十秒」。知名美國飲食作家理查·歐爾尼（Richard Olney，*1927—1999*）也是法國料理的專家，他同意：「要做歐姆蛋，從打蛋到上桌需在一分鐘之內完成。」大衛在《法國地方料理》（*French Provincial Cooking*）一書中曾寫下歐姆蛋食譜，還明確提到製作時間，但那是以視覺的方式來判斷：「表面還有一點點未凝固時，歐姆蛋就完成了。」好吃的歐姆蛋必備條件包括：歐姆蛋捲鍋、奶油、雞蛋、適當的熱度，及精準的時間掌握。雖然這道料理並不難，然而時至今日，大家仍持續探索如何做出好的歐姆蛋。在YouTube鍵入「How to make a perfect omelette」（如何做出完美歐姆蛋），會搜尋到近四十五萬筆資料。「正如大家所知，」伊麗莎白幽默笑道，「只有一種完美歐姆蛋的食譜萬無一失：

靠你自己」。

歐姆蛋的美味關鍵在於速度與新鮮度，而在料理光譜的另一端，則有長期保存蛋的傳統，最知名的例子是中國皮蛋，英語稱為千年蛋、百年蛋或世紀蛋。皮蛋是在古早以前發明，製作時把蛋包覆在鹼性很高的混合物中（通常是木灰燼與石灰），放上幾個月。在這段期間，蛋白質會變性，改變蛋的口感與顏色，蛋黃變得綠綠黑黑的，蛋白則變成深棕色，蛋本身散發出濃烈的阿摩尼亞味，且有深層的鮮味。

許多優秀大廚顯然都喜歡挑戰如何端出完美的蛋料理。巴黎米其林三星餐廳「琶音」的主廚帕薩德，招牌菜之一就是冷熱蛋。這道菜非常美味，連美國主廚金希都在曼雷薩（Manresa）餐廳端出自己的版本，向帕薩德致敬。在製作冷熱蛋時，帕薩德先切去新鮮雞蛋的頂端，把蛋白倒出，並以不凡的技巧，讓調味過的蛋黃在原本的蛋殼中烹煮，使之像是小船一樣，在水中載浮載沉燉煮。剛煮好的蛋黃在端上桌之前，會加上冷的法式酸奶油與一點點楓糖漿，溫度呈現出有趣的對比。桃福（Momofuku）的主廚張錫鎬（David Chang）等知名主廚，也喜歡以雞蛋烹煮時間來做實驗。張錫鎬從日本溫泉蛋獲得靈感，在紐約與多倫多的拉麵館推出慢煮蛋：雞蛋在攝氏六十到六十三度的水中慢煮四十到四十五分鐘。要能在水中煮這麼久，關鍵在於水溫需比一般烹煮溫度低——如今專業廚房常用的標準配備「真空低溫料理機」（sous-vide cooker，俗稱「舒肥機」），可在特定溫度下長時間慢煮食材。太陽鳥（Benu）是位於舊金山的米其林三星餐廳，韓裔主廚柯瑞・李（Corey Lee）也從中國皮蛋取得靈感，以鵪鶉蛋代替鴨蛋，在滷汁中浸泡十二天，之後以二十到二十五度的溫度乾燥熟成四星期。柯瑞在他的食譜書《太陽鳥》（*Benu*）解釋，這種方法能調和常見的阿摩尼亞味：「可說是初學者的皮蛋：用半醃過的鵪鶉蛋搭配醃薑奶油，以及豬腹肉燉煮的濃郁高湯和一點點辣椒，即可上桌。」蛋是平凡便宜的食材，卻不斷讓人大開眼界。

魚的誘人美味

無論是中、法、日、印、義料理，或是煎煮炒炸烤，魚的烹煮時間都是以分計算。法國主廚博古斯在藍鱒魚（Truites au bleu）經典食譜中提到，魚要新鮮宰殺，之後以蔬菜白酒高湯（court-bouillon）煮「一百五十公克左右的魚七到八分鐘」。蘇欣潔（Yan-Kit）的《道地中國菜學習百科》（*Classic Chinese Cookbook*）是我常翻閱一本書，在清蒸鱸魚這道菜色中，提到蒸一條約七百公克到一點二公斤的鱸魚，以大火蒸「八分鐘，魚就熟了」。為什麼魚在幾分鐘就會熟呢？

魚類能快速烹煮的原因，在於魚肉的結構細。魚在水裡生活，水的密度較空氣高，可提供支撐。這表示，魚不像陸生動物需要強韌的結締組織或沉重的骨骼支撐身體，因此魚肉較為脆弱。魚的肌肉纖維較短而細，咬起來鬆軟，不像肉有膠原蛋白，需要較長時間烹煮才能分解。正因如此，魚肉很容易烹煮過度。我們通常不曉得魚肉很快即可煮好，因此常常煮得又老又乾。出生於法國的主廚皮耶・科夫曼（Pierre Koffmann）在一次訪談中提到他多愛吃魚，並說到一次造訪西西里島市場的情景。「超棒的新鮮海鮮，」他以濃濃的法國腔興致沖沖地說，「漂亮的鮪魚、小小的紅鯔魚……我們就在那邊的小餐館吃午餐，」他想著想著，露出難看的表情，「但那海鮮死了兩次，哎！」他對於過度烹煮的恐慌溢於言表。差勁的煮法浪費了上好的食材，他的失望全寫在臉上。烹煮魚類與海鮮時很講究精準與仔細。餐館若能端出一道招牌魚料理，則可贏得大批忠實顧客，例如在倫敦氣氛優雅的傑敏街（Jermyn Street）上開業的知名餐廳威爾頓（Wiltons），就以烤多佛鰈魚聞名，或西班牙巴斯克地區的燒烤餐廳愛康諾（Elkano），則以炭火烤美味的整條大比目魚。

雖然英國四面環海，但不知為何，除了裹著麵糊的炸魚薯條受歡迎之外，沒有其他令人垂涎的海鮮國民料理。雖然在沿岸可捕撈到各式各樣的魚類，但英國人吃的海鮮只集中五種：鱈魚、黑線鱈、鮪魚、鮭魚和明蝦，即占英國海鮮攝取量的六至七成。這和其他國家正好形成對比，比方西班牙就很愛吃各種魚類。走一趟西班牙菜市場，例如赫雷斯（Jerez）市中心的中央市場（Mercado Central de Abastos），就能看到攤位上魚貨堆成小山，主要是平價海鮮——有白鱈、沙丁魚、章魚、北大西洋刀鱈等等。顧客耐心排隊，等待選購。從附近街道的餐館可看出，西班牙料理很重視魚類，會謹慎地善加烹調。一名婦女正努力翻轉英國人和魚類的關係，那就是比林斯蓋特海鮮訓練學校（Billingsgate Seafood Training School）的執行長傑克森（C.J. Jackson）：一位令人佩服、腳踏實地的人。這所學校位於倫敦碼頭區加納利碼頭（Canary Wharf）旁歷史悠久的魚市場樓上，不僅提供海鮮產業訓練，也為在家中掌廚的人開課。許多課程都在大清早六點鐘開始，這樣才能趕在休市前上魚市場。接下來，學生會學習如何處理與料理方才在市場上看見的魚。

傑克森是個經驗老道的優秀教師，她清楚知道魚和海鮮需要快速烹煮。「食譜告訴你的烹煮時間，往往比實際需要的多太多了。魚類的蛋白質很脆弱，煮太久會破壞蛋白質，」說話簡明易懂是她的特點。在課堂上，傑克森示範了不同的烹煮技巧。「一個人的膽識在煎魚的時候最能展現。如果鍋子夠熱，墨魚兩面各煎十五秒就夠了，」她主張。學生們看見魚這麼快完成，通常很驚訝。她教我怎麼用鍋子煎奶油檸檬比目魚排。「我只要放四片魚排，魚皮面朝上。放進一片、兩片、三片、四片。我去拿個煎鏟，拿好時，魚排已可以翻面。接著你就幫第一片、第二片、第三片、第四片翻面。兩分鐘後我就把魚鏟起來，大功告成。這是料理檸檬鰈魚的好方式」。她指出，烹飪時間不僅會隨著魚或魚排的大小與厚度有所差異，和質地也有關係。肉質較密的魚（例如菱鮃或大菱鮃）會比肉質比較細膩的魚（例如庸鰈）需要較長時間，讓熱穿透魚肉。掌握煮好的時間也很重要，傑克森提出幾條有用的指標。以整條魚來說，就是魚的眼睛變成白色。至於烤魚的話，她建議可以感覺看看肉的質感：「如果熟了，皮會變鬆，你一壓下去會感覺到下方的魚肉剝落。」如果在全魚的表皮上劃幾刀，就可以看到皮底下的肉在烹煮過程中從透明變成不透明。但如果不是在魚皮上面劃幾刀，傑克森建議沿著魚中間的體側線劃一道，切穿魚皮就好，稍微拉開，看看魚肉是不是還透明的。」她也提到擔心魚沒有熟的問題：「大家都很怕魚沒有熟，但事實上，雞肉或豬肉沒有熟的風險比較高。」

傑克森開始教烹魚技巧的動機，是期盼大家開始享受吃魚的樂趣。「我認為，英國人不愛吃魚，或是有點怕吃魚的原因之一，是小時候吃的魚煮太老了。如果魚煮太熟，就會變得像海綿，而且很乾，難吃了許多。魚很貴，大家又擔心不會煮，或常煮太久而壞了一條魚。魚只要稍微煮過，才算完美。」她對於煮魚的建議很肯定：「要勇敢一點，魚很少、很少需要多煮那麼一分鐘。」

現代微波爐

現代人對於微波爐的聲音再熟悉不過——轉動時悶聲低鳴，最後「叮」的清脆一聲，告訴你：「可以來拿囉！」在許多已開發國家，微波爐是家庭的標準配備。美國約有百分之九十的家庭擁有微波爐，英國和法國則各有百分之九十二和百分之八十六。隨著微波爐的普及，微波餐點跟著大行其道。只要拆開包裝，除去保護膜，放到微波爐，幾分鐘後，看不見的光三兩下就幫你把食物準備好了。微波爐加熱即食義大利麵肉丸子只要兩分半，但傳統烤箱要二十分鐘。工廠已幫你花時間煮好義大利麵、做好肉丸子醬料，你只要加熱到餐點安全可食的溫度即可。這種與食物的互動方式（快速的烹煮與加熱）是二十世紀的發明，起源可追溯到二次大戰的雷達科技。

和許多科學發明一樣，微波可用來烹煮也是機緣巧合。二次大戰期間，美國麻州沃爾瑟姆（Waltham）的雷神公司（Raytheon）專為美軍生產雷達設備。在戰事升溫時，雷神公司專門設計雷達管的員工珀西・史賓塞（Percy Spencer）發現，若站在會發射微波（短的電磁波）電磁管前，口袋裡的巧克力會融化。史賓塞覺得很有意思，遂進一步研究，發現微波可以爆米花，據說還讓蛋爆炸。他做出第一台微波爐的雛形，亦即一個有射線的金屬箱。一九四七年，雷神公司推出「雷達爐」（Radaranges），就是早期的微波爐。相較於今天廚房檯面用的小型微波爐，當年的微波爐將近兩公尺高，要價超過三千美元。不過到了一九六〇年代，小型微波爐開始發展，到了一九七〇年代，美國已成為微波爐最早普及開來的國家。

微波爐的功用是以光速移動的電磁波輻射來轟炸食物。水分子與食物摩擦時，會和加熱食物的電場產生反應。微波爐內的轉盤能確保食物均勻加熱。微波爐能快速加熱食物，是因為微波輻射可穿透到食物裡的二點五公分。相對地，傳統烹飪使用的紅外線會先在表面加熱，之後才由外而內傳遞，較為耗時。熱能快速穿透，表示用微波爐加熱烤馬鈴薯只要八到十分鐘，不像傳統烤箱需要一小時。不過，微波爐無法幫馬鈴薯烤出酥脆的外皮。由於傳統微波爐無法產生梅納反應（這是讓麵包或肉等食材產生褐色的過程，可為食物賦予豐富滋味），因此即時餐點的廠商會多用點心，做出理想的口感，讓產品之後只要加熱即可。

多年來，微波爐是伴隨許多人長大的重要烹飪設備，不少年輕人完全不懂傳統的烹飪技術。我兒子的大學同學得知瓦斯爐也可以炒蛋時竟然非常驚訝。在西方國家，微波爐不再享有一九六〇、七〇年代的新科技魅力，而是成為平凡的必備廚具。在我們時間受到壓縮的世界裡，微波爐是許多家庭少不了的家電。

喝茶時間

茶是茶樹（*Camellia sinensis*）的葉子泡成，是世界上僅次於水最多人飲用的飲品。

四川發現過西元前五十九年與茶的相關文字記載，因此廣泛而言，茶的歷史悠久，可追溯到兩千年前之久。爾後茶的發展，依循從僅限貴族享用的昂貴奢侈品，如今成為平價飲品的軌跡。但值得注意的是，在茶的漫長歷史中，它都與節慶與儀式有密切關聯。自古以來，茶在佛教就占有一席之地，而日本有細膩的茶道，俄羅斯有茶炊（samovar）待客文化，韓國有茶禮。許多文化對於泡茶十分講究，中國詩人陸羽在西元七五八到七七五年寫的《茶經》就是一例。《茶經》提到，泡茶時應該審慎。他建議泡茶時，水要三沸：「沸如魚目，微有聲，為一沸。緣邊如湧泉連珠，為二沸。騰波鼓浪，為三沸。」但不應該繼續沸騰，「已上水老，不可食也」。飲用時也同樣講究，應小口啜飲，以免品嚐不到滋味。由此觀之，泡茶與飲茶自古以來便是相當慎重的事。

英國是茶的人均消費量最高的國家，和茶的關係相當特殊。英國人對茶的依戀關係有貴族淵源。十七世紀時，葡萄牙的布拉干薩的凱薩琳（Catherine of Braganza，*1638—1705*）嫁給英王查理二世時，將喝茶習慣引進英國宮廷。英國消耗的茶越來越多，至十九世紀，倫敦已成為全球的茶貿易之都。在過去數個世紀，茶的種植與製作是掌握在中國手中，但英國透過帝國力量，找到替代來源，種植阿薩姆茶（*Camellia sinensis var. assamica*）。這種印度原生茶種促成茶園數量增加、紅茶產業起飛，英國的「茶」遂與「紅茶」畫上等號。不過，英國喝茶的習慣有其黑暗面。當初英國為了支付茶這項昂貴商品，於是賣鴉片給中國，成了第一次鴉片戰爭（一八三九年至一八四二年）的導火線之一；此外，英國在印度茶園也剝削契約勞工。相對於殘酷的政治現實，在一八四〇年代，茶和一天中某頓餐點與時段建立起特殊連結——下午茶，據說推廣這項習慣的，是貝德福公爵夫人（Duchess of Bedford）安娜女士。英國人愛喝茶的刻板印象無孔不入，彷彿會隨時暫停下來喝杯茶。舉例來說，漫畫家戈西尼（René Goscinny，*1926—1977*，法國作家與漫畫家，知名作品包括《小淘氣尼古拉》，以及與優德佐共同創作的《阿斯泰利克斯歷險記》，又稱《高盧英雄傳》）與優德佐（Albert Uderzo，*1927* 年出生，法國知名漫畫家與編劇）在《高盧勇士救英國》（*Asterix in Britain*）中，英國人靠著在沸水中加入「神奇」藥草（就是茶葉）提振精神，對抗羅馬人。

英國人向來以愛喝茶聞名於世，只是泡茶後來淪為敷衍了事之務，顯得格外諷刺。大家在馬克杯裡扔個茶包，等熱水壺咕嘟冒泡，就直接把沸水注入杯中，接著水幾乎瞬間呈現棕色，幾秒鐘後就把茶包取出拋棄。熱茶泡好了，味道千篇一律，幾乎無人注意到其風味。就算在家以外的地方喝茶，情況仍差不多。在多數咖啡館點茶，即使咖啡館以提供多種優質咖啡馳名，但你在幾分鐘之內會得到一只免洗杯，裡頭裝著滾燙的水，還有條線掛著彷彿溺斃的生物——那是茶包，等著你用木棍把它打撈起來。以前人喝的茶是新鮮現泡，但現在能快速沖泡、隨手丟棄的茶包已主宰了泡茶的過程。一九六九年，在英國有百分之九十七的人是以茶葉泡茶，只有百分之三的人使用茶包。現在這數字已逆轉——百分之九十七的茶是以茶包泡製。

英國並非唯一出現這情況的國家。世界各地的喝茶時間都被壓縮。過去曾以茶葉泡茶的國家，如今也改用茶包。關於全球有多少茶葉用來製作茶包的統計數字，目前尚付之闕如，不過專家指出，以往不時興茶包的國家，現在茶包使用量也攀升了，印度、中國與非洲都不例外。在全球茶展，大廠所展示的產品中，茶包型態的產品大幅增加。

第一個茶包專利是在一八九六年發給倫敦的史密斯公司（A.V. Smith），不過茶包的普及得歸功於二十世紀初紐約的湯瑪斯．蘇利文（Thomas Sullivan）。他曾用小絲袋裝試飲包分送，拿到的顧客應把茶葉從袋子拿出來，但他們為圖方便，把整個茶包浸在熱水中，於是茶包誕生。

若把普通的茶包剪開，倒出內容物，會看到質地粗糙的顆粒狀粉末，那是由茶葉的細小碎片組成，細碎得讓人幾乎認不出這的確是茶樹的葉子。多數茶包所使用的茶是「CTC」茶，意思是「碾碎」（crush 或 cut）、撕裂（tear）與捲起（curl）的茶葉。這名稱簡單扼要，足以說明機械製茶過程。茶的獨特風味是因為茶葉氧化（亦即發酵）而來，而CTC製程發明之後，大幅加速紅茶製程。這項製程是一九三〇年代，由威廉．麥可徹爾（William McKercher）在印度發明的，是製茶工業化的一大步。這過程以萎凋機取代傳統的竹編曬篩與萎凋架，茶葉的揉捻也改用機器替代，將茶葉打碎成很小的碎片，在乾燥機中快速氧化。CTC製程能做出一致的茶，這種茶味道濃郁，容易沖泡，但聞起來缺乏香氣。由於茶包用量增加，而CTC製程很適合用來製作裝入茶包中的茶葉，因此在商業應用上一炮而紅。在講求便利與快速運送的文化風氣下，實用的茶包為飲茶的大眾化推波助瀾。

茶包看似所向披靡，但世界各地也興起品茶的風氣。在歐陸，德國非常慎重看待茶葉，消費者願意支付高價，在咖啡館喝高價茶。在英國，雖然混合調配紅茶（例如泰特萊〔Tetley〕與PG Tips）市場持平，但是特色茶（speciality tea，囊括綠茶、白茶與烏龍、單一茶園與調味茶）每年以百分之七的速度成長。二〇一三年，全球最大的茶公司聯合利華收購了澳洲高檔茶飲連鎖店T2，以拓展旗下高檔茶葉品牌組合。北美百分之八十的茶是冰茶，然而特色茶的市場也在擴張。大衛茶飲（Davids Tea）是二〇〇八年成立的加拿大特色茶飲公司，現在在美加有超過兩百間門市。值得注意的是，茶和提高腎上腺素的咖啡恰好互為對比，在行銷時，特色茶的多是強調品茗可放鬆，是現代人在忙亂生活中悠閒文雅的偷閒之道。茶包市場回應當前顧客對於茶葉的興趣，因此提供等級較好的茶，有些茶包含有全片茶。高檔茶包通常較大，泡出來茶湯較佳。茶包的形狀很多，有四面體或金字塔狀，也有圓形的，但只是外表有別，實際差異不大。

茶的行家特別鍾情茶的「無國界」特質。高級茶品的愛好者會在全球買賣世界各地的茶。提摩西・多菲（Timothy d'Offay）在倫敦西區開設「明信片茶館」（Postcard Teas），客群遍布全世界，特色茶也會販售到國外。多菲是名聞遐邇的茶葉行家，光顧茶館的顧客來自各國，尤以日本為多，因為多菲曾在日本出版紅茶相關書籍，贏得許多死忠粉絲。他在店裡販售自己採購與調和的茶，顧客包括飲食作家史奈傑（Nigel Slater，*1958* 年出生的英國飲食作家與記者）、河濱咖啡館（The River Café）和格瓦迪斯（Quo Vadis）等知名餐廳。從喧囂擾嚷的牛津街轉個彎，便能來到清幽的「明信片茶館」。這裡散發著美感，整潔的單一空間裡擺著一張長長的品茶木桌，牆上以黑色架子擺著包裝獨特的茶，產地包括中國、印度、日本、斯里蘭卡與台灣，還有幾款精選茶展示。每回一來到這，我就忘卻煩憂。這間位於代靈街（Dering Street）九號的房子，在十八世紀晚期的屋主是名為約翰・羅賓森（John Robinson）的雜貨商，他肯定也賣過茶，如今明信片茶館恰好延續這段歷史。多菲是個安安靜靜、深思熟慮的人，說起話來輕聲細語。沒多久我就發現，他很努力想恢復人們認真沏茶的態度。他認為，第一步就是要先從使用茶葉做起。他是高級好茶的進口與零售業者，不販賣茶包。「我反對茶包的最大理由，」他說，「在於你看不見茶。隔著紙聞不到茶香，泡茶時也會喝到紙味。但如果用茶葉，你看得見茶、聞得到茶，能得知這些小茶葉的情況，與茶建立起關係」。

相對於機械化的CTC量產製程，多菲採購與販售的茶是手工製茶。這些茶來自他親自走訪過的小型茶園（小於十五英畝）。「茶師」系列是他的重點產品，例如中國金牌八仙茶是由一名林姓茶師，從四百年的茶樹手工製成；許師傅的大紅袍也是出眾之作。「茶師是藝術家，而不是工匠，」多菲眉飛色舞地說。明信片茶館豐富多樣的茶反映出製茶方式，以及製茶師如何發揮本領，做出獨特香氣與風味的茶。茶的種類——白茶、綠茶、烏龍茶、紅茶——是表示不同的氧化程度。茶葉在「採青」後，要經過「萎凋」減少水分，讓葉子變軟。接下來，若是製作未氧化的白茶或綠茶，則茶葉會炒或乾燥殺青；烏龍茶或綠茶則要經過輾壓，破壞細胞壁，促成氧化後再乾燥，使茶的氧化程度固定在某個時間點。在中國等國家，茶師的功力在於能否抓準萎凋或炒茶等不同階段的時間。

自從茶問世以來，許多文章都在探討如何泡出一杯「完美的茶」。十九世紀，博學多聞的愛茶者法蘭西斯·高爾頓（Francis Galton，*1822—1911*）為了達到這個目標，進行過無數次實驗。為泡出「飽滿圓潤、口味豐富、毫不苦澀平淡的茶」，他構思出一套水溫與茶葉浸泡時間的公式。喬治·歐威爾（George Orwell）在一九四六年的文章〈一杯好茶〉（A Nice Cup of Tea）中宣稱「最佳泡茶法是備受爭議的主題，」他提出自己的十一條法則，「我把每一條都看作黃金法則」。不過多菲認為沒有一體適用的鐵則。「完美的泡茶法並不存在。不同的茶葉與製茶方式，需要的沖泡時間就會不一樣，」他說，「這是有彈性的，牽涉到茶與水量的比例、水溫與時間」。

ＣＴＣ製程做出的茶包能快速沖泡，裡頭細碎的茶會很快與熱水產生作用，幾秒就能讓熱水有顏色和味道。但是以茶葉泡茶並非在幾秒內就能完成，而是得花上幾分鐘，且茶的種類不同，浸泡時間就不同。我觀察多菲泡各種茶時，瞭解到茶葉的沖泡時間頂多只要幾分鐘，且有些茶顯然需要格外留意細節。例如台灣的一畝烏龍香氣迷人，是來自南投名間的謝姓人家，茶園面積只有一畝大。這茶葉以手採摘之後在戶外萎凋，之後再到室內萎凋十二到二十四小時，而茶師會把茶葉放入竹籠炒青，破壞細胞壁，讓氧化程度固定在百分之十五到二十。之後茶葉經過捻揉成形，使之達到適當的乾燥程度。在泡一畝烏龍時，多菲先以熱水沖洗茶葉二十秒，接著把水倒掉。他解釋，有些人以為先沖一次茶葉的目的是為了清洗茶葉，其實不然；這是要讓茶葉伸展開來。「在製茶時，茶葉是捲起的，和水的接觸面不夠大。等茶葉展開，接觸面就大了。你當然可以把熱水倒進去，讓它泡久一點，但這樣泡出的第一泡茶不夠好喝。一開始先沖一次，讓茶葉舒展，泡出來的茶會比較飽滿」。接下來，他在熱水壺裝新的水煮沸，煮好後把水倒入另一只水壺中，使之稍微冷卻到大約九十五度。接下來，水倒入清洗過的茶葉，這次靜置兩分鐘半。他先品飲，確認泡出的茶符合期待，才把茶全部倒入杯中，留下茶葉在茶壺裡。我拿到一小杯烏龍茶，金黃色茶湯氣味芬芳撲鼻，啜一口，甘甜味縈繞口中許久。

多菲小心把茶湯與茶葉分開是有原因的。他解釋，茶一沏好就要停止浸泡，這樣茶葉可再回沖四、五次。如果讓茶葉在水中繼續浸泡，會導致茶味苦澀。「茶在過去是很貴的，」他指出，「無怪乎茶葉會一泡再泡」。歐洲就曾重新販售已泡過又再乾燥的茶。在中國與日本的茶文化中，雖然茶也是奢侈品，「但泡茶講究敬意與鑑賞力，完整帶出茶的潛能，享受不同的階段的甜、甘等諸多特質。我有一種金牌茶叫『芝蘭香』，這是林師傅從烏崠山一棵三百年的茶樹摘下製作的。我們在試飲的時候，師傅說可回沖五十次。我們喝到三十多次時，便告訴他：『我們相信你說的！』」。

多菲將濾過的一畝烏龍再回沖一次，這次熱水只與茶葉接觸二十秒。「茶的葉子已展開，沖第二回時不需要泡那麼久，但有些茶在第二泡時需要泡久一點」。這烏龍的第二泡又散發出明顯香氣，但這次感覺得到些微酸味。多菲喝了一口就點頭讚許：「比起第一泡，我更喜歡這一泡，比較有勁、清新。我喜歡茶的甘甜與刺激相互達到平衡。」他認為，以茶葉泡茶的過程本身就是享用一杯茶的樂趣。「泡茶能讓你做好喝茶的準備，」他若有所思地說。「某種程度來說，泡茶能教會你要有耐心，也讓你準備好去品飲它。你聞得到茶葉、看得到茶葉。這不是個儀式，卻是簡單、令人安心的過程」。

隔天，我在家中書桌前工作，在電腦螢幕前坐了幾個鐘頭後，突然想來杯茶，於是到廚房。我從「明信片茶館」所見所飲得到啟發，一改過去日復一日、年復一年的習慣，不再伸手去拿茶包。我打開一包從茶館買的夏摘大吉嶺。飲用說明寫得很簡單：以每杯一茶匙茶葉的量，用剛煮沸的熱水泡。在茶壺中浸泡一分鐘之後，我把大吉嶺茶用濾茶器濾入馬克杯。茶呈現飽滿的金棕色，飄出迷人香氣。我啜飲一口，滋味明亮清新，帶有葡萄味，還帶了一點點酸味、令口中震顫的尾韻。這杯茶讓人充滿活力，神清氣爽——正因為這種特質，無怪乎茶飲能風靡全球好幾個世紀。

速食

速食連鎖店的崛起，堪稱現代企業最成功的故事。在世界各地，販售漢堡、披薩或炸雞的門市從不在商業大街缺席。這些門市都是跨國企業，偶爾隨宗教需求（例如提供猶太教潔食或清真認證肉品）或各地口味而略有調整。

買個能速戰速決的東西吃，當然不是什麼新鮮想法。數千年來，市場與街頭都有攤販，販賣可當場吃的食物。亨利・梅修（Henry Mayhew，*1812—1887*，英國記者與社會學家）是十九世紀倫敦生活的記錄者，曾在《倫敦勞工與倫敦貧民》（*London Labour and the London Poor*）中寫道，街道上在販賣許多食物：「放眼望去，街上有熱鰻魚、醃蛾螺、牡蠣、羊蹄、豌豆濃湯、炸魚、火腿三明治、羊肉、腰子與鰻魚派，還有烤馬鈴薯。窮人就向這些攤子買午餐或宵夜。」這些傳統食物許多就和今天的速食一樣，可快速備妥、讓人用手拿著吃，價格又不貴；墨西哥的塔可捲餅與墨西哥粽、南亞的炸麵餅（chaat）、中東的炸鷹嘴豆餅、義大利的脆皮烤豬（porchetta）都是例子。在許多文化中，這些有創意的速食在居民心中占有特殊的地位。

我的童年，在一九七〇年代曾住過新加坡，對晚上逛「街頭攤販」的記憶猶新。載著食物與廚具的攤車會在停車場等公共空間停妥，開始做起生意，賣些現點現做的菜色，從麵到炸香蕉一應俱全。站在攤販邊觀看自己點的食物被製作出來十分有趣：印度煎餅的攤販靈巧翻動麵團，做成美味的千層大餅；沙嗲攤販急搧炭火，加熱在上方烤的肉串；甘蔗汁攤把甘蔗送進榨汁機，壓出青綠色汁液。如今在這整齊富裕的城市，小販悉數集中到室內營業。但他們仍舊提供實在的平價美食給一代又一代的男女老少，這對新加坡人而言依然重要。我最近造訪新加坡時，再次見識小販的效率。他們販賣的品項琳琅滿目，懂得事先做好準備：燉好高湯、煮好咖哩、切好配菜、醬料也已舀出。一旦有人點餐，他們三兩下就把材料組合好。客人在幾分鐘內就能吃到餐點，因此忙碌的上班族在午餐時間也會到攤商中心用餐，例如位麥士威路（Maxwell Road）的麥士威熟食中心。

跨國速食餐廳的主宰力量引起了反動。一九八六年，羅馬市中心西班牙階梯旁的麥當勞開幕時，引發了慢食運動（Slow Food）。這項運動是由義大利具有個人魅力的記者卡羅・佩屈尼（Carlo Petrini）發起。他反對「普遍盲從快速生活」，遂起身反抗，首先從「餐桌的慢食」開始。在許多國家，速食連鎖店最讓人擔憂的就是造成肥胖流行，威脅國民健康。速食店提供大份量的便宜食物和碳酸飲料，這些高鹽、高糖與含大量飽和脂肪的餐飲，被視為是戕害健康的禍首。

在英美等國家則興起當代街食運動，提供新的速食選擇。在英國，這項運動是起源於美食市集和音樂節（攤販跟著音樂節，在全國各地巡迴聚集）。漸漸地，城市與鄉鎮的街食業者越來越多，在街道與廣場上賣起食物，是深受上班族喜愛的是午餐選擇。雷昂餐館（Leon）就簡單卻深刻地實踐速食不必然是「垃圾食物」的想法。這間店是在二〇〇四年，由約翰・文森（John Vincent）、亨利・丁伯彼（Henry Dimbleby）與阿里格拉・麥克艾維迪（Allegra McEvedy）共同開設。「其實無論是『速』或『食』這兩個字中的哪一個，都不必然得代表不好的食物，」文森解釋。他們一開始目標就很清楚，要打造出理想中的「速食天堂」：在商業大街或車站的黃金地段，開設和一般漢堡店相同模式與大小的店面，但差異在於食物以新鮮、天然，風味滿點的食材做成，由對餐飲工作有愛的人端上。重新詮釋速食的不光是英國。美國兩位高知名度的主廚崔羅伊（Roy Choi）和丹尼爾・派特森（Daniel Patterson）於二〇一六年合作，開設洛可（LocoL）餐廳。洛可網站上寫道：「我們深信，健康、美味、平價未必與速食的概念互斥。」他們的宗旨是把健康的速食引介給住在「食物沙漠」的社群——無法取得新鮮食物的地方——而第一家分店，就在環境最為惡劣的洛城瓦茲區（Watts）。洛可菜單上有乳酪漢堡、披薩與奶昔，對喜歡每天往速食店跑的人來說是熟悉的食物，只是呈現方式比較健康。洛可沒有炸薯條與汽水，但有飯、綠葉甘藍（messy greens）和墨西哥清涼水（Aguas frescas）。快速、有效率地提供健康的速食在二〇〇四年或許是激進創新的概念，現已蔚然成風。

鑊氣

炒是以高溫快速烹調食物，充滿動感，炒需要持續翻動食材，使之均勻加熱。食材下油鍋時發出的滋滋聲，聽起來真過癮。這種烹調方式需要廚師的視覺、聽覺、嗅覺在短時間發揮到極致。值得注意的是，炒菜都是以秒或分鐘計算。「加入薑爆香、翻炒，再加入芥蘭菜。把鍋鏟滑入鍋子底部，不斷快速翻炒一分鐘」，這是知名中式飲食作家蘇欣潔《道地中國菜學習百科》在介紹炒菜時最常見的說明。

炒菜是中國料理很重要的一部分，且整個亞洲都很普遍。「『炒』這種料理方式是有歷史因素的；因為中國向來是個缺少燃料的社會，」華裔美籍的電視節目主持人與餐館經營人譚榮輝解釋。他透過廣受歡迎的節目與暢銷書，致力推廣中式料理的知識。「中國木材資源不夠豐富，居民得在缺乏燃料的情況下想辦法快速料理」。

譚榮輝對於炒菜的記憶源自於孩提時代。除了看母親在家炒菜之外，他在十一歲就已有專業的炒菜經驗。「我小時候曾在舅舅的餐館工作，那時炒菜是為了做生意。廚房裡有超大的鍋子，料理時間也從幾分鐘縮短到幾秒鐘，」他笑著憶起孩提時代練就的本事。餐廳廚房和自家的不同，有各式各樣火力強大的鍋子，供廚師大火快炒。

炒菜時的烹煮時間很短，因此需要事先準備，把肉與蔬菜切成小塊，才能在短時間煮熟。「準備工作會花掉大把時間，」譚榮輝坦白說道。適當的廚具也很重要，也就是炒菜鍋——炒菜鍋的側邊高而斜，食物在裡面移動時才不會掉出去；更重要的是，底部很小。「這樣熱源才能集中。炒菜鍋不是長柄鍋，長柄鍋的底面較大而平，會使熱氣分散。如果鍋底小，就能集中熱，溫度更高」。

譚榮輝解釋，炒菜的成功關鍵在於熱度高。「我建議在家烹飪時，把任何東西加入炒菜鍋之前，先高溫熱鍋至少五分鐘。感覺鍋子散發熱氣了再加油，不要先加。別忘了，炒菜不是餐廳的專利，而是一般華人家庭也使用的料理技巧。大家都會把炒菜鍋先燒得很熱很熱」。

油加到炒鍋後，要稍微搖晃一下鍋子，使油均勻分布。接下來以熱油爆香蔥、薑、蒜之類的辛香材料。譚榮輝解釋，炒菜分成幾個階段。「記得，別一股腦兒把東西全部一次下鍋。先炒肉，把肉取出，再炒菜，最後把肉放回鍋中，加入醬料」。在整個過程中，食物不斷移動翻炒，因而受到快速且徹底的烹煮。

雖然炒菜看起來快速簡單，但要炒得好當然有竅門。除了專注精準，還要真正瞭解食材與烹調法。譚榮輝清楚說明快炒要做得好的要件有哪些。「好的炒菜應該不油不膩，」他肯定地說，「要能吃得到食物的新鮮滋味。許多人會犯的錯誤是因為太擔心，於是加了太多油，這萬萬不可。如果覺得菜太乾，應該要加點水、高湯或米酒。不過，菜也不能太水；蔬菜炒太久就會這樣，結果炒出一盤軟爛的蔬菜」。

「由於食材是分階段炒，因此一道真正炒得好的菜會有不同層次的風味，這正是炒菜美妙的地方。好的炒菜會有燒烤、煙燻味，」譚榮輝充滿熱忱地說道，「這就是炒菜受歡迎的原因，那是鑊氣帶來的美好滋味」。

「完美」牛排

牛排向來占有特別的地位，是最具象徵意義的紅肉。牛排代表財富、男子氣概與奢侈生活。簡簡單單的牛排滋味誘人，令人難忘，以最直接的方式滿足人們大口吃肉的欲望。牛排很受歡迎，因此有些餐廳專門販售牛排。牛排獨有的口感與滋味，吃起來有彈性、裡頭多汁鮮嫩、滋味豐富，因而成為所向披靡的食物。牛排的魅力是無國界的。放眼全球許多國家，牛排扮演著重要角色，包括阿根廷、澳洲、巴西、法國、南非與美國。不過世界上最貴的牛排來自日本，那就是但馬黑毛和牛的神戶牛肉。這很弔詭，畢竟日本向來是牛肉消耗量低的國家。神戶牛經過悉心飼養，肉有豐富的大理石油花（也就是脂肪在肉中分布的情況），吃起來口感軟嫩，滋味豐富。神戶牛僅有三千頭，能生產的肉相當稀少，無怪乎價格高昂。在全美，販售認證神戶牛排的餐館屈指可數，珍稀程度可見一斑。不過，「和牛」一詞倒是意義比較廣泛。在日本之外，美國與澳洲等國也已開始飼養黑毛和牛，通常是將日本黑毛和牛與其他品種的牛雜交育種，但仍使用這名氣響亮的稱呼。

即使是來自「普通」牛的牛排，也是昂貴的肉塊，因為牛排只占屠體的一小部分。「牛排只占一頭屠體的百分之二十，」倫敦利德蓋特（Lidgates）肉品公司第五代掌門人丹尼·利德蓋特（Danny Lidgate）告訴我。價格高的菲力更是上選，在三百到三百五十公斤的牛隻屠體中只占二到二點五公斤。菲力是來自牛「最少使用」的肌肉，因此較嫩，備受珍視。牛的屠體如何切成牛排，各國有不同的喜好做法：巴西皮卡亞（picanha，上後腰脊肉）、阿根廷肋眼（ojo de bife）、義大利弗羅倫斯大牛排（bistecca alla Fiorentina）、美國翼板牛排（flat iron）、法國肋眼（entrecote）……各國招牌牛排的名單很長，學問不小。頂級牛排總是供不應求，肉舖得努力確保供應量。「牛排需求很高，對我們來說倒是有點麻煩，」利德蓋特說。利德蓋特肉舖販售的都是悉心挑選、有產銷履歷的優質肉品，是直接向飼主訂購的完整屠體。一旦賣完頂級牛排，較不熱門的肉品部位該怎麼賣就成了令人頭疼的問題。利德蓋特的解決方式是也採購專用來做牛排的部位。利德蓋特認為倫敦消費者喜歡買牛排，是因為料理起來很快，「顧客認為牛排品質好、烹煮快速。我喜歡牛腱，但許多西堤區的上班族或是生活步調快的人，就覺得自己沒空花三小時煮肉」。

牛排是昂貴的牛肉部位，如何正確料理可謂眾說紛紜。在餐廳點牛排時，服務生會問：「幾分熟？」這個問題和料理時間有關。在烹飪牛排時，會含有血色的特定字彙，描述僅有些微差異的熟度。「近生」（Blue 或 bleu）是只有外層快速煎過，裡頭仍是生的。半分熟（Saignant，法文的「血」之意）則是再熟一點點。一分熟（Rare）的肉中間仍是生的，三分熟（Medium Rare）則中間的肉已呈深粉紅色。等到牛排從五分熟（Medium）變到七分熟（Medium Well），中間粉紅色已經變了，烹煮越久，顏色越淺。全熟（Well done）則是中間已沒有紅色或粉紅色。

英國霍克斯穆爾集團（Hawksmoor）的牛排館能大受歡迎，關鍵在於善於烹調牛排。該集團在二〇〇六年在斯皮塔菲德（Spitalfields）開設第一間館；每當我想享用優質牛排就會上門。霍克斯穆爾牛排館得應付大量來客需求，每天有兩千名顧客，賣得最好的就是牛排。集團的行政主廚理查・透納（Richard Turner）是個認真又幽默的人，他說一般人去外面餐館吃牛排時有個特色。「人們去餐館慶祝時，會點塊牛排配葡萄酒。牛排一向是用來款待人的美食，也應該如此」。至於烹調的妙法為何？透納表示首重肉的品質。雖然雜交育種的牛有雜交的活力，也能快速增重，但肉缺乏風味。「風味需要時間醞釀，」他簡單地說。「大部分的牛隻飼主重視利潤，但代價是犧牲掉風味。」因此霍克斯穆爾買的是英國本土品種牛，飼養過程慢慢增重，理想上要有三十六個月的月齡。牛齡已是牛排館的賣點。倫敦的凱蒂．費雪（Kitty Fishers）與露拉（Lurra）等當紅餐館，都靠著口味豐富、強烈的牛排而吸引眾多粉絲，這些牛排是來自八到十五歲才宰殺的加利西亞牛。

霍克斯穆爾所採購的牛排更是講究時間。這間餐廳規定，肉必須吊掛五個星期。透納認為，「過度吊掛」是為了掩蓋肉質普通的牛肉風味。「你可以把牛肉吊掛六個月，這樣肉吃起來會有牛騷味。我們寧願熟成五週，因為這段時間足以讓牛肉熟成，又不犧牲原本的滋味。我們知道牛肉是好的，會想好好品嚐」。

至於如何烹調牛肉？透納很反對烹調不足或過度烹調。「我認為一分熟是暴殄天物，全熟也是。牛肉不該以極端的方式處理，」他肯定地說。許多人以為應該點一分熟的牛肉，但這是錯誤之舉。不同部位的肉含有不同的脂肪，因此需要烹調到讓脂肪融化分解的溫度，否則冷的脂肪是無法消化的。「我建議至少五分熟，」透納說。如何在家裡端出一份好牛排？透納建議，首先應讓肉回溫到室溫（從冰箱拿出來之後約放半小時），拍乾與調味。之後煎鍋或烤盤應該要徹底加熱，再把肉放上去。他建議，要煎菲力牛排，可在鍋子上抹一點油，但如果是肥一點的肉（例如肋眼）就不需要。肉一旦放到鍋子上之後，要不斷移動。「翻面再翻面，」他奉勸大家，「翻面越多次，就能促成越多梅納反應」。

判斷牛排何時完成並不簡單，且眾說紛紜。有些權威會指出每一面要煎幾分鐘，也有人主張，可以把肉的質感與手的不同部位來比較，從按下去的阻力來判斷。不過透納不肯給予僵化的牛排烹調時間。如何烹調牛排，要透過經驗學習。他告訴我，霍克斯穆爾的廚師會「一而再、再而三反覆練習」，透過實際以炭火烤牛排來訓練。「若在霍克斯穆爾的烤台工作兩天，肯定練得起來，因為你會烤個好幾百片，」他咧嘴一笑。「幾年下來，我可以感覺到牛排料理到某種程度，雖然我不太完全瞭解是為什麼，」他若有所思地說，「不光是靠著視覺，也要靠聽覺和嗅覺……」烹調出一塊恰到好處的牛排需要學習。利德蓋特說，吃一塊真正的好牛排，會給予他「欣喜之感，因為一吃就知道這其中投入了多少工夫」。他繼續闡述：三十個月的飼育期間，經歷「各種天氣、每週七天」——草飼牛尤其講究適當的牛基因、天氣和營養的草原，這樣才能長得好——「審慎、帶著敬意」的屠宰、卓越的分切技術、適當熟成、進一步切肉，之後烹調。「這六個階段都可能會出差錯。萬事俱備，才能得到一塊好的牛排，實在是天時地利人合的成果！」。

漫長尾韻

身為一個熱愛搜獵與享受美食的人，我發現，吃乾醃火腿或農莊乳酪時，即使食物已經吞下肚，但風味仍會在味蕾上縈繞好幾分鐘。這是因為我們把東西吃下肚之後，大腦仍在處理與辨識香氣與風味的化合物。食物的這項特色很受重視。十八世紀的法國美食家布里亞－薩瓦蘭在談論味覺時，就曾以他經典的雄辯滔滔功力描述這現象：「可能會感覺到第二，甚至第三種感官經驗一個個出現，且越來越淡。我們稱之為餘味、留香或香氣；這就像按下琴鍵，訓練有素的耳朵可分辨出一個以上的協和音……」迴盪不去的長長尾韻是優質食物的特色，也是飲食大賽中評審所重視的要素。他們在評分過程中，會注重食物在口中如何結束，風味如何改變及維持多久。

「我想，部分關鍵在於注意力，」查爾斯・史本斯教授（Charles Spenc）告訴我。他的研究主題包括多重感官的感知（multisensory perception）。「我們越專注於自己品嚐了什麼，味道就會越突出、或許會更持久。我們也可以運用食物帶來的口腔體感，延長風味」。史本斯的意思是，口中的體感會影響我們感受到的風味長度，例如酒的澀味（也就是喝酒時感覺到乾乾的感覺）能傳達漫長尾韻。手工食物製作者專注於做出優質食物，從頭到尾都很仔細，所做出的食物可傳達出尾韻。他們做的冷肉、酸種麵包或果醬等各種食物，即使小小的份量都能傳達出豐富滋味，與深度的味覺體驗，只要一點點就令人覺得滿足。在酒的領域也是如此，葡萄酒與烈酒釀製者會設法做出尾韻，這個中滋味行家也懂得欣賞。英國葡萄酒作家詹席絲·羅賓森（Jancis Robinson）指出，雖然大量生產的酒能立即讓人感受香氣撲鼻，但喝完後，力道很快便消退。相對地，她寫道：「好酒只要喝一口，齒頰留香能延續好久好久。」飲食的經驗就是這樣：吃吃喝喝本身固然短暫，但最美好的時光卻能久久不散。

山葵的嗆鼻時間

傳統上，山葵是用來搭配日式菜色，例如生魚片、壽司與冷蕎麥麵。我初次在倫敦的日本料理店看到的山葵是一小團綠色的東西，放在壽司旁邊，有強烈的嗆鼻味。現在我明白，這種「山葵」主要以日本辣根製成，染成綠色以模仿新鮮山葵，並添加山梨糖醇，抵銷辣根的苦味。英國目前仍以這種加工過的山葵醬或粉為主。

真正的山葵量少價昂。在日本文化中，山葵（*Wasabia japonica*）占有獨特地位。早在十世紀，就有使用山葵的文字記錄，其藥效與抗菌特質向來很受珍視，在烹飪中也很重要。野生的山葵生長在陰涼的山澗附近，需要十八個月才能採收。山葵最寶貴的部分是淺綠色的粗莖，通常稱為根莖。山葵莖會磨成醬，當作調味品，奇特清爽的灼熱感為人所喜愛。雖然生長期間很長，但是新鮮山葵在磨好的幾分鐘之內就要吃完，才能體會到其香氣與滋味。這也導致山葵不易具有商業價值。不過，瓊恩．歐德（Jon Old）無所畏懼，他發現英國市場有山葵的缺口，便決定要填補它。歐德利用家族水栽水田芥的經驗，在二〇一〇年與人合資成立山葵公司（The Wasabi Company），成為歐洲第一個商業目的山葵種植者，對市場供應他們自己種植的新鮮山葵。當時英國沒有多少人認識山葵，只有在最高檔的日本料理店，才能一睹主廚從日本少量進口的山葵。

山葵公司把位於漢普夏已休耕的水田芥農場改造成山葵農場，在二〇一〇年十月，以富含礦物質的水所流經的碎石床，種植出第一批山葵；到二〇一二年七月，總算上市販售。「我們想要第一個上市，因此在那之前整個計畫都保密到家，」歐德喜不自勝地說，「我們還幫計畫取代號，自得其樂得很」。即使在日本，新鮮山葵也是奢侈品，高貴的價格反映出山葵「所需的生長時間長、種植難度高，而且需要大量手工勞力，」歐德說。

我向山葵公司訂購的山葵送來時，是裝在優雅的棕色紙箱，包裝散發著無印良品般的優雅極簡風。我打開包裝，裡面是仔細包起來的珍貴根莖，粗粗的表皮呈現淡淡的綠色。接下來，我得研磨山葵，試吃看看。瓊恩說，要享受新鮮山葵的最佳滋味，時間是關鍵，這樣能在品嚐過程中增加戲劇性。「如果你切一片山葵就立刻放進嘴裡，會感覺不到熱度，只吃到苦味。新鮮山葵的滋味與香氣，是來自磨山葵時發生的揮發性化學反應。要讓山葵細胞壁的一種酵素和細胞壁內的硫配糖體化合物混合。我們說磨，其實是做成糊。我們要破壞細胞壁，磨得越細，風味就越出得來」。我小心依照指示剪下山葵，包裝裡附了一個塑膠研磨板，類似粗鯊魚皮質地的傳統研磨板。我以畫圓的方式，在這細齒塑膠研磨板上磨根莖。包裝還附了一個可愛的小刷子，讓我把磨好的淺綠色山葵泥刷到盤子上，使之堆成一小堆。說明書寫著研磨之後要靜置五分鐘，味道才會出得來。我沒遵守指示，才剛磨好就急著試吃；的確有山葵味，但沒有什麼灼熱感。經過了說名書規定的五分鐘，我再度嘗試——果然有強烈的灼熱感，亦即山葵的「嗆鼻味」，但也有新鮮的草味，還有出乎我意料之外的細膩甜味。那種細緻複雜的氣味，和勉強加工成的版本宛若雲泥。不過，我又多靜置了一小時，讓風味衰退，一個小時後，這山葵嚐起來就變得很清淡、帶有青草味。

雖然新鮮山葵很稀少，在歐洲又很新奇，但是山葵公司已經在餐飲界開發出他們的客群，日本料理與歐式餐廳都喜歡這種昂貴的調味料。「需求很龐大。消費者開始講求以新鮮山葵搭配優質壽司與生魚片。今年秋天會有新的產品線，」歐德一想到交貨的問題就只能苦笑，「我們根本來不及種那麼快！」。

油炸的藝術

法國美食家布里亞－薩瓦蘭曾寫道，「油炸的優點在於驚喜」。此話一點也不假；食材放進熱油後，會在短暫的時間內發生激烈變化。油炸常使食物產生新口感，剛炸好時最好吃——趁熱吃，以免酥脆可口的質感在冷卻過程中軟掉。

雖然油炸過程短暫又有效率，但在關鍵階段還是需要耐心。首先要等油或脂肪變得夠熱。若要測試油溫，最有效的做法是使用烹飪溫度計。如果沒有，食譜上常提供改以時間計算的妙方。比方說，吉兒・諾曼（Jill Norman，英國當代飲食作家）在《新企鵝烹飪書》（*New Penguin Cookery Book*）曾寫道：「要測油溫，可炸個方形小麵包塊；若約四十秒變成棕色，代表油溫已足。若要花更久的時間，代表油溫要更高一些才行。如果太快變棕色，就要把油溫調低。」要油炸大量食物，也一樣需要耐性，把食物分成小批油炸，讓油回到完整的冒泡熱度。若忍不住便一股腦把食材全下油鍋，恐怕欲速則不達，這會使油溫降低，做出來的食物太過軟爛。

隨著麥當勞襲捲全球，薯條成了吃速食時的重頭戲。麥當勞每年賣出將近五百萬公斤的薯條。如今薯條到處都買得到，既快速又便宜，能邊走邊吃，成了平凡無奇的食物。其實薯條具備了油炸時所有的成功要件。薯條是用切成條狀的生馬鈴薯做成，在沒有裹粉的情況下把馬鈴薯炸到軟又不減損口感可不容易。炸太久會使馬鈴薯中單糖焦糖化過度而燒焦，變成深棕色，出現苦味，因此炸薯條常分成兩階段處理。首先以攝氏一百四十度的油慢炸六到八分鐘之後瀝乾，這樣薯條就已徹底炸熟，只是尚未上色。第二次烹調則以攝氏一百九十度，短暫高溫油炸幾分鐘，使薯條呈現金棕色，之後舀起瀝乾，快速上桌。英國名廚布魯門索為做出「完美」的薯條，孜孜不倦做了各種嘗試。他發明「三工序薯條」法，引來許多人仿效。這是先把馬鈴薯在水中浸泡到剛好變軟，接著瀝乾、放涼，放進冰箱冷卻。接下來，薯條以攝氏一百三十度油炸，取出瀝乾、放涼冷藏。最後再以攝氏一百九十度的溫度炸一次，炸成金棕色。布魯門索保證，若審慎分段油炸，做出來的薯條絕對「外脆內鬆」。有趣的是，麥當勞在製作招牌薯條時，雖是以工業規模高效率量產，但會先在水中泡十五分鐘，接下來油炸、冷凍、再次油炸。看來在飲食產業，無論是最頂級或最平價者均有志一同，認為三工序薯條所花的時間與力氣很值得。

完美的麵食

麵食的價格不貴、容易準備、烹調快速，又很有飽足感，是在世界各地廣受歡迎的主食。作家哈羅德・麥吉（Harold McGee，*1951* 年出生的美籍飲食科學家）將麵簡單定義為「煮過的穀類麵團」，形式千變萬化，有粗有細，歷史相當複雜。但一般公認，中國和義大利在麵食發展的歷史上占有重要地位。

中國在好幾個世紀之前率先發明麵食。西晉時代的文學家束皙（約西元二六四至三〇四年）曾寫下引人共鳴的詩賦《餅賦》，而「餅」是泛指任何由麵粉揉製而成的食物。束皙描寫麵粉過篩、加水或湯揉出閃亮的麵團，並包進肉末，以薑和辛香料調味。

於是火盛湯涌，
猛氣蒸作，
攘衣振服，
握搦拊摶，
面彌離於指端，
手縈回而交錯。

中式料理中的麵食主要有兩種：一種是包餡的（例如餛飩）；一種是細長的麵條。麵條是把麵團展開，切或拉成細條狀。中國人發揮獨特創意，在製麵時不僅僅用小麥麵粉，還會使用其他穀類澱粉（例如米）、豆類或根莖類。冬粉即是以綠豆澱粉製成，在液體中浸泡後會變透明。這捲捲的細絲冬粉口感有彈性，和更易斷的米粉不同。中式麵條的寬度、厚度各有不同，也會加入不同配料，如蛋、海鮮或雞肉調味。手工拉麵在中國是一門了不起的技藝，麵條如絲般的口感備受喜愛（例如名稱聽起來很奇妙的「龍鬚麵」，是把厚重的麵團不斷拉長）。食譜作家蘇欣潔曾親眼見識製麵師傅的本事：「技術已爐火純青的師傅不斷晃動麵團，使之拉長分裂，變成麵條，時間大約十五分鐘。但是在這之前，他可得先下兩年的工夫磨練，製麵時力量才能控制自如。」

在西方，義大利也有悠久的製麵史。「麵」（pasta）這個字是義大利文的「麵團」之意。在義大利中部伊特拉斯坎地區（Etruscan）一座四世紀的墳墓淺浮雕上，描繪著類似製麵的工具，因此常被視為當時義大利已有麵食存在的證據。阿拉伯地理學家伊德里西（Al-Idrisi，*1100—1165*）在十二世紀初曾寫道，他看見西西里人製作麵條，稱為「伊特里亞」（itriyah）。最早提到通心粉（macaroni，在當時是泛指麵食，而非今天我們熟知的形狀）的紀錄是在一二七九年於熱那亞出現。一三五六年，義大利作家喬凡尼·薄伽丘（Giovanni Bocaccio，*1313—1375*）在他的知名大作《十日談》（*The Decameron*），曾活靈活現描寫奇妙的「好命村」（Bengodi），那裡的居民有堆成山的帕瑪乾酪粉可吃，居民無所事事，「只要製作通心粉、義大利餃，並以清雞湯烹煮即可」。

義大利麵的一項特色在於使用杜蘭小麥（硬粒小麥）製作。這是把杜蘭小麥研磨到很細，通常會被用來做成乾麵條。它含有大量的穀蛋白，為義大利麵賦予大家喜愛的扎實口感。用杜蘭小麥粉製麵很費工，需把麵團不停地揉，直到揉出適當的質地為止。十七世紀時出現了揉麵機與壓麵機（把麵團擠壓成形）等重大發明，讓麵條可以靠機械生產。在接下來幾個世紀，製麵工業化的腳步不斷前進。一九三三年，布雷班提（Braibanti）申請連續製麵機的專利，可自動混合、揉麵與擠壓麵，中間不必停下來。混麵、揉麵、擠壓及最重要的乾燥等製麵過程，已經完全機械化，使乾燥麵更加平價親民。在二十世紀，商業生產的乾麵條已成了全義大利的主食，不像過去僅限於南方。麵食在義大利人的生活中舉足輕重，二〇一二年人均麵食消費量為二十六公斤，為同一年英國麵食人均消費量的十倍以上。

義大利麵的形狀五花八門。走一趟義大利超級市場，會發現至少有一整排貨架是專賣乾燥義大利麵，有湯麵專用的小型麵（包括環形、字母形、穀粒形、方形、星形），也有捲的螺旋麵、長條的義大利麵；還有厚薄不同的麵、蝴蝶麵、貓耳麵⋯⋯選擇五花八門，恰恰反映出義大利料理多元的地域性，也說明麵食在義大利有多普遍、各地又有多細微的差異。義大利人知道，不同形狀的麵有不同用途，要搭配不同醬料。質地脆弱的天使髮搭配清湯最好，管狀的麵（例如筆管麵）最適合肉醬或白醬，而在利古里亞（Liguria）會用扁麵裹富含橄欖油的青醬。新鮮做出來的麵也有不同的應用方式。緞帶麵的表面多孔，適合搭配奶油醬料。奶醬義大利緞帶麵（Fetuccine all'Afredo）是一道知名料理，瑪契拉・賀桑（Marcella Hazan，*1924—2013*，知名義大利食譜作家）的做法是把麵條簡單和奶油、牛油與磨過的帕瑪乾酪拌一拌。寬帶麵（Pappadelle）是最寬的麵條，會搭配濃郁的義式肉醬（ragù），亦即以野味或牛肝菌做成的醬料。在義大利料理中，麵食（無論是新鮮或乾燥）只要加上最奢侈的醬料，就會成為可口的重要料理。

不過，工業化生產的乾燥麵條製程通常相當快速，只需花幾個小時製作、擠壓與乾燥。同樣是商業製麵，做法卻相當多樣。「乾燥麵是簡單不複雜的產品，然而劣質的麵和真正悉心製作、風味絕佳的麵仍是天壤之別，」義大利名廚喬奇歐・羅卡特里（Giorgio Locatelli）說。我去了一趟義大利中部的阿布魯佐大區（Abruzzo），親眼看看義大利麵廠魯斯提切拉（Rustichella）如何製麵。阿布魯佐是義大利綠油油的鄉間，而這間公司所生產的，便是遠近馳名的手工乾燥麵。魯斯提切拉以小批量生產麵條，充滿風味與口感，從北美到新加坡的頂級餐廳主廚都採用他們的麵。這間家族企業於一九二九年由蓋塔諾・賽吉亞科莫（Gaetano Sergiacomo）創立，如今是第三代吉恩魯奇・佩杜奇（Gianluigi Peduzzi）在經營。賽吉亞科莫原本是古老小鎮潘恩（Penne）的磨坊主，小鎮名稱恰好也是筆管麵之意。他用自家磨製的麵粉做麵，和當時的習慣一樣利用日曬來乾燥。佩杜奇解釋，天氣條件適當時才能曬麵，不僅需要陽光（義大利倒是得天獨厚），還需要風的配合。「麵是在夏季月份製作的季節性產品，」佩杜奇說。在過去，製作自然乾燥的麵條是某些城鎮的專利，例如有山風與海風的那不勒斯。那不勒斯人會說：「通心粉是靠西洛可風（sirocco）製作，靠特拉蒙他那風（tramontana）乾燥。」前者是炎熱潮濕的地中海風，後者是較乾冷的風，兩者搭配得宜，創造出的完美環境，完成製麵過程中最講究的乾燥。如果麵條在太熱的地方乾燥可能會脆裂。但如果乾燥得太慢，潮濕的麵條可能會發霉。在那不勒斯，自然乾燥過程分成三個階段：硬化（incartamento）、復原（rinventimento），以及耗時的最終乾燥（essiacazione definitive），若是長麵，得耗上好幾天。每個階段的溫度掌握必須考量許多因素，例如依照麵條表面形成的硬皮厚度與內部含水量，來調整溫度。魯斯提切拉從南義大利的製麵法得到靈感。佩杜奇告訴我：「我們設法模仿當初祖父製麵時的工廠環境。」魯斯提切拉使用的麵粉部分為本地種植，部分從加拿大進口。「義大利的小麥風味好，而加拿大的有嚼勁」。他認為要確保產品品質，關鍵在於製作過程必須投入時間。

魯斯提切拉製麵廠座落於山丘上的橄欖園，是個小而有人情味的地方。我穿上白袍、髮網與鞋套做好防護，進入製麵區。在進入之前，他們已提醒我這裡很熱很潮濕，因為要做出優質麵條，就需要這樣濕熱的環境。當然，外在的天氣也大有影響。在三月、九月和十月，溫度和濕度的起伏大，因此製麵特別困難。在七月，空氣充滿宜人的堅果香。在這一塵不染的樓面，有幾台大型機器在運作。我興致盎然看著剛混合好的麵團以傳統的銅模壓製，柔和古樸的銅為麵條做出能留住醬汁的理想質地。眼前壓麵器用力擠出長長的吸管麵（bucatini）。他們告訴我，一般工業製麵使用的是鐵氟龍壓模，相較之下，麵團穿過銅壓模時比較慢。接下來引起我注意的是一根根義大利麵條：淡金色的長型麵條形成整齊的簾幕，掛在桿子上，慢慢通過機器，並經過短暫「預先乾燥」，使其形狀固定。架子上擺滿剛做好的麵，無論什麼形狀的麵都要送進龐大的乾燥間，裡頭有熱風循環，讓麵乾燥三十六小時。乾燥的溫度只有攝氏四十到五十度，加熱與休息期間交錯，讓水分能浮到麵的表面。這種緩慢而輕柔的乾燥過程以較低溫進行，也因此麵的顏色明顯較淺，一般工廠生產的麵食是以攝氏八十五到九十五度的高溫快速乾燥，等於把麵「烹調」過，因此顏色較深。魯斯提切的生產規模遠比大型麵廠要小得多，一年的產量在百味來（Barilla）只要兩天就能完成。佩杜奇是個深思熟慮、謙虛害羞的男子，他認為魯斯提切拉費時費工的製麵方式，在烹煮與食用時能展現效果。「你能吃得出手工製和工業乾麵條有何差異；慢速乾燥的過程會啟動微發酵，麵條更有滋味，就像酸種麵包一樣。我期盼顧客明白，在我們棕色的紙袋裡裝的不只是麵，」他對於阿布魯佐的傳統與家族事業多麼自豪，可說是溢於言表。

魯斯提切拉製作麵條時花了很長的時間，相較之下，烹煮時卻只需要短短幾分鐘。麵能快速煮熟，當然是義大利麵享譽國際的關鍵要素。在我兒子小時候，我總是很慶幸能很快煮好義大利麵，只要拌個番茄醬或是簡單的奶油與乳酪，就能讓他和朋友飽餐一頓。能快速煮好的麵多有吸引力，從速食麵的龐大市場龐即可看出。速食麵是一九五八年在日本發明，已經事先烹煮、調味、脫水與快速油炸，去除所有水分以延長保存期間，並密封在塑膠杯或碗中販售，只要加入熱水就能吃。速食麵在全球廣受歡迎，世界速食麵協會（World Instant Noodles Association）估計，二〇一五年全球吃掉將近九百八十億份速食麵。無怪乎魯斯提切拉除了繼承傳統，也要放眼未來，現在也生產「快煮義大利麵」（Rapida），只要九十秒就能烹調完成，和速食麵一樣能快速帶來滿足。

麵條由生變熟的過程需要泡在沸水中，它會吸水膨脹，在過程中變軟。烹調時間端視其大小、厚度與形狀，以及是新鮮或乾燥的麵而定。新鮮的中式細麵只需要稍微在沸水中燙軟即可。相較之下，乾燥麵條需要較長的時間。以適當的時間煮一份好麵，需要相當留意。麵要煮透，但咬下去時又要有彈性，就是義大利語中所謂的「彈牙」（al dente），這個片語既有名、表達得又到位。簡言之，麵不能煮太久。如今這是煮麵時不變的道理，但有好幾個世紀的時間，義大利麵其實要煮到很軟；一直要到義大利統一之後許久——在那不勒斯的影響之下——烹調時間較短、口感稍硬的麵條才終於風行。曾羅列義大利料理史大事紀的佩里格里諾．阿圖西（Pellegrino Artusi，*1820—1911*）在十九世紀末說，那不勒斯人在煮通心粉時「會用很多的水，不會煮太久」。每種麵要煮多久需講究精準的時間，從知名義大利乾麵條廠德科（De Cecco）的包裝即可看出。德科會在包裝上提到兩種烹煮時間：彈牙與熟透（cotto）。我吃過最好吃的乾燥麵，地點確實是在義大利，無論是朋友親手烹煮，或是在小餐館與餐廳。經過適當烹調，麵的堅硬口感能與風味濃郁的濕潤醬汁形成美妙對比，吃起來好過癮。我在阿布魯佐最難忘的一餐是在亞得里亞海濱的一間餐館，一邊吃魯斯提切拉的白酒蛤蜊麵，一邊眺望藍色波浪拍岸。那不是什麼複雜的菜色，只用到新鮮蛤蜊搭配大蒜、橄欖油、白酒與洋香菜與麵條，翻炒完便立刻上桌。這道麵有令人滿足的扎實口感，滋味雖不特殊卻相當可口，和鮮嫩多汁的蛤蜊是絕配，恰恰反映出大海鹹中帶甜的滋味。我念念不忘，很想再吃一次。一個住在羅馬的朋友說得簡潔有力：「義大利人在煮麵的時候，可是很大膽勇敢的。」

暫停的優點

我們經常把烹飪想像成一連串忙亂的活動，在燠熱環境下動個不停。其實烹飪常常會有平靜的暫停時刻，雖然煮食者不必做什麼，但這段時間仍可對成果帶來正面效益。我發現，烹飪的暫停時間多以半小時為單位。三十分鐘似乎是很有用的時間單位，好記，又容易衡量。

暫停期間有各式各樣的實用目的。最單純卻一定有效的暫停時間，就是讓冰箱取出的食材回復到室溫，也就是解凍回溫。肉類食譜經常要把肉煎上色（「棕化」），因此肉一定要先解凍回溫，不能用冰冷的肉。若在煎的時候，直接把冰箱取出冷而濕的肉下鍋，會讓鍋子的溫度下降，無法產生梅納反應。這麼一來，肉會在本身的肉汁裡燉煮，而不是徹底且均勻地變成理想的棕色。乳酪在吃之前要先從冰箱取出半小時，溫暖能讓乳酪釋放出香氣，香氣正是風味的重要組成元素。一片好的乳酪是剛從冰箱拿出來或者已回溫，兩者的差異顯而易察。另一個最好的暫停時間，就是肉在剛烤好後，於溫暖處「靜置」十五到三十分鐘。這麼一來，肉才能均勻地重新吸收烹煮時所釋出的肉汁。飲食作家休伊．芬利－惠廷斯泰爾（Hugh Fearnley-Whittingstall）測試過靜置的效果，在《河畔小屋的肉食譜》（*The River Cottage Meat Book*）中，就寫下了令人信服的好處：「靜置過的肉切片後，會展現截然不同的滋味：更飽滿、更多汁，簡言之，就是更可口。」

在使用餅皮製作的麵點食譜中常出現一項建議：餅皮做好之後包起來，冷藏三十分鐘，之後再擀開。通常這步驟的理由沒有解釋，看起來好像是謎一樣的建議。其實這個步驟是出於兩個重要原因。餅皮麵點在製作時要讓脂肪和麵粉融合。餅皮麵團稍微冷藏一下，可讓脂肪再度固化，更容易塑形。烘焙大師丹．雷帕德（Dan Lepard）說，餅皮麵團「在硬而冷，卻有彈性時，會比溫暖柔軟的麵團更容易擀開、塑形與摺疊」。第二個理由在於讓餅皮麵團裡的穀蛋白（一種很有延展性的蛋白質，名稱源自於拉丁文的「膠水」）鬆弛。蒂莉亞．史密斯解釋，穀蛋白「會隨著時間變得更有彈性，容易折疊」。因此讓餅皮麵團休息一下會比較好擀開，也較不易出現裂痕。在廚房裡，花點時間暫停很值得。

蒸氣的威力

水達到攝氏一百度沸騰時，力量強大的蒸氣就出現了。英國工業革命發軔，就是靠著蒸氣來推動發動機與驅動火車。在烹飪上，把水變成蒸氣的強大能量也可應用來烹煮食材，成為快速有效的料理過程。

熱水與食材未直接接觸的做法，很適合用在細嫩的食材上。比起泡在滾燙水中的燙青菜，蒸能保留更多口感與營養。日本人會在蛋裡加入高湯，蒸成質地滑嫩的美味茶碗蒸。中國人蒸魚（例如珍貴的鱸魚），以薑蔥來調味；一條一公斤的全魚只要蒸八分鐘即可完成，可見蒸氣威力多大。許多料理都以蒸的方式處理包餡的麵團。走一趟中式飲茶餐廳，眼前一個個堆起的竹蒸籠裡就是蒸包子。蒸具有強大力量，又能細膩處理食材，堪稱奇特的結合。無論是柔軟、有彈性、滑順、堅硬口感，用蒸的都能做到。上海小籠包就是道獨特的菜色：把豬絞肉與凍狀高湯塊包在薄薄的外皮中，頂部捏出許多摺子。蒸八分鐘左右，待內餡高湯融化，就成了美味多汁的「湯包」。在摩洛哥，當地人的主食庫斯庫斯也是用蒸的，這樣能保持庫斯庫斯蓬鬆的口感。傳統上，庫斯庫斯要用有孔洞的專用蒸鍋（couscoussier）裝好，鍋子會疊在燉菜鍋上蒸。寶拉·沃爾菲特（Paula Wolfert，*1938*年出生的知名美國飲食作家，專精地中海料理）提過，烹調庫斯庫斯需要耐心與細心，先將庫斯庫斯洗淨之後，要重複蒸與乾燥的步驟。她寫道，這樣做出的庫斯庫斯才會完美：「柔軟輕盈，粒粒分明，即使經過蒸與沖冷水而膨脹，也不會結塊相黏，口感沉重。」

英國傳統的蒸食相對不那麼快速，多應用在口味重而甜的布丁。以前英國布丁是以動物的腸子包，到了十七世紀初出現突破，改以布丁濾布包裹。那時的布丁是用煮的，而不是用蒸的。但在十八世紀之後，煮與蒸成了常見做法。經典的英國布丁會做得很大，供多人食用，需要漫長的烹調時間；蒂莉亞·史密斯就有一道經典英國牛排與腰子布丁的食譜，是以板油餅皮包餡，烹調時間長達五小時。薩塞克斯布丁（Sussex pond pudding）、蛋糕布丁（cabinet pudding）、布丁卷（jam roly poly）等傳統蒸布丁已漸漸過氣，如今僅有聖誕布丁較為普遍。聖誕布丁通常是在十一月底的喚醒主日（Stir-up Sunday，降臨期前的最後一個星期日）先行製作，蒸幾個小時之後放涼，收藏起來。幾前年，聖誕布丁在吃之前還得花幾個小時再蒸一次，現在只需微波加熱幾分鐘即可。諷刺的是，英國雖然是發揮蒸氣力量的先鋒，只是國民在廚房中卻沒什麼耐性了。

焦香味

幾千年來，若把食物煮到燒焦，是代表廚藝不精。英國學童都聽過阿弗列大帝（King Alfred，849—899，曾率眾抵抗維京人侵略，收回英格蘭大部分地區，成為第一個盎格魯薩克遜國王。傳說中，他曾在戰役中躲藏到鄉間，一名收留他的農婦要他幫忙看顧烤蛋糕，但是他一心思考反攻，大意之下使得蛋糕燒焦。）不小心讓蛋糕烤焦的傳說，暗示他粗心大意。「燒焦食物博物館」（Burnt Food Museum）網站上的標語是「讚頌料理災難的藝術」。但過去的失誤如今卻成了一種料理技藝。放眼世界各地，都不難發現食客吃的是燒焦的稻草、蔬菜，或灰燼包覆的食材。

西班牙鬥牛犬餐廳（El Bulli）的主廚費蘭．阿德里亞（Ferran Adria）催生過當代諸多飲食風潮，是個重要創新者。他在一九九〇年代晚期端出「烤架上的蔬菜」，特色為使用木炭油（charcoal oil）。哥本哈根Noma餐廳的瑞茲比也發揮想像力，端出燒焦食物。他的大作《Noma》食譜中，就以噴槍把蛋白霜燒成深色，並在熟大蔥外淋上焦蔥醬。

「各種包心菜的球芽都很適合稍微煮焦，」同樣引領潮流的名廚尤坦．奧圖蘭吉（Yotam Ottolenghi）在《衛報》（*The Guardian*）的每週食譜專欄中寫道。他的「焦球芽甘藍佐奶油乳酪與薑醬」要把切半的球芽甘藍在很燙、加蓋（但不加油）的鍋裡烤，「直到呈現黑色為止」。「焦」與「灰燼」出現在優雅的菜單上很能迸出火花，令人想起火的力量。經過焦味處理後，食材會帶有苦味，能吸引大人的成熟味蕾。今天在料理中使用灰燼，所反映的是美食界的趣味創意，也是以創新為信條的主廚突破框限之舉。焦的食物有很強烈的視覺力道，也是之所以受歡迎的原因之一。無論是萵苣、洋蔥或克里曼丁紅橘，焦黑的食材擺在盤子上會賦予畫面戲劇感。在社交媒體當道的時代，一張加了標記的 Instagram 吸睛美食照，就能幫餐廳大作宣傳，因此不難理解燒焦的食物為何能大紅大紫。

事實上，在料理中使用灰燼的做法早已行之有年，尤其在中美洲。古老的鹼法烹煮過程（nixtamilazation，源自於阿茲提克的「nextlli」，意思是「灰燼」）在中部美洲已有數千年歷史。玉米是這裡的原生植物，當地人在浸泡與烹煮玉米之時會加入灰燼，因為灰燼的鹼成分會溶解植物細胞壁的半纖維素（hemicellulose，功能與膠水類似），分解玉米粒外表又硬又厚的種皮。鹼法烹煮不僅能讓玉米更容易研磨，也能提升玉米風味，還可幫玉米釋放出維生素，例如儲存在胚乳與胚芽的菸鹼酸（維生素 B3），使人更容易消化。在歐洲，灰常被用來包覆乳酪，在乳酪皮外覆上一層灰，有助於乳酪保存。謝河畔瑟萊

（Selles-Sur-Cher）或瓦隆賽（Valençay）等法國乳酪仍沿用這種做法，黑色的外皮與內部雪白的羊乳酪形成強烈對比。

製作美乃滋

美乃滋是用蛋黃與油製成的乳化醬料，滋味撩人、色澤閃亮、口感滑順冰涼，在法式料理中占有特殊地位，擁有奢侈光環，尤以自家製作為佳。傳統而言，美乃滋是用木匙或打蛋器以手工製作，在過程中要耐著性子，一次加一點點油。美乃滋的特殊口感來自於乳化——小小的脂肪分子在水中懸浮。通常油水會分離，因此要做出乳化物時要有乳化劑（存在於蛋黃），還需經過乳化劑混合的過程（用力攪拌）。製作美乃滋的時候，可看見蛋黃和油在幾分鐘之後變成濃郁、有黏性、半透明的物質，這轉變的過程讓人有無可取代的成就感。

要成功做到乳化可不容易，因此手工製作美乃滋帶了點神祕色彩。若有本事做出來，能為廚師名氣加分。柴爾德在《掌握法國菜的藝術》曾寫到美乃滋，她信誓旦旦告訴讀者：「能手工製作美乃滋，才代表精通蛋黃料理。」伊麗莎白．大衛的《法國地方料理》也將手打美乃滋的樂趣向讀者娓娓道來，她反對以攪拌器製作：「拿著碗與湯匙，備好雞蛋與油，在寧靜的廚房靜靜坐下，調製閃亮金黃、秀色可餐的油膏狀美乃滋，著實充滿樂趣與滿足感。除非很趕時間，否則我不喜歡這份感受遭到剝奪。」無論是柴爾德或大衛的手打美乃滋的經典食譜，都依循相同模式——先把蛋黃打好，起初很慢很慢地加入油，「一滴一滴加」。等乳化過程展開，即可加得快一些。製作美乃滋的風險在於可能稀而不稠；或者變稠之後卻油水分離，變成凍狀，這最令人洩氣了。這時的補救方式是拿一只蛋黃，在乾淨的碗中重做一次，再慢慢把失敗的美乃滋加入即可。

英國主廚蘿西．賽克斯（Rosie Sykes）精通烹飪的知識，我向來佩服不已。得知她在烹飪時喜歡使用自家製作的美乃滋並重視它的靈活用途，實在令我欣喜。她說，美乃滋通常是基礎醬料，可加入許多食材，例如蛋黃泥、碎蛋白、龍蒿、洋香菜、酸豆與醃小黃瓜，這樣可做成帶著酸味的香草蛋美乃滋醬（Sauce Gribiche），不僅可搭配蘆筍，也可淋到馬鈴薯上。美乃滋也可加入鯷魚和大蒜來調味，做成凱薩沙拉醬。她估計，手打美乃滋大約需要十分鐘，「但我是靠手打美乃滋維生的！」。意思是一般在家做菜的人會需要花更長一點的時間。賽克斯的美乃滋食譜和只用蛋黃的經典做法不同，而是改以一個全蛋加一個蛋黃。加了蛋白的理由是質地「會比較清爽、穩定」。她也推薦使用食物處理器（塑膠或金屬刀片皆可），認為口感比手打的好。雖然用食物處理器取代手打，但她仍循序漸進。她認為第一要件是雞蛋一定要新鮮，且必須是室溫。接下來的要件是，大方舀一大匙第戎芥末，加入全蛋與蛋黃，用食物處理器打幾分鐘，充分拌勻。賽克斯建議，這份量的蛋應搭配兩百五十毫升的葵花油與五十毫升的淡味橄欖油，因為全使用橄欖油「會太過濃郁，得搭配特定的食物才行」。打開食物處理器之後，接下來就要把油裝到油壺中，慢慢加入食物處理器。「一開始要很慢很慢，」賽克斯強調，「這樣才能乳化。先加兩、三大匙的油，放個幾秒鐘。重複五、六次之後，就能繼續把油倒入。你會看到美乃滋開始乳化、膨起，顏色變淡了許多。費格斯·亨德森（Fergus Henderson）拍過一部很棒的影片〈傾聽美乃滋〉（*Listening to Mayonnaise*），訴說如何透過聲音，判斷美乃滋在食物處理機裡的變化。一開始聲音水水的，後來會變成拍打聲」。一旦油脂融合，賽克斯就會試吃看看，並以鹽巴和現磨胡椒調味。這個階段的質地會很濃稠，因此要加點酸化劑（例如檸檬汁或醋），讓它稀一點，才能舀得起來。顯然，賽克斯對於美乃滋的理想質地與風味有自己的想法。她若有所思地說：「我想大部分的人還滿喜歡我做的美乃滋的。」

大胃王比賽

一分鐘吃七十三顆葡萄、三分鐘吃十二個漢堡、一分鐘吞六百六十三公克的果凍……光是閱讀《金氏世界紀錄》的條目，我就覺得消化不良。在某段時間內比賽誰吃得最多最快的大胃王比賽，起源於十九世紀的美國鄉間市集，到二十世紀演變成受歡迎的一種娛樂型態。甜甜圈、派、麵都是大胃王比賽中常見的食物，如今甚至納入很為難人的食材，例如超辣的印度鬼椒（Bhut Jolokia chillies）或是活蟑螂。最具代表性的美國大胃王競賽，是每年七月四日在康尼島（Coney Island）舉行的納森熱狗大胃王比賽（Nathan's Hot Dog Eating Contest）。據說這項比賽最早可追溯到一九一六年，當時的移民為爭相展現愛國情操而大啖熱狗，到一九七〇年代大受歡迎。參賽者必須在十分鐘內吃下盡可能多的熱狗堡，目前的冠軍是已十度摘冠的喬伊・切斯納（Joey 'Jaws' Chestnut），他可吃下高達七十個熱狗堡。在短時間內吃下這麼多食物，勢必對身體造成很大的負擔。人體的飽足感反射通常會告訴我們何時吃飽了，但要吃這麼多東西時，就必須克服這項反射。嘔吐是吃太多之後的自然反應，但如果比賽期間或剛比完就馬上嘔吐，則會喪失資格。更立即的危機在於噎住。二〇一六年十一月在日本一場飯糰大胃王比賽中，一名男性參賽者就不幸噎死。而大胃王比賽不斷反覆讓胃延伸到極限，長期下來會造成何種後果，目前仍不得而知。

雖然有這麼多風險，大胃王比賽卻越來越熱門。這原本只是業餘人士的趣味競賽，如今演變成一門大生意，男女「職業大胃王」在競食大聯盟（Major League Eating）舉辦的比賽爭奪豐厚的獎金——這聯盟自稱「監督所有大胃王職業競賽的世界性組織」。參賽者會預先訓練，把胃部延展開來。切斯納曾在一次訪談中提到熱狗大賽的準備工作，包括每天早上第一件事情，就是把一加侖的水盡量在幾口內就喝完。他說，剛開始比賽的幾分鐘最難受，擔心打個嗝就逆流，造成比賽失格。「我已吃熱狗吃到醉了，覺得自己有毛病，」他簡單地說。在大胃王比賽中，時間成了必須對抗的大反派，無論這對身體可能造成何種後果。

炒香

不少料理都會運用到「炒香」。這起始步驟很重要，能為菜色賦予滋味與香氣。許多中式菜色一開始要先熱油鍋，加入切好的薑蒜，爆香之後再把其他食材下油鍋。法式料理中，燴煮、燉菜或製作醬料時，第一步是先炒調味蔬菜（mirepoix，通常是洋蔥、胡蘿蔔與芹菜切丁混合）。巴西的許多名菜的第一步是先做炒洋蔥、大蒜、大蔥與青椒，做成基底（refogado）。義大利料理會把許多風味濃郁的食材切小丁，綜合成「料頭」（battuto），通常包括洋蔥，有時會加點胡蘿蔔、芹菜與洋香菜等新鮮香草。等洋蔥炒成透明，就稱為「香炒蔬菜醬底」（soffrito），這是從義大利的動詞「炒」（soffrigere）衍生而來。知名的義大利飲食權威賀桑直指這初步的炒料階段多重要，「如果一道菜的蔬菜醬底炒不好，後續步驟再怎麼小心，風味仍不完整，」她斬釘截鐵地說。

東南亞料理經常也要先做風味濃郁的醬料：把紅蔥頭、大蒜、南薑、檸檬葉與香料加在一起搗。這種醬料在馬來西亞稱為閏巴醬（rempah，香料之意），材料要炒熟（tumis）。閏巴醬一定要花夠久的時間煮，如果煮不好，做出來的菜會太粗糙，不夠到位。我到吉隆坡時，想多多瞭解如何正確炒閏巴醬，於是前往知名的葡萄牙歐洲料理教師瓊恩・佩瑞拉（Jeanne Pereira）家中拜訪。她活力四射、很有魅力，樂於分享料理知識。佩瑞拉大方示範如何烹煮咖哩，首先要從最重要的炒香料醬階段開始。我最先注意到的是，沉重的炒鍋（kuali）裡加了很多油，在鍋底積了一層。佩瑞拉強調，油要夠多才行，以避免醬料在烹調過程中燒焦，形成粗粒口感。她說，反正過多的油在上菜前還是可以撇掉。我看見她先把完整香料（例如小荳蔻與肉桂）快炒一下，之後把碎洋蔥與大蒜醬加進熱油鍋，這時鍋子發出悅耳的滋滋聲，她持續翻炒三分鐘，「要把洋蔥炒成棕色，但不要變脆，」佩瑞拉解釋，又加入一把新鮮咖哩葉。她在炒混合料時，不時以鍋鏟把鍋邊的醬料抹開，避免醬料直接碰到熱源，這樣醬料才不會太乾或太濕。三分鐘之後，她加入咖哩粉糊，徹底與炒洋蔥拌勻，並立刻撒兩大匙水，用力以鏟子刮鍋子，以免香料黏鍋燒焦。「要確定鍋底有翻炒到，」她提醒。她一邊炒，繼續灑些水，一次兩三大匙，把醬煮到收乾，之後又多加些水。醬料越煮，顏色會越深，成為濃稠如粥的質地。大約五分鐘之後，油會浮到醬料表面，瓊恩就是在等這一刻。瓊恩不停小心地在醬料裡加水與續煮，且一定都會徹底刮起鍋底醬料。煮了十五分鐘之後，佩瑞拉滿意地看著成果。「好了——妳看看那色澤與香氣」。她用一隻手把香氣往我的方向揮，那濃郁、深沉，充滿香料的芬芳真令人垂涎。她加入雞肉與馬鈴薯塊，慢慢加水攪拌，使這炒過的醬變成濃郁的肉湯，花時間把食材燉煮到熟透。「閏巴醬要好好炒，」瑞佩拉強調。「咖哩是急不來的，」她微笑地回憶，「我母親初次教我怎麼做的時候，我無聊得發慌，怎麼老是站在這翻炒！她現在肯定在天上笑我！」。

尋找豆餅

在尼斯市場看到豆餅（socca）攤販時，實在令我興奮不已，終於有品嚐的機會！我曾讀過關於豆餅的文章，知道這種以鷹嘴豆做成的煎餅長久以來在法國蔚藍海岸享有盛名，我卻從未真正嚐過。我在安排全家到普羅旺斯的假期時，一位飲食品味絕佳的好友就告訴我，務必要嚐嚐豆餅。然而，眼看度假行程即將進入尾聲，卻還是不見豆餅芳蹤。我們住在內陸地區，不容易找到豆餅，於是前往風景如畫的昂蒂布市場（Antibes）尋餅。但到了市場，卻找不到平日在此的豆餅攤。不過，尼斯這兒倒有個攤子，招牌上寫著「豆餅」。我走近一瞧，便發現那不是現做的餅，而是將一個圓形的大煎餅加熱。我買了一份，撕一口來吃，味道令我大失所望——軟趴趴的，沒有什麼風味，簡言之就是無趣。先生與兒子和我感覺差不多，打算放棄。但我就是固執。「我看過有間叫做『畢波家』（Chez Pipo）的餐廳，是以柴火來烤豆餅，吃起來應該會不一樣……」先生一臉拿我沒辦法的表情說：「希望不要太遠，我的相機很重。」我們在驕陽下走了半小時，終於找到隱藏在小街上的畢波家。這是間樸實、氣氛隨性的餐廳，中午高朋滿座。菜單很短，選項不多。女服務生說豆餅要等二十五分鐘。我不顧先生怨恨的眼神，只管開心點了一份。終於，一只大盤子放到我面前，上面有熱騰騰的現做豆餅切片，金棕色的餅皮上有深棕色的斑點，遠比市場蒼白發軟的豆餅誘人多了。我們用研磨胡椒調味，狼吞虎嚥起來，桌邊的氣氛登時提升。這煎餅外酥內軟，有獨特的鷹嘴豆滋味——這會兒我明白為什麼大家對豆餅趨之若鶩。朋友說的沒錯，這是簡單的好滋味，好吃得不得不追加一份。

在離開時，先生停下來窺看遮屏周圍，並喊我過去：「來看看，妳一定會喜歡。」原來他發現超大的烤窯，內部柴火熊熊，有個年輕人在豆餅鍋旁邊忙著。他朝著我們一笑，又回去照料在烤爐中的烤餅盤。他說他叫做布魯諾，製作豆餅七年了。他看我們有興趣，便告訴我們更多事情。他用來做餅的鍋子很吸睛，是個八十公分的圓形平底鍋，鍋底鋪銅，為了讓導熱效率更高。鍋子每兩個月要「養鍋」一次。鷹嘴豆泥糊靜置一段時間，之後在大鍋中放薄薄一層。布魯諾一邊說，眼睛一邊盯著烤窯裡的餅，抽出來之後靈巧刮刮表面，若覺得太乾就加點油。烤窯只能裝得下一只烤鍋，而每一片豆泥餅需要十五分鐘烹調，且只能分成九大份。要是我們在夏天旺季造訪，想吃一份豆泥餅得等更久。他笑著說，在畢波家，為了一嚐豆泥餅等上兩小時也不稀奇。我們離開餐廳時心滿意足，慶幸能嚐到美味的豆餅，也見識到布魯諾對工作很自豪，而且樂在其中。在這浮躁的時代，有人願意為了現做的食物等待是件好事。能見到尼斯才有的豆餅，的確讓人開心。

奇妙的梅納反應

許多肉類食譜的起始步驟，是把肉煎上色。過去認為，這樣做是為了「封住肉汁」，其實這說法不精準，也會產生誤導。這種棕化過程不僅可以讓食物看起來更好看，更重要的是，滋味會更豐富。有些烹調步驟值得花點時間處理，肉的棕化就是一例。加州名廚蘇珊．龔恩（Suzanne Goin）的食譜書《盧卡餐廳的週日晚餐》（*Sunday Suppers at Lucques*）很受歡迎，書中提到尼斯燉牛肉（Boeuf à la Niçoise）的做法。首先，去骨牛肋要先滷一夜，回溫後，就要在厚重的鍋子裡以熱油煎到棕化。她耳提面命：「這個步驟很重要，萬不可匆忙；可能花上十五到二十分鐘。」觀摩優秀廚師製作燉菜或燴煮，很自然會注意到他們花時間先煎肉。

龔恩與其他廚師都知道，肉先煎到棕化乃是提升風味的重要步驟。「梅納反應」賦予食物美妙的滋味與香氣，這條化學反應的名稱，是為了紀念法國化學家路易斯・卡彌爾・梅納（Louis Camille Maillard，*1878—1936*）。他是第一個發現這化學過程的人，在一九一二年的研究報告中曾加以描述。梅納反應是胺基酸（蛋白質的構成成分）與糖先產生簡單反應，之後觸發一連串進一步的反應，過程會產生數以百計的風味元素。

會在烹調過程中發生梅納反應的食材很多，不只是肉而已。日常生活中梅納反應的例子，就是製作土司，而在烤麵包或烘咖啡豆的時候所散發的迷人香氣，也是一例。梅納反應會加速的溫度大約是攝氏一百七十七度，這時會對食物造成明顯的影響。這溫度比水的沸點（攝氏一百度）高，因此食物在燙、蒸與水煮的過程不會棕化，但是以較高溫煎炒炸烤時就會。不過，梅納反應相當複雜，人們尚未完全瞭解——雖然美國科學家約翰・賀智（John E. Hodge，*1914—1996*）在一九五三年確實提出重要研究，建立了梅納反應三階段模型。

對掌廚者而言，瞭解棕化對於創造風味的重要性很有幫助。不起眼的洋蔥在經過梅納反應之後風味會如何提升，這就很能展現出梅納反應的力量。許多燴煮菜色（例如咖哩）就是先炒洋蔥，把洋蔥炒成棕色。我最愛的北印度咖哩（korma）食譜，是才華洋溢的印度飲食作家與友人羅帕・古拉蒂（Roopa Gulati）給我的。這道風味濃厚的料理的關鍵在製作油炸洋蔥醬。首先，洋蔥要切絲、撒鹽，靜置三十分鐘，移除多餘水分、拍乾，之後油炸到濃郁的深棕色。之後這洋蔥再加點水，做成醬，再加到雞肉中，於是這道美味無比的料理就有了豐富基底。這道菜會以香料調味，包括棕豆蔻與綠豆蔻、肉桂與芫荽。雖然相當需要耐心，但我每回烹煮這道菜，都能因為神奇的梅納反應得到大大的犒賞。

正確的煮飯法

我十歲時，父親就教我怎麼煮飯。這辦法很有用，值得代代相傳，因此我也教兒子如何煮飯。家父一九二九年出生於英國，肯定是旅居馬來西亞當圖書館員時學到這種煮飯法。他示範的第一步驟就是耐著性子，洗去米粒外多餘的澱粉。這時要把米放在鍋中，在水槽淘洗。我在攪動著米、洗去澱粉時，看見炒鍋的水變混濁，細細的米粒穿過指間的感覺很棒。洗好的米會放在重重的小炒鍋裡，之後以手指輕輕放到米上，加水，讓水的深度達到米上方一個指節高，再放一小撮鹽。接下來，把水煮沸。等水開始冒泡，就把鍋蓋蓋緊，火關到最小，讓米靜靜煮十二到十五分鐘。飯煮好時，奇妙的事情發生了：水不見了，只剩下潔白鬆軟卻有口感，而且相當乾爽的白飯。我孩提時代看見生米煮成完美的一鍋熟飯，深信其中一定有魔法。父親教我的煮飯法是經典的吸收法——簡單明瞭、方便快速，連小朋友也學得會。

直到我到別人家吃飯，才知道還有其他方式，可把這種小而硬的穀類煮軟食用。我幼年在英國時，煮飯只有一種方法，就是用一大鍋水煮米，煮到軟之後瀝乾、上桌。我不以為然，認為這種軟爛的米不像用吸收法煮出來的飯那麼細膩可口。如今這種煮滾瀝乾的方式，常出現在長米的包裝上。值得注意的是，這種方式雖然比吸收法快幾分鐘，但煮出來的飯完全無法相提並論。我不是唯一對煮飯的正確之道心有定見的人；世界上有不少國家喜歡吃米。在愛吃米的文化中，飯的質地是評斷煮得好不好的指標。然而煮飯是一言難盡的主題。首先，米的種類很多，可粗略分為長米、中米與短米。每種米的構造不同，需要的烹煮時間與方式也不同。米是含有澱粉的種子，水煮時，澱粉顆粒會吸水、膨脹與軟化，這過程稱為膠凝作用。米含有兩種澱粉，一種是直鏈澱粉（amylose，結構簡單的澱粉分子），一種是支鏈澱粉（amylopectin，分子較大而複雜），不同的米兩種澱粉的含量也不同。澱粉會影響飯的結構。長米中的直鏈澱粉含量較高，煮好後會粒粒分明，適合做成伊朗抓飯（pulow）之類的料理，因為抓飯講求的是輕盈的口感。短米與中米的直鏈澱粉含量低，支鏈澱粉含量高一些，煮好後會軟而黏，適合做成義大利燉飯與西班牙海鮮飯。壽司米只有少許直鏈澱粉含量，支鏈澱粉含量高，因此米飯有獨特的黏質地，這麼一來米能夠結合起來，做成壽司。

要加速長米的烹煮過程，最標準的做法是先浸泡，讓米吸收水分。伊朗料理重視米飯，諸如抓飯就是重要膳食。伊朗人認為米在煮之前先浸泡，是理所當然的。瑪格麗特・沙達（Margaret Shaida）曾寫過精采的食譜《經典波斯料理》（*The Legendary Cookbook of Persia*），書中提到如何照伊朗人的做法煮飯。首先要洗去長米上過多的澱粉，接下來要泡鹽水。在伊朗，「氣候乾燥，米相當硬，要浸泡好幾個小時，通常會泡過夜。」但是以印度香米（Basmati）而言，她說只要三小時即可。之後，米要先煮到半熟再蒸。伊朗抓飯的特色之一，在於盤子底下有一層鍋巴，這是把米加入熱油脂後做出的，代表這道菜煮得好。這鍋巴稱為波斯米花（tahdeeg）的佳餚，吃起來「滋味豐富、酥脆可口，通常在廚房就吃光了，根本來不及端上餐桌，」沙達寫道。西班牙海鮮飯也是一道國民料理，是用短到中粒的米製作，酥脆的鍋巴稱為「socarrat」，同樣受到喜愛；出現鍋巴也代表海鮮飯煮得正確。

米飯在印度料理中也同樣重要。米是印度廣泛種植的重要作物，也是膳食的基礎。印度香米在喜馬拉雅山腳下種植，特殊的香味備受喜愛。「印度香飯」（biriyani）這道節慶菜色，最能展現印度香米的優點。印度香飯源自於蒙兀兒料理，同樣需要時間悉心製作。米一定要先在水中煮到半熟，之後再和其他加了豐富香料的食材（例如雞鴨魚肉或蔬菜）擺在一起。印度飲食作家古拉蒂告訴我：「米一開始只煮到半熟，是為了在後續蒸的過程膨脹軟化時，吸收香料的汁液與香氣，以增加風味。」米泡二十分鐘之後再煮軟，除去過多澱粉，使顏色更白一些。這泡水、濾過的米會短暫煮一下——在沸水中兩分鐘，之後把水濾掉。「可得克制衝動，不能煮太久，」古拉蒂提醒，「寧願煮得不夠熟」。之後要動作快，把握熱度，將半煮過的米和香料咖哩放到深盤，緊緊蓋住。過去傳統的做法是：這蓋緊的蓋子會用印度烤餅的麵團封住，以免蒸氣逸散。之後再以低溫烤四十五分鐘，這段時間米就會變軟完成。印度香飯端上桌之後，才把蓋子掀起。這時印度香飯是否成功就要揭曉了。「我希望飯粒粒分明，這是判斷香飯煮得好不好的依據，還有各種香料融合出的甘醇香氣飄出，」古拉蒂開心說，「端上桌時，米和加了香料的肉應該是層層分明，而且肉應該要維持原來的形狀」。

對掌廚者來說，短米與中米又代表不一樣的挑戰，經典的義大利燉飯就是知名的例子。傳統上，義大利燉飯要以特定的義大利品種米來製作——阿柏里歐米（Arborio）、維亞諾內．納諾（Vialone Nano）或卡納羅利（Carnaroli），並以高湯烹煮。燉飯的特色不是把米泡在液體中煮到滾、煮到軟就好，而是要分幾個階段慢慢加入高湯。烹煮時，要常常攪拌米，確保米能煮得均勻，因此從頭到尾都必須留意。和許多義大利菜色一樣，燉飯要煮得好是有竅門的。好的燉飯要煮熟、同時保留住嚼勁，最終做出來的口感要像奶油般滑順濃郁，而不是黏膩如膠。

為了煮出好燉飯，我請教長久來我的愛用食譜作者——備受推崇的義大利飲食作家安娜．德．康特（Anna del Conte，1925年出生的義大利飲食作家，1949年之後旅居英國）。她的著作《義大利美食》（*Gastronomy of Italy*）堪稱權威之作。「煮燉飯大約需要十四到十八分鐘，」德．康特告訴我，「妳得在一旁隨時注意。品種越好的米，越需要煮久一點。阿柏里歐米不是最好的，卡納羅利好一點」。德．康特把美味燉飯的製作過程從頭到尾告訴我。首先，要在鍋子裡融化一些奶油，把洋蔥炒軟，之後加入米，讓米粒覆上奶油。米要在奶油裡烹煮兩三分鐘，讓米粒外層呈現透明狀。若要用酒則趁此時加入，把酒煮乾。接下來加點高湯燉煮。「高湯的品質很重要，」德．康特諄諄告誡。「一開始先加多一點點，和米拌勻」。等米吸收高湯之後，再加入一百五十到兩百毫升的高湯。「要說明清楚煮燉飯的溫度很難，」德．康特沉思道，「泡泡不能冒得太多，也不能太低，全得靠經驗」。在思索什麼原因會造成燉飯失敗時，她認為可能是「想抄捷徑」，例如一開始洋蔥炒得不夠久，或是米炒得不夠充分。另一項錯誤可能是「一口氣加入太多高湯，而不是慢慢加入」。此外，要是飯煮過頭了，燉飯也就失敗了。「差一分鐘都不行。燉飯和義大利麵一樣，不能煮過頭，」她肯定地說，「米心要有點硬，咬勁很重要」。

壓力鍋

放在爐子上的壓力鍋會發出令人神經綳緊的嘶嘶聲與哨音，加上蒸氣四處逸散，那個光景有時還真嚇人。話雖如此，壓力鍋卻也是省時的好幫手，在世界各地廣為使用。

壓力鍋的核心概念簡單，卻很創新：把蒸氣的力量鎖住，增加鍋子裡的壓力。壓力鍋的前驅是法國物理學家丹尼・帕潘（Denis Papin，*1647—1713*）在一六七九年發明的蒸氣蒸煮器，目的是把骨頭煮軟，並設有安全的蒸氣釋放閥，避免爆炸。現代壓力鍋也是依循同樣的原則；使用壓力鍋時，一定要在生食材上加上液體（通常是水）。之後，壓力鍋會把液體煮成蒸氣，而蒸氣無處可去，就會增加鍋內壓力，使沸點升高到攝氏一百一十四度或一百二十一度。高溫不僅能更快速烹調食物，更重要的是會令梅納反應發生，讓食物美味升級，更具風味。英國名廚布魯門索就是壓力鍋愛用者，提倡以壓力鍋製作高湯的做法，因為能把風味的分子封住，而高溫又能帶出肉味，也不會一直滾，因此湯頭也會比較清澈。

壓力鍋省時能力可說無與倫比，大致上比起傳統烹飪時間可節省高達百分之七十。壓力鍋在亞洲廚房是不可或缺的廚具，原本需要好幾個小時的豆類或咖哩可以在短短幾分鐘完成。壓力鍋在英國比較少見，但是《壓力鍋烹飪指南》（*The Pressure Cooker Cookbook*）的作者凱瑟琳・菲普斯（Catherine Phipps）大力提倡壓力鍋的優點，從燉飯到中式子排等各種佳餚都能用它做出來。她之所以變成壓力鍋的信徒，是受到巴西弟媳的啟發；她以壓力鍋烹煮黑豆燉菜（feijoada），將原本需要好幾個小時的烹煮時間縮短到僅僅三十分鐘，甚至連黑豆都不用預先浸泡。菲普斯得知壓力鍋在巴西是一種日常廚具，覺得很有興趣，也買了一個。身為忙碌的職業婦女，她發現壓力鍋省下許多烹煮的時間。她認為壓力鍋在英國的形象不佳，可能是因為在食物配給時期廣為使用的關係。「那時期的菜色多是燙心臟與燉腰子，燉菜盡是灰灰的、與泥巴一樣的東西！」菲普斯指出，使用壓力鍋不僅可以節省時間，還能節省能源與金錢。她多麼熱愛這不起眼的廚具，實在是溢於言表。「我喜歡煮飯，但和許多人一樣，晚上沒什麼時間煮，而且一天下來都已經很累了」。運用壓力鍋，她可以從頭開始做暖心的燉飯，且十分鐘就能上桌。「對我來說，這樣能從頭開始煮，又兼顧便利，我就可以做出一頓好餐點」。

布朗尼時刻

烘焙是很講究精準的廚藝。為了確保成功，材料必需秤量過、亦步亦趨遵守食譜，烤箱得先預熱到指定溫度。若是沒乖乖遵照步驟，恐怕會嚐到失敗苦果。要評估蛋糕是否「完成」、已經可從烤箱取出，通常是拿根籤子插到中央，看拔出來時上面是否乾淨。若上面有未熟的蛋糕糊，就表示還需要再烤一下。但是在烘烤布朗尼的時候，要評估是否完成就比較困難。布朗尼是源自美國的巧克力風味甜點，有特殊的柔軟質地。如果太早從烤箱取出，中間可能會呈現未熟的液體狀態。但烤太久又可能太乾。我們想要介於兩者之間、剛剛好的口感。要抓準這一刻，可沒那麼容易。

走一趟倫敦西邊的奇斯威克區（Chiswick），來到「異鄉人之塔」（Outsider Tart），便能見識到布朗尼千變萬化的可能性。異鄉人之塔是烘焙門市兼咖啡館，由熱愛布朗尼的美國烘焙師大衛・穆尼茲（David Muniz）和大衛・雷斯尼亞克（David Lesniak）共同創辦，這裡可彰顯出他們故鄉的烘焙傳統有多麼豐富：平日會在架上陳列新鮮烘焙的商品，有蛋糕、餅乾，還有無比派（whoopee pie），看起來相當壯觀。這裡推出的布朗尼琳琅滿目：有淋上焦糖醬的士力架布朗尼、赫本布朗尼（Hepburns）、不著地（Mile High）、金髮美女等等。雖然有各式各樣口味與配料，但布朗尼本身的口感並無二致，那就是濕潤、柔軟的乳脂糖質地，十分可口。

穆尼茲很有魅力，說話輕聲細語，他說明製作布朗尼的方法時，首先強調：口感的喜好因人而異。如何製作混料，會影響最後的口感，「部分食材混合時的溫度、放置順序、混合多少，都會使成品嚐起來有所不同。如果過度攪拌，布朗尼吃起來就會像蛋糕。我是最後才放麵粉，稍微以折疊的方式拌一拌，就送進烤箱」。

抓對時間點也很重要。穆尼茲告訴我，一旦布朗尼送進烤箱，他會比食譜上少烤十分鐘，且時時檢查。在最後的烘焙階段要特別注意——「我最後幾分鐘會不由自主，反覆查看，」他微笑道。他沒有用籤子插到麵糊中，看烤得怎麼樣，而是用眼睛觀察。「混料會稍微與旁邊分開，這表示邊緣烤好」。穆尼茲也會觀察布朗尼麵糊中央，可能亮晶晶，也可能沒有光澤，這取決於麵糊如何攪拌與製作。「如果麵糊濕濕的，你會看的到中間有較深色的痕跡，別去碰或戳，繼續烤就對了，」穆尼茲憑藉多年經驗，能精準掌握布朗尼的烘焙情況。在最後時刻，麵糊顏色應該是均勻的。「搖晃烤盤時布朗尼不會動，但是要在剛到達『不會晃動』的臨界點就取出，」他清楚地說。這麼精準掌握視覺與質感的訊號，是為了得到理想中厚實、柔軟，但不會滑動的質地。他停下來想一下。「也得看你喜歡什麼口感。如果想吃蛋糕，我會直接去吃蛋糕；如果想吃布朗尼，那麼我希望能有乳脂、豐富與濕潤的感覺」。

「幾分鐘上菜」食譜

綜觀人類歷史，絕大部分時間食譜是靠著口語代代相傳。通常這過程是在家中進行，由母親或祖母示範給女孩看烹飪的方法。透過經驗傳承學習烹飪，要視覺、觸覺、味覺、嗅覺與聽覺等五感並用，以瞭解麵團質感、醬料何時大功告成之類的重點。

若看看最早的文字食譜，肯定會因為其簡短的敘述而感到驚奇。最早的英文食譜之一是《烹飪形式》（*The Forme of Cury*），據信是十四世紀末理查二世（Richard II，在位時間為一三七七年到一三九九年）的御廚所寫。書名中的「Cury」是中世紀的「烹飪」（cookery）之意，書中有一百九十六道食譜，從日常濃湯到大菜一應俱全。這本書的風格言簡意賅，例如鼠尾草醬豬肉做法僅僅三句：「把豬肉燙過，分成四份，在水中加鹽煮，取出冷卻。將洋香菜、鼠尾草與麵包和熟蛋黃一起研磨。以醋調成濃稠狀，豬肉盛盤，淋上醬料即可上桌。」這些食譜其實是備忘錄，目的是給已知如何烹煮的人而寫，因此只簡單記下一道菜做法的重點，至於份量、時間等資訊都付之闕如。

十六世紀末，食譜篇幅稍微變長些。一五七五年出版的食譜《真正的新食譜》（*The Proper New Booke of Cookery*）裡有「乳酪塔」食譜，說明硬乳酪要浸泡三小時。十年後，《好主婦寶典》（*The Gude Huswifes Jewell*）也收錄了一些食譜，其中一道「蘋果與去皮柳橙塔」提到，三顆柳橙要先後在水中與糖漿中浸泡「一天一夜」。經過幾個世紀，食譜書越寫越詳細。羅伯・梅伊（Robert May，1588—約1664）是《卓越廚師》（*The Accomplisht Cook*，*1660*）的作者，他在食譜中提到每一道作品（例如乳酪蛋糕）的重量與做法，也詳細說明食材資訊，例如「早晨牛奶製成的新鮮凝乳」。一七四七年，漢娜・

格拉斯（Hannah Glasse，*1708–1770*）出了暢銷的食譜書《簡單烹飪的藝術》（*The Art of Cookery Made Plain and Easy*）。格拉斯說這本書的目標是要教導僕人如何烹調，因此在寫作時刻意避開「高尚、禮貌的」風格，選擇直白清楚的指示。書中有些食譜的確寫下了精準的烹飪時間，例如菠菜燉十五分鐘，或奶黃布丁煮半小時。但大部分的食譜沒有說明烹飪時間，例如炸七鰓鰻時，她只說「覺得差不多了就取出」，讀者得透過經驗學習。

直到一八四五年，埃莉莎・阿克頓（Eliza Acton，*1799—1859*）廣受歡迎的《現代家庭烹飪》（*Modern Cookery For Private Families*）奠定了食譜書寫的新結構與精準度。阿克頓的食譜深受推崇，伊麗莎白・大衛就很欣賞阿克頓對食物和烹飪的深刻瞭解，又能以精準優雅的文筆與讀者分享。阿克頓在食譜中不僅一步步引導讀者，還明確寫出所需食材及整體烹調時間。舉例來說，「麵包布丁」食譜就是以提綱挈領的方式撰寫：「新鮮牛奶一品脫、糖三盎司；鹽少許；麵包塊二分之一磅；雞蛋四個（若雞蛋很小則五個）；肉豆蔻或檸檬皮隨個人喜好：一小時又十分鐘。」到了十九世紀，食譜標示時間的情況普遍多了，原因之一在於鑄鐵與封閉爐子興起，可提供統一且一致的熱源，更容易估算時間。

如今食譜裡會精準列出所需時間，讀者也把這有用的指引視為理所當然。後來，標示每個階段的處理時間成了慣例。食譜撰寫者所提供的時間固然很有幫助，但過度重視與依賴也不好。有個朋友說，食譜就像駕駛的衛星導航；有些人在照食譜做菜時不知變通，根本不顧背後的原理。烹飪時間會牽涉到林林總總的因素，例如是否先預熱鍋子、預熱程度、廚具導熱性、肉是否回溫……等等，不應盲從。我在烹飪時是靠著身體的五感來判斷：氣味、樣貌、聲音與觸感都能提供有用的線索。我會觀察油在鍋中擴散的情況判斷油溫；在油炸時會聽滋滋的聲響；在乾燒整顆香料時聞香氣。烹飪時，必須對眼前情況有警覺，而非死背硬記食譜，盲目依循，卻對眼前的現實狀況視而不見。事實上，寫得好的食譜除了標示時間，還會提供其他資訊，向讀者說明該留意的事。因此煮米飯的食譜上可能會寫：「蓋好蓋子、關小火，燜煮十到十五分鐘。」還會寫「要煮到水已被吸收，米變成柔軟蓬鬆的飯」。

食譜不僅應寫出一道菜的完成時間，如今連完成料理的所需時間也成了賣點。諸如「快速」、「又快又簡單」、「速成」、「十五分鐘上菜」、「二十分鐘做一餐」等用字，紛紛出現在食譜書名、飲食雜誌與網站上。有些光是書名聽起來就覺得匆忙，例如馬克．彼特曼（Mark Bittman）的《樣樣煮得快》（*How To Cook Everything Fast*）；彼特曼在提到肉的烹飪時建議，「不妨切成小塊。越小塊，烹調得越快」。史奈傑一九九二年的重要著作《真速食》（*Real Fast Food*）裡，以聰明的方式教讀者快速端上好菜，然而在今天看來，撥出珍貴的三十分鐘製作「真正」的一餐，便可謂有閒情逸致。不過，真正有個性的快速食譜，是一九三〇年代的法國食譜：艾杜瓦．德．波米亞尼（Edouard De

Pomiane，*1875—1964*）的《十分鐘烹飪術》（*Cooking In Ten Minutes*）。波米亞尼是巴黎巴斯德研究院（Institut Pasteur）的物理學家，在食譜的烹飪方式中發揮了邏輯與科學知識，幸好他在傳達訊息時也使用機智浮誇的口吻，讀起來頗有趣。這本食譜書的建議簡單有效，例如在炒鍋裡的油尚未滾燙冒煙之前不要把食物加進去，也建議製作白醬時好好煮麵粉。他當然喜歡可以快速烹煮的食材，例如蛋和魚。他說：「十分鐘之內只能煮一條小魚，但如果是煎魚，十分鐘就夠了，如果是油炸，十分鐘綽綽有餘。」他的十分鐘食譜有不少是以巧妙方式來製作經典菜色，例如肋眼牛排佐伯納西醬汁、小牛腰子佐芥末、歐姆蛋佐美味牛肝菌波爾多醬。波米亞尼在食譜書的前言中，為他的快速烹調法辯護，主張可讓「每個只有半小時吃午餐或晚餐的人，能在這半小時心平氣和，看著香煙裊裊，同時喝上一杯還來不及冷掉的咖啡」。速速烹煮、多留點時間在餐桌上喝咖啡，確實有種矛盾的魅力。

尋找凝固點

我很享受某個一年一度的慣例。每年二月，我會買個頭小、香氣細膩、皮鬆鬆的苦橙，拿出大果醬鍋，製作一小批橙皮果醬自己吃。製作橙皮果醬的過程很愉快，每個小步驟得慢條斯理，而果醬成不成功的揭曉時刻最是刺激過癮。

製作橙皮果醬的第一步是把柳橙切半，擠出果汁。接下來的步驟是剝去厚橙皮上的內膜，這步驟做起來會有莫名的成就感。滑溜的內膜有具備黏性的果膠（pectin），我會把它切碎。我把內膜與種子全包進紗布，提供橙皮果醬在凝固時所需的果膠。我把每片橙皮切成四等份，再將粗糙果皮耐心切成細絲——刀子劃下果皮時，會噴出細細的精油。切好後，我會把果皮細絲、裝著果漿和種子的紗袋和果汁一起浸泡一整夜，幫助果皮軟化。隔天早上，鍋子加蓋慢煮兩小時，整間屋裡瀰漫著苦橙獨特的苦澀芬芳。

待粗糙果皮徹底煮軟，好戲就要登場。之前緩慢仔細的前置工作，要在幾分鐘內統合起來。我加了糖，攪拌到徹底融化，之後把整鍋料煮滾。泡泡開始出現、集結，形成浮沫。我開始測試凝固點，把一根湯匙插進混合物，看它在湯匙的成形狀態。這階段是有點緊張。我從過去的經驗得知，如果太早停止烹煮，果醬會太稀，煮太久又會太硬，不合我意。從混合物的樣子來看，我感覺已煮得恰到好處，遂關掉瓦斯，讓果醬離火。果醬有玻璃般的細緻光澤，看起來很不錯。我先讓橙皮果醬靜置十分鐘，撇去雜質，再舀入溫暖的果醬瓶，淡淡的蜂蜜色果醬裡有深色的橙皮懸浮，讓我想起困在琥珀中的蒼蠅。瓶子密封好，收藏起來，橙皮果醬在冷卻時會變濃稠。我不是個老練的果醬製作者，因此當我打開這批果醬的第一瓶時才試吃。我想要質地軟的凝固果醬，不是太甜、焦糖化的果醬，要有苦橙明亮刺激的苦味。做得「剛剛好」的滿足感，讓我在享用果醬時更開心。

數百年前，人類已懂得以糖煮法來保存新鮮水果。糖能保存水果，是因為創造出脫水的環境，把微生物滋生時所需的水分吸出，阻礙其生長。潘姆．柯賓（Pam Corbin）是知名的果醬製作者，也是坎布里亞郡的世界橙皮果醬大獎（World Marmalade Awards）地位崇高的評審。她說，除了水果與糖之外，製作果醬還需要兩大元素：「酸與果膠」。要能夠結合這些元素，果醬才會凝固。在製作果醬時常用的酸（pH 值小於七的溶液）是柑橘酸，通常是新鮮檸檬汁。果膠是一種澱粉，為蔬果細胞壁結構的成分。有些水果的果膠含量很高，例如黑醋栗的天然果膠含量就很高，做成果醬時很容易凝固。但其他水果就缺乏果膠，就算大家愛吃，製作起來卻不容易，草莓醬就是一例。柯賓說，不妨使用加了果膠的果醬糖（膠化糖）。「如果這能讓新手採草莓、自己做可以凝固的果醬，也是好事一樁。鵝莓有膠質，又有酸度，因此很適合製作果醬。如果想幫助草莓醬凝固，可加入幾顆鵝莓。重要的是，櫥櫃裡要準備夠多的糖，這樣有新鮮水果時就能很快做出果醬。新鮮水果最好盡快做成果醬」。

二〇〇一年，絲凱．克拉克奈爾（Sky Cracknell）與凱伊．納森（Kai Knutsen）開始做起果醬生意，成立英國果醬公司（England Preserves），起初就是在自家廚房做果醬。

兩人都在會自己做果醬的家庭裡長大，而他們決定進軍餐飲業時，製作果醬似乎是個負擔得起的好機會，不需要一開始就砸大錢投資。「我們在家自製的果醬含糖量很少，但是很稀，無法成為商品。因此我們花了多年時間，研究低糖又能凝固的果醬，」克拉克奈爾解釋，「自製低糖果醬嚐起來美味多了，吃得到水果的滋味。糖的好處在於可提升風味，但如果加太多（市售果醬多為百分之六十三的糖），根本吃不出風味有何差別，尤其是較細膩的滋味。我們的果醬含糖量僅百分之四十」。克拉克奈爾在倫敦東南區做果醬，和她聊了幾分鐘，她就點出了我來這裡一探究竟的原因。英國果醬的卓越之處在於有濃郁的果味，而且不僅我喜歡。他們在瑞士屋（Swiss Cottage）的農夫市集開始向民眾販售果醬之後，如今客戶主要是餐飲業者，連知名的法國烘焙名店普瓦蘭（Poilane）也上門來訂貨。

英國果醬的大型工坊位於柏蒙賽（Bermondsey），是個令人放鬆，寧靜又有效率的地方。這裡的廚房區井然有序，大瓶子與瓶蓋已就定位，令人期待。他們在過程中不斷從錯誤中學習，製作果醬的方式已和早年不同。「我們花了不少時間改良果醬，」克拉克奈爾坦承道，「確實也覺得幾年下來有所進展。我們從不滿足於眼前的成就，現在仍在調整做法」。在廚房區，克拉克奈爾自豪地讓我看「最重要的器具」：兩個一百二十公升的蒸氣夾層鍋。這些閃亮亮的不鏽鋼桶約一點五公尺高，直徑一公尺。在鍋子裡有大型的攪拌葉片，能持續攪拌鍋中物，保持熱度。「十年前投資這口鍋子可謂邁出了很大的一步，生活也都不一樣了」。在這之前，夫妻倆是手工製作果醬。「以前總是拼命工作，不停攪拌果醬鍋，避免果醬黏鍋燒焦。我當年握著果醬湯匙，手上都長繭！」她笑道。顧名思義，蒸氣夾層鍋有兩層，中間則有蒸氣噴射。「這樣可加熱上方鍋子的側邊與底部，且加熱得很均勻，表示溫度可以很快提高。這很重要，因為果醬煮得越快，風味與色澤越理想」。納森補充：「製作過程講求速度，果醬才能保持鮮豔。」

夫妻倆製作的果醬，是來自兩人合作了幾年的水果農場。水果是趁還有點未成熟時摘下來（他們認為這時的果實比較適合做果醬），之後再分級、冷凍；他們是採取個別採摘冷凍（Individual Picked Frozen），而不是大批冷凍，這樣冷凍較快，能保留較好的口感。之後水果會送到倫敦，在英國果醬這裡從冷凍開始煮起，因為煮成果醬之前若先解凍，會破壞果醬的顏色與口感。他們的果醬採用兩種方式，對抗時間對新鮮水果造成的影響：先冷凍，再以糖煮。一旦放入蒸氣夾層鍋之後，就在半小時內烹煮，時間會因各批水果量而稍有差異。「我們用兩個鍋子，每次小批製作，製作次數很多，」克拉克奈爾，「大公司會用五百公升的鍋子，而且一共二十四個！」。

我看著一批草莓果醬製作，從頭到結束共要花三十分鐘。兩公斤大大小小的草莓倒進其中一個蒸汽鍋，發出悅耳的喀啦聲，之後加入檸檬汁，增加酸性。鍋蓋蓋上之後就開始煮了，葉片輕輕以同一方向翻動水果。十分鐘後，果醬師傅梅根·史普林格（Meghan

Springer）掀起蓋子，看看水果煮得如何，草莓的誘人香氣瞬間撲鼻而來。草莓醬需要勤於時時查看，連老手也不敢大意。他們一向以小批量煮草莓醬，每一批依照莓果的大小、水分含量與成熟度而調整。五分鐘後，她再度掀起蓋子，用長的木抹刀撈幾個草莓出來。「我要摸摸果核，」史普林格解釋，小心觸摸木抹刀，「那是草莓最堅硬的部分。這些還沒煮到果核」。

同時，第二批果醬已開始在第二個鍋子裡煮。我在觀看的過程中，發現史普林格完全不必用計時器，就能抓住關鍵的時間點查看，實在高明。「我會查看每個過程的時間，在腦海中記得要留意。我們會在做果醬時大聲說話，例如『我已經把草莓放進去了！』在做兩種不同果醬時，難度比較高」。她又再次觀察，看看完成度。「當然，有些水果煮了會縮小，」克拉克奈爾解釋，「我們想保持口感，讓果醬裡有些果實。不過，水果必須煮透。從果醬瓶子裡要能挖出幾個整顆草莓，但又要夠軟，才能用刀抹開」。這階段要能煮得恰到好處，因為攸關著果醬的色澤與質地。

確定草莓的質地沒問題之後，就能把果膠加入（果膠與加進去的一部分糖混在一起，整體能混合得更均勻）。幾分鐘之後，該檢查果醬是否凝固了。我瞥了鍋子一眼，看得出加了果膠之後，果醬更有光澤，也更鮮豔。史普林格攪拌混合物，用木匙舀出一點點果醬，放在鍋子的金屬側邊。她和克拉克奈爾滿意地瞥了一眼。「看得出來這形狀變圓了，」克拉克解釋，「有內在黏性，能使外表固定」。幾分鐘後，等果醬冷卻，史普林格檢查這個果醬樣本，輕輕推開表面。「它會像固體一樣移動——這是個好現象」。現在要把大部分的糖加進來。這時要徹底攪拌，溫度要調到約九十八度。同時，消毒過的一點七公斤大瓶子與蓋子已經拿出來，準備裝瓶。

幾分鐘之後，果醬已準備好了。史普林格與克拉克奈爾蓄勢待發。這豐富、鮮紅色，含有草莓顆粒的液體得快速舀出，裝瓶、蓋上蓋子，接著倒置過來，靠著熱氣密封。這個階段要動作快，以確保衛生。不過，克拉克威爾苦惱說道，熱的草莓醬裝進大瓶裡會碰到一個問題：冷卻之後，果實會浮到表面。「在冷卻兩個小時之後，我們得用力搖動每一瓶，讓果實均勻分散，」她的說明令我瞠目結舌，「對，用力搖，不是輕輕搖動」。

英國果醬的做法也影響了做生意的方式。雖然含糖量較少可提升果醬風味與口感，卻會縮短貨架期限，這種較為清爽的果醬會明顯褪色，不像高糖分果醬具有維持色澤的優勢。「我們庫存不多，」納森說，指著庫存區空蕩蕩的金屬貨架，「幾乎是接單生產。我們在某間商店販賣的果醬，可能是二十四小時之前才做的。基本上，就是在保存期限有限的情況下盡量發揮」。說話時他的眼神閃耀著光芒。

我觀察英國果醬公司的各種產品，細看小批量生產的果醬成果。他們以果醬的形式保存新鮮水果的努力再明顯也不過：鮮紅色的草莓醬、深橘色的佛手柑杏桃醬、深紅色的覆盆莓醬、紫色的大馬士革李子醬，而最搶眼的是亮粉色的約克夏大黃醬。無論是黑醋栗的明顯酸味，或是帶有紫羅蘭滋味的野草莓，果醬的滋味能在我舌尖舞動。製作這果醬的人對水果有滿滿的愛。這質地與依照僵化、重複模式而量產的凍狀質地果醬很不同。雖然英國果醬公司的果醬已經凝固，但是口感仍然柔軟，很適合加到優格或麥片粥裡，也能抹到麵包上。

目睹克拉克奈爾與團隊的工作，我明白雖然他們依循著一套製程，但絕不僵化。他們重視對每一批水果的觀察，留意該如何煮，而果實的滋味、氣味與質感如何，這些都很關鍵。要判斷何時達到凝固點不能使用固定的公式，還是得交由人來判斷。

值得慶幸的是，對於自己在家做果醬的人來說，少量烹煮果醬不難。「我們總是建議自己在家做果醬的人，每次做一點點就好，」克拉克奈爾強調，「我認為多數人會犯的錯誤，就是買一個巨大的果醬鍋，把水果裝到滿出來，想要一次做許多果醬。這樣得煮好幾個小時，使得果醬色澤與風味盡失，變成糖漿」。

思及英國果醬兢兢業業製作果醬的態度，我想起了果醬專家柯賓說：「果醬需要四種原料：水果、糖、酸與果膠。但其實也需要愛。」

燒烤

在九月初的某個週六早晨，位於倫敦東區由倉庫改造的菸草碼頭（Tobacco Docks）外已排起長長人龍。我在前進途中已聞到一縷煙燻香，進入室內，空氣中炭味瀰漫，飄浮著灰味及令人飢腸轆轆的香氣。我忍不住想起《高盧英雄傳》主角阿斯泰利克斯的朋友奧勃利（Obelix），他揚起鼻子走路，臉上洋溢幸福的表情，跟著氣味來到火烤野豬旁。無論往哪個方向看，到處都是餐廳來此地設的攤位，大名鼎鼎的艾克斯特（Ekstedt）、奧克拉瓦（Oklava）與諾比（Nopi）餐廳都來共襄盛舉，端出燒烤佳餚。主廚認真磨刀，切下剛烤好的肉，熟練地分好外帶的份量給渴望美食的顧客。這是食肉烏托邦（Meatopia）烤肉美食節，原本在美國發起，如今在英國也舉辦了四年，迎來成千上萬的愛好者。我在四處走動時聽見別人聊天的片段：「所以你需要火烤爐」、「我之前烤的雞肉很不錯」、「讓我想起阿根廷」。無論廚師或參加民眾，都有不少人留鬍子與刺青，看來燒烤似乎是很潮的活動。

燒烤食物碰觸到我們很原始的情感——人類對火的迷戀。哈佛大學生物人類學教授理察・蘭姆（Richard Wrangham）在著作《生火：烹飪造就人類》（*Catching Fire*）指出，以火烹飪食物的能力，讓我們在一百九十萬年前從「巧人」（habilines，亦即人猿與人類之間「失落的聯繫」）發展成直立人（*Homo erectu*），食物因而更安全、誘人、更容易吃。他聲稱，最重要的是，「烹飪增加了人體從食物中所獲得的能量」。在蘭姆的論文中，從熟食中所獲得的額外能量，使最早的原始烹飪者獲得生物上的優勢，人體也漸漸調整為適應熟食，而不是生食。身為狩獵者的人類固然重要，但在蘭姆概括人類演化過程的說明中，可看出身為烹飪者的人類也同樣重要。能用火創造光明與溫暖，在人類的發展演進中扮演了重要的角色。

如今在已開發國家，只要扳動開關或按下按鈕、啟動瓦斯、電或微波爐，就能得到熱，因此熱似乎是再平凡不過的事物。但以燃燒的火焰烹煮食物卻帶有刺激感，彷彿危機隨時存在。而在觀察點火、火苗蔓延成勢，熱與光越燃越烈的過程，總讓人心生特殊的滿足感。無論是家中壁爐或戶外燃燒的火焰，都能吸引人靠近，觀察火焰舞動。在火上烹調的食物也有特殊的魅力。我們喜歡燒烤食物時飄出的誘人香氣，也喜歡燒烤賦予食材的獨特煙燻味。在瓦斯爐與微波爐當道的時代，燒烤成了重新體驗基本烹煮法的機會。

在英國，燒烤（barbecue）通常具有陽剛形象，讓人聯想到火焰、煙、高溫、快速火烤肉類時的滋滋聲。主廚與英國食肉烏托邦共同創辦人理查・透納（Richard Turner）倒是堅持，燒烤這項技藝的關鍵在於溫和緩慢地火烤。「耐心很重要，」他告訴我。燒烤這種料理方式大致可分為兩種：直接與間接（雖然略有地區差異）。前者是指將肉直接放在火上的烤架，而後者是運用間接熱源或放在熱煙當中——多數美國人指的燒烤是後者。透納解釋，這種較緩慢的燒烤方式適合含有膠原的大塊肉，例如牛腩或豬肩肉。這些肉類若快速烹調會太硬，但以間接熱源烤幾個小時可分解纖維。烤得好的手撕豬肉就是一例，肉質軟，容易撕下。

相較之下，直火燒烤就適合不同部位的肉，例如牛排或雞胸肉等較軟嫩的肉就適合用這種較快速的方式。即使是快速燒烤，透納也建議要採取比較悠閒的做法。「燒烤時最大的錯誤就是把把燃料放上去，點火、開始烤。萬萬不可，」他強調。正確做法是讓火先燒至少四十五分鐘，用餘燼來烤。透納建議，燒烤時應採用傳統方式慢慢製作的優質木炭，燃燒得比較均勻。這和「速燃炭」不同，速燃炭是把較低等的木炭泡化學物質，能快速燃燒，但會釋放化學物質。在快速燒烤食物時要記得移動與翻面，確保食物徹底烤透、每一面都發生棕化與梅納反應，做出大家愛吃的風味。透納細數燒烤的訣竅，說明成功端出好燒烤，需要取得適當的肉塊與燃料，留心燒烤設備種類及烹調流程，這期間需要高超技藝與關注，無怪乎燒烤讓主廚與烹調者迷戀不已。在世界各地，例如西班牙的維克多．阿奎佐尼茲（Victor Arguinzoniz）、瑞典的馬格努斯．尼爾森（Magnus Nilsson）與尼克勞斯．艾克斯特（Niklaus Ekstedt）等頂尖廚師，都在探索火烤的可能性。肉食烏托邦提供琳瑯滿目的菜色，靈感來源包括中東、韓國、芬蘭、瑞典、美國，可看出燒烤這種料理方式多麼有發揮創意的空間。我品嚐了許多美味的菜色，最別具一格的出自燒烤大師、阿根廷名廚法蘭西斯．馬曼（Francis Mallmann）之手。我外帶一份牛肉、冬南瓜與洋蔥絲，淋上簡單的阿根廷醬汁（chimuchurri）。我看著這份美食，心裡納悶小小的免洗湯匙能切得下去嗎？看來是多慮了。這粉紅色的牛肉很柔軟，有融化的油脂，每一口都鮮美濃郁。這道料理風味之細膩實在令我難忘——以牛肉味為主，只略帶煙燻味。這就是馬曼的「吊掛肋排」——肉塊掛在冒著煙的灰燼上方的金屬架上，肉與肉之間還有幾個全顆洋蔥，就這樣慢慢烤八小時。

小時

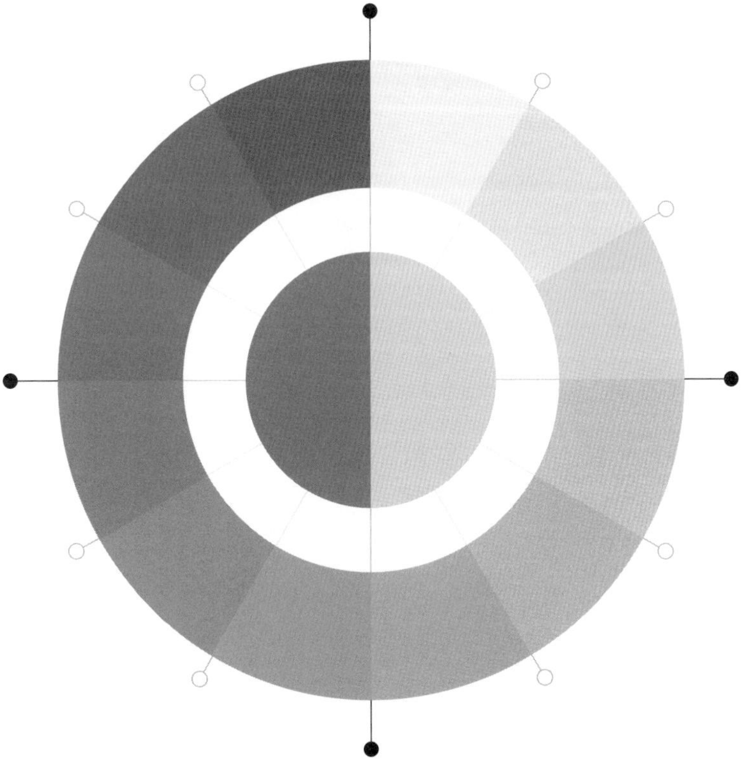

小時

小時

以分鐘計算的料理通常講究精準，以小時計算的料理顯得有餘裕多了。需要好幾個小時才能做好的料理工序較有彈性，例如滷、燉、低溫慢烤、浸泡豆子，都有數小時的時間可運用。傳統上，無論是用酸麵團或酵母的麵包都需要幾個鐘頭發酵，直到一九六一年「喬利伍德法」發明之後，速度才大幅提升。然而過去二十年來，英國再度興起手作烘焙的風潮，又開始慢慢做麵包，其他料理也發生一樣的變化。隨著準備食物與烹煮的時間受到擠壓，費時的料理反而獲得新價值。如今緩慢烹煮的菜色，在居家與餐廳料理中都異軍突起。

麵包之藝

早晨吃熱騰騰的奶油吐司、上班時在辦公室以三明治當簡便的午餐，晚餐中配個一片麵包——麵包是許多人的主食。麵包是簡單而基本的食物，數千年來餵養著無數人類。早期的麵包是扁麵包（大餅），從石器時代就有人吃。發酵麵包是較晚的發明，但也有數千年的歷史。考古證據顯示，發酵麵包的歷史可追溯到古埃及。數個世紀以來，人類會把空氣中的野生酵母加進麵包，做成酵頭。酵母是適應力強的奇特真菌，會吃掉麵粉裡面的糖，產生二氧化碳，讓麵團發起。麵粉與液體混合後，可製成有延展性與彈性的麩質網，捕捉二氧化碳，使之創造出小小的氣室，讓麵團膨脹鼓起，也使得發酵過的麵包具有獨特的海綿質地。這種生物性的發酵過程是由酵頭啟動，需要幾個小時的時間發生。在十九世紀，巴斯德的研究讓人更瞭解酵母的發展，催生了今天商業用的烘焙酵母「啤酒酵母菌」（*Saccharomyces cerevisiae*）——一種很強力、效率佳的酵母。在二十世紀，比起過去使用野生酵母、作用較慢的酵頭，烘焙業者更青睞啤酒酵母菌。這種烘焙酵母不便宜，烘焙業者為了省錢，只在以麵粉和水製作一開始的「中種麵團」時少量使用，之後就將麵團靜置發酵，讓啤酒酵母能繁殖，供進一步使用。

但是一九六一年，英格蘭東南部一處綠意盎然的角落，發生了麵包製作史上轟轟烈烈的大事。在哈德福郡（Hertfordshire）喬利伍德，英國烘焙業研究協會（British Baking Industries Research Association）的實驗室科學家發明「喬利伍德麵包製做法」（Chorleywood Bread Process，CBP），這種機械化的麵包製做法大幅提升麵包的製作速度，其關鍵在於能以強大力量，快速做好麵團。傳統以手揉麵需要二十到二十五分鐘，但是運用喬利伍德麵包製做法，只要花三分鐘劇烈攪動材料，這個過程需要大量的能量與熱。不過，要能成功，還需要在麵團裡加其他東西。第一，烘焙酵母的用量比傳統來得高。其他需加入的材料還包括固體脂肪，幫助做出柔軟的麵包心；加乳化劑，幫助麵團抓住更多空氣；以及以酵素為基礎的「改良劑」。改良劑被歸類為「生產輔助」，不必在產品標示上列出。使用喬利伍德麵包製程，從麵粉到烤好的麵包只需要兩到兩個半個小時，再加上冷卻時間。這種麵包吃起來平淡無味、軟軟輕輕，像棉花糖一樣虛無縹緲。但是在吃的時候，這種軟的麵包會黏住口腔頂部。

這種做法可讓麵包師傅用麩質低的英國小麥，簡單快速做出平價麵包，因此獲得好評。目前英國有八成以上的麵包都是喬利伍德法製作，而喬利伍德法也遍及全球。喬利伍德法做出來的麵包很驚人的一點在於，如果把麵包放了幾天，也不會像以傳統法製作的麵包一樣乾掉不新鮮——許多惜食食譜正是為了處理這樣的麵包而產生，例如麵包丁沙拉。相對地，喬利伍德法做出來的麵包過幾天只會發霉。有個學派認為，這種快速麵包製做法和麩質不耐症有關係。烘焙師安德魯・惠特尼（Andrew Whitley）的權威巨著《麵包很重要》（*Bread Matters*）談到現代工業烘焙：「在烘焙過程中，時間被擠壓，這樣不僅損及風味，也犧牲了重要的營養價值。」

近幾十年來，英國各地都看得到居民重拾手工烘焙的樂趣，他們主要採用傳統的烘焙法，而不是喬利伍德法。沙福郡（Suffolk）的伍德布里奇（Woodbridge）是風景如畫的市集小鎮，鎮上的「蛋糕店烘焙坊」（Cake Shop Bakery）在社區裡占有一席之地。這間家族經營的烘焙坊是鎮上最古老的商店，座落在購物大街瑟羅費爾（Thoroughfare）的黃金地段，是個空間寬敞的維多利亞紅磚屋；大大的招牌上掛著一排英國國旗，相當好認。來到店內，會看見數量龐大、樣式豐富的麵包、蛋糕、餅乾，販售的產品種類有一般手作烘焙坊較少看到的傳統品項（例如英國麥芬和茶蛋糕），也有佛卡夏、七十二小時酸種麵包及波蘭黑麥麵包，一應俱全。烘焙坊的顧客川流不息，受歡迎的程度可見一斑；我離開時，客人已經排隊到門外了，個個耐心等著要進去購買。這間烘焙坊是在一九四六年由瓊迪・萊特（Jonty Wright）成立，在商業大街上許多麵包店紛紛關門大吉之時，這間店仍屹立不搖——對這投入保存烘焙傳統的家族而言可謂一種最大的肯定。

烘焙師大衛・萊特（David Wright）與四個姊妹在二〇一二年，接手經營祖父開設的家族烘焙坊，他們的父母在辛苦工作多年之後，決定讓孩子們接班。大衛三十出頭，個子很高，思慮周密，說話輕聲細語，原本在倫敦當演員與導演。他為了賺點外快，曾在倫敦的烘焙坊兼差，畢竟他就是在麵包店長大的孩子。萊特解釋，他和手足為了讓麵包店獲得新生命，決定展現出新生代對傳統的敬意。「這間店已開了很久，許多人在此留下珍貴的回憶，因此我們在接手時，就決定不能什麼都改。我們做的改變是對歷史致敬、回顧祖父母與爸媽做的事，或者也捨棄過去成功、但現在已行不通的做法。這樣麵包店才能重生，並讓我們加入新的想法。在展現新作風之際，也不背離這間店的歷史」。

我和萊特一邊聊天，一邊觀摩製作大量麵包與烘焙品時須處理的龐大工作。我是中午左右來到店裡，他從那天凌晨一點半就上工，這時已忙了很久。酸種麵包需要幾個小時的時間來發酵，這漫長緩慢的期間代表麵包可以先準備好、靜置一旁發酵，之後再烘焙，使之成為烘焙過程中相對具有彈性的部分。相反地，以烘焙酵母製作麵包的時間要短得多。為了製作這種麵包得起個大早工作，「我們製作白麵包的方式和祖父那個時代差不多，沿用古早的中種麵團法，」萊特解釋。「我們製作預發酵的麵種（中種），之後加入當天要烘焙的主麵團中，因此做出的酵母麵包就有那種發酵元素，會更有風味。麵包師用預發酵種的原因在於可以拉長時間。它的發酵時間較慢，能多爭取一點切麵團與整形的時間。如果要處理大量的麵團（比如一百公斤），且像我們一樣用手工製作每一條麵包，那的確要花上一段時間。如果是用快速發酵的麵團，等我們處理完，麵團就會發酵過度。酵母會吃掉所有的糖，也就達不到當初希望的理想效果」。萊特家族的麵包店從不使用喬利伍德法，萊特只說：「因為我們是手工烘焙者。」雖然用喬利伍德法會比較輕鬆，不必做大清早輪班這種苦差事，但他們就不願從俗。為了以傳統方式來做麵包，蛋糕店烘焙坊得動用六、七個麵包師，這樣的員工量足以支撐起五、六間大型的工業化麵包店。

蛋糕店烘焙坊主要服務伍德布里奇的居民，社區性對大衛與家人而言很重要。「我們能留存下來，主要是靠著街坊鄰里不斷支持。即使面臨超級市場麵包的競爭（喬利伍德法製作），還是留得住顧客，我認為原因在於他們產品多樣，品質穩定卓越。小型麵包店想模仿超市麵包，把烘焙時間縮短；但我們認為，想與工業化的麵包店競爭，就是要做他們所做不到的事。他們的目標是縮短製作麵包的時間，將利潤提到最高，但我們的路線是製作花大把時間才做得出的麵包」。我說，這需要投入。「如果你繼承家族企業，員工是家人，那麼大可以剝削他們！」萊特哈哈大笑。「若認真算起來，會發現我們賺的錢低於最低工資，但家族企業就這麼回事」。

雖然萊特家族重視傳統的烤麵包手藝，但值得讚賞的是，他們也強調平價。「如果做出很好的麵包，卻賣得很貴，那其實是在幫忙賣劣質廉價麵包的超市，」萊特說。「若優質麵包貴到大家買不起，那就相當於強迫大家去買超市麵包。要確保民眾有超市量產麵包之外的選擇，就是做出大家買得到、買得起的麵包。我們真心認為這裡做的麵包，是屬於平民化的麵包」。在這理念下，無怪乎萊特說：「我們最暢銷的是三明治白麵包。老實說，那是我們引以為傲的成就，因為我們做了這麼好的三明治白麵包，雖然面臨工業生產的麵包競爭，而民眾還是選擇我們。以錫烤模烘焙時需要技巧，得花點功夫才能做出正確形狀。如果烤的麵包是沒有特定形狀的，就讓麵包自然發展出漂亮的形狀就好；但如果放進烤模，不讓它發酵到適當高度，就會發過頭或者不足，而毀了一條麵包。」

萊特帶領我參觀門市後方的家族麵包坊烘焙空間；該空間位於維多利亞時期的建築物中，共占兩個樓層。我們經過大袋麵粉、一堆正方形三明治模、農舍麵包圓角烤模等古老的不鏽鋼模具，還有類似金屬櫃的醒麵器，讓麵團在裡頭溫暖潮濕的環境下發酵。這裡也看得到把麵團均勻切割的分割器，及許多攪拌器。許多機器都是代代相傳的古董。「很多東西都得修，」他說著，一臉疼惜地拍打一個巨大的烤箱，「我們砸了大錢修這台一九八〇年的威飛（Werner & Pfleiderer）商用分層烤箱，它可說是烤箱界的勞斯萊斯，打造得相當精美」。他打開五個層架的其中一層，讓我瞧瞧裡面的深度：每個層架可裝四十盤，每個烤盤又能裝七個烤模。萊特解釋，這是台很有個性的設備，得花一段時間才能摸清如何善用這部機器。雖然有效率地使用烤箱很重要，但如果裝到百分之百滿，烤出來的效果卻不會好，會烤得不均勻，因此務必留些空間。有些產品在某些空間烤得比較好，例如法國鄉村麵包在最上層烤得最好。「這裡沒有計時器，也看不到烤箱裡的情況。烤麵包時不能一直把烤箱打開，所以即使你沒看，也得清楚知道是在烤什麼、放在哪裡。要在心裡確知接下來在哪裡會發生什麼事，不停在腦海中擬定計畫」。

每天的例行公事，從打開烤箱開關開始。酸種麵包在前一天已整形冷藏，是第一個要烤的麵包。同時間則開始準備酵母麵包的麵團，並發酵與整形。由於桌面上可幫麵團裝進模型的空間不大，因此要仔細安排醒麵器與烤箱的使用排程。大衛描述的流程倒是很有秩序感。「在處理麵團、醒麵、整形與烘烤時，會有很流暢的自然節奏，尤其是大家一起工作這麼多年，每天的製作流程都差不多。你知道自己該做什麼及做事的順序。混合麵團的人也會意識到周圍發生的一切，每個人都一樣有默契，無需多言，節奏搭配得宜」。

我走出麵包烘焙區，進入店面，大衛和同事的辛勞成果映入眼簾。顧客絡繹不絕，選購我眼前的麵包、蛋糕與餅乾。大衛已經藏不住倦意，遂向我道別補眠去。我加入排隊人龍，要買新鮮出爐的麵包，當然包括三明治白麵包及一些點心，帶回倫敦。幾個小時後回到家，我煮水泡茶。其中一種點心名稱很有趣：「德文郡開口笑麵包」（Devon Split）。這是把簡單的白麵包捲切開，填入奶油霜，再撒上繽紛的巧克力米。吃開口笑麵包彷彿讓我回到童年。素樸的麵包與甜蜜蜜的餡料形成強烈對比。我明白，這麼讓人開心的麵包，只有具備絕佳的品質才辦得到。

烤肉儀式

烤肉餐常常簡稱為「烤肉」，在英國文化中占有特殊地位。到了每星期的「週日烤肉」時段，全家人就聚在一塊兒享用一餐。英國的基督教節慶常會吃烤肉來慶祝，例如復活節吃烤羊肉、耶誕節吃烤火雞。亨利．菲爾丁（Henry Fielding，*1707—1754*，英國小說家與作家）在十八世紀曾寫下一篇愛國詩歌〈老英格蘭的烤牛肉〉（*The Roast Beef of Old England*），就能看出英國人多熱愛烤牛肉；法國人更戲稱英國人為「烤牛肉」（*les rosbifs*）。烤肉在世界上許多文化中占有特殊的一席之地：美國的感恩節火雞或中國喜宴上的烤乳豬均是例子。烤肉是款待賓客的豐盛餐點。

烤肉的特殊地位得追溯回遙遠的歷史。歷史皇家宮殿組織（Historic Royal Palaces）的飲食史學家馬克．梅東威爾（Marc Meltonville）清楚闡述了這一點。我們相約在薩里郡東莫爾西（East Molesey）的漢普敦宮（Hampton Court Palace），這裡有壯觀龐大的都鐸時代廚房。「他們為什麼要分配一個相當於兩個網球場大的空間，只為了以六個火堆來烤肉？」他告訴我，這和維持社會地位有關，「新鮮的肉是昂貴的奢侈品，用的是沒有燃料效率的方式烹煮——烤，這樣能產生色香味俱全的成果。你得花錢找一組人馬添加燃料、轉動肉叉」。在烹飪的語言中，烤（roasting）是個特定的詞彙，是用來自一邊的輻射熱來烹調烤肉叉上的食物。「在火的上方烤是炙燒（grilling）；在火的一邊是烤（roasting）；而放在箱內（例如烤箱）則是烘焙（baking）」。烤的方式繁多，梅東威爾指出，雖然我們會說烘焙麵包與糕餅，卻說「烤」雞肉。「其實我們是烘焙雞肉，但我們捨棄烘焙這個字，讓這道菜色聽起來更高檔。即使到二十一世紀，『烤』仍在我們心中代表美好、特別的東西」。

然而要準備一頓烤肉餐，即使今天用的是烤箱而非開放火源，仍可說是一項挑戰。認真的廚師會依據食物的重量與高度比例，列出牛肉、豬肉、羊肉、禽肉與野味的烘烤時間。牛肉和羊肉有要烤幾分熟的問題，三分、五分、七分會影響燒烤時間。從食品安全的理由來看，禽肉必須徹底烤熟，這可讓一絲不苟的掌廚者備感焦慮，尤其是面對又大又重的火雞時。更複雜的是，「真正」的烤肉餐也需要配菜，例如烤馬鈴薯、歐防風與餡料，或以烤牛肉而言，還要配上得進烤箱的約克夏布丁。較棘手的問題在於，配菜的烹調溫度和主菜不同，如何協調得花點心思。想把傳統耶誕大餐同時端上桌的人會很傷腦筋，原因就在這裡——烤肉餐很講究時間安排。談到耶誕節午餐或感恩節晚餐等節慶烤肉餐，每年報章雜誌都有許多篇幅專門討論。這時節總是令人壓力大，大家會參考料理大師（例如蒂莉亞·史密斯與瑪莎·史都華〔Martha Stewart〕）的建議，像在看教戰守策，讓自己安心一點。這些文章還有詳細的時間表與每個步驟的時程安排，讓讀者按表操課，把過節弄得像是軍事訓練。掌廚者在倒數耶誕節時，通常是一早從預熱烤箱就開始了。在瞭解烤肉或禽肉需要多少時間後，還有個廚具可以排除過程中的不確定性：烹飪溫度計。

隔水加熱之美

隔水燉煮（bain marie）最適合用來慢煮，悉心處理對溫度敏感的料理，例如讓蒸蛋凝固，又不過度加熱。隔水加熱的起源帶有鍊金術的色彩：「balneum Mariae」，意思是「瑪麗之浴」，因為據說是西元一世紀到三世紀之間，由傳奇鍊金術士猶太人瑪麗（Mary Hebraea）所發明。從「瑪麗之浴」這個名字來看，隔水加熱的重點在於水。在一個較大的容器中倒入水，再把盛裝食物的器皿放進去，讓水包圍著器皿周圍作保護，形成直接熱源與盤子之間的隔絕層，讓菜餚能夠緩慢溫和地烹煮。

法式肉醬（terrine）與肝醬（Pâté）就得用到隔水燉煮。加入的熱水量必須正確，才能成功做出這些菜餚。將熱水小心倒入容器，水的高度是盛裝肉醬或肝醬的器皿高度的一半，以產生足夠的熱，穿透混合物來烹煮。食譜書作家珍・葛利格森（Jane Grigson）在《冷肉盤與法國豬肉料理》（*Charcuterie and French Pork Cookery*）指出，每道菜的烹煮時間都不同：「小而深的肉醬盤，會比寬而淺的所需時間更久。」運用隔水加熱時，熱是透過水緩緩傳來，能保留乳酪蛋糕等料理濕潤細緻的口感。中式料理以傳統的雙蓋陶鍋來燉湯，也是依循相同的原則。陶鍋裡會先裝湯的原料，例如雞骨、水，通常還有中藥，加蓋後放進水中燉煮。據信這樣燉煮的湯很營養養生。

隔水燉煮也指另一種水煮方式，有時稱為「雙層蒸鍋」法。這是把熱水放在下層鍋，而盤子則架在上方的上層鍋，萬不可直接碰到熱水。這樣熱也會透過熱水傳送，例如在融化巧克力時就需要用到這種方式，因為巧克力在融化時若是燒焦就會結塊，變得油膩且有顆粒。沙巴雍（Zabaglione）是經典的義大利甜點，起源可追溯至十七世紀的杜林，也是一道得靠隔水加熱製作的精采甜點。製作沙巴雍時，要把蛋黃與糖一起攪打成淡淡的乳狀，再加入瑪薩拉酒（Marsala）。之後放進隔水加熱鍋，持續攪打，形成厚厚的淡色泡沫物。這個過程約花十五到二十分鐘，因此要耐著性子待在爐邊。之後作出的成果溫暖綿密，散發酒香，要立刻享用——想必不成問題！

深鍋與淺鍋

對於像我這種喜愛烹飪的人而言，使用「正確」的廚具來烹飪，是生活中小小的樂趣。我寫食譜時，常提到「厚底鍋」。通常我會在慢煮料理上明確指出要用厚底鍋，例如做砂鍋菜、卡士達或以吸收法煮飯時就是如此。厚鍋底能在烹煮時均勻導熱，較薄的鍋子不太容易在短時間內達到相同效果，可能會燒焦、結塊或煮太乾。厚底鍋的導熱性佳，也能更快做出其他效果，例如用厚底的煎鍋能很快把肉煎上色，產生理想的梅納反應。這麼一來，肉變棕色，卻不會燒焦。我從義大利扛回來的一只鑄鐵烤盤，在烤食物時比輕薄的不沾鋁鍋有效率多了。

過去幾個世紀以來，人類發揮巧思，尋找能在廚房中發揮良好功效的材料。有些廚具特別適合慢煮。例如有奇特圓錐形蓋子、以陶土製作的摩洛哥塔吉鍋，無論造型或材質都適合慢慢把肉類、蔬菜、香料與水煮至味道融合，做出原本是用烘焙坊烤箱來製作的塔吉燉菜。蒸氣從盤子上升後，會在蓋子頂部重新凝結再滑下，避免燉菜在烹調過程中煮到太乾。人類採用陶鍋來慢煮食物已有好幾世紀的歷史，例如哥倫比亞的傳統陶鍋與中國砂鍋，都有獨特的粗糙質地。相對地，中式炒菜鍋很適合快速、強力翻炒。中式炒鍋底部小，能有效集中熱源，斜而寬的鍋身能有適當空間讓食材在鍋中移動。我在製作橙皮果醬時曾搬出果醬鍋，那是個很寬的大鍋子，讓混料能快速有效率縮水，又不會失去苦橙的滋味。

烹飪愛好者往往會對廚具產生感情。有些廚具在使用多年後，就像值得信賴的夥伴一樣。英國烹飪作家與節目主持人泰茵．普林斯（Thane Prince）在將近四十年前，於席爾斯（Heal’s）家具拍賣會買了一只橘色的酷彩（Le Creuset）大砂鍋。「我對它的渴望起於一時衝動，就買了，」她簡單說道，「我一看就想要。我認為大鍋子是專門用來煮很多食物、給很多人吃。我看到這鍋子時，眼前彷彿看見了許多人坐著吃東西的景象」。孩子還小時，她用這鍋子來做燉辣肉醬或番茄肉醬，收在冰箱裡，現在這鍋子主要用途是煮果醬。她說，厚底鍋的好處是可以煮各種「一鍋到底」的料理，比方說，可先將洋蔥以低溫慢炒出水，「直到變軟、味道甘醇」，接下來開大火，把肉煎上色；再來加入高湯、蓋好、放進烤箱。「有適當的鍋子可事半功倍，」她說，「我送兩個女兒 Le Creuset 的鍋子，我覺得這鍋子太重要了；等我走了，她們也可以繼承我的鍋」。

每當我想買廚具，無論自用或送禮，都會走一趟斯隆廣場（Sloane Square）的「大衛・梅洛」（David Mellor，*1930—2009*）挑選。這間商店由英國設計師大衛・梅洛在一九六九年開設，相當低調優雅。商店販售的刀叉等招牌商品是由大衛設計，也由他在峰區（Peak District）創辦的工廠打造。這裡也能買到餐具和廚具，陳列的商品散發出極簡與和諧之感：一排藍色或綠色調的厚重玻璃碗、一排刀叉、一落整齊的木砧板。幾十年來，他們的商品沒有太大的改變：例如鮮豔的北歐玻璃製品，這是早在流行之前就已陳列在此；還有質樸的棕色調李奇（Leach）陶器、閃亮亮的 Mauviel 紅銅鍋。「廚房裡最不需要的，就是趕流行，」創意指導柯林・梅洛（Corin Mellor）肯定地說，「尤其是餐具。我認為顧客二十年後再上門添購餐具就好了」。他說商店在鋪貨時，首重使用年限，要能用得久，才算買得划算。他們採購的對象多與大衛・梅洛有類似的價值觀。柯林本人也是設計師，很清楚販售的品項除了美觀，也要實用。「我們常說形隨機能，如果一個東西好用，就會好看，」他說。他最喜歡的材料是不鏽鋼，「不鏽鋼的功用多，可以彎曲、可以澆鑄，有不同硬度，是很靈活的材料，也不容易損壞」。我知道在梅洛商店買的東西必是精心打造的，可使用多年，因此也成為忠實顧客。德不孤必有鄰，這間商店生意興隆，還在馬里波恩（Marylebone）開設第二間倫敦分店。精心鍛造的鍋具、手工木沙拉碗、法國不鏽鋼煎蛋捲鍋等經典商品，總是讓我想起伊麗莎白・大衛。「她確實知道斯隆廣場分店，」柯林告訴我，「我們店裡也有她的食譜書，深具那時代的色彩，而那時風行的東西現在或許又捲土重來了！」。

生活中的豆泥

趁著食物在收成季節乾燥保存，供日後較為匱乏的時期食用，是歷史悠久的做法。豆類是泛指豆科植物的乾燥種子，向來備受重視，也是印度與埃及等地區長久以來珍貴的蛋白質來源。若走進印度食品商店，便能明白豆類在印度飲食中的重要角色。成排貨架上擺著一包包豆子，有全豆也有去皮的半豆，價格相當合理。豆子五顏六色，有象牙白的裂豌豆、去皮印度白豆、綠豆，還有紫黑色的大紅豆。這些有用的豆子能做出千變萬化的料理，無論是湯、沾醬、燉菜與煎餅都見得到豆類蹤影。過去英國的「豆子」向來是指乾燥豆子（今天我們則是想小小圓圓，翠綠色的青豆），會用在濃郁的傳統菜餚，例如豌豆泥與豌豆濃湯。可惜在英國料理中，豆類早已被打入冷宮。英國成為富裕的工業國之後，豆類有了窮人食物的污名，但事實的確如此。來自肉類與乳製品的蛋白質，取代便宜的植物蛋白質來源。其實每個重視豆類的國家在富裕起來之後，都會發生這現象。豆類是不起眼的基本食物，需要時間浸泡與烹煮，在這事事求快的時代不討喜。人們往往忽略豆類口味溫和，具有細膩的風味與口感，就連喜歡烹飪與飲食的人也視而不見。

尼克．索特馬爾西（Nick Saltmarsh）是個高大體貼的男子，他說起豆類時雖然態度平靜，卻難掩熱忱。他決心改變豆類在民眾心中的地位。他在二〇一二年，與約書亞．梅爾卓姆（Josiah Meldrum）和威廉．哈德森（William Hudson）共同成立的「哈米豆」（Hodmedod）公司就是在推廣並銷售英國的豆類，試圖恢復民眾與豆類的關係——畢竟豆類曾是英國人民飲食中重要的一部分，只是如今乏人問津。哈米豆的出發點，是與轉型城鎮組織（Transition Towns Group，「轉型城鎮」是草根性的運動組織，目的是希望居民與所居住的城鎮能在變遷的環境中，重新與還境建立起永續的關係）一同在諾里治（Norwich）推廣永續計畫，盼在這裡種植植物性蛋白質的來源。索特馬爾西和同僚驚訝發現，其實蠶豆在英國種植面積廣，但是英國人不吃，而是出口到埃及，讓埃及人用乾燥蠶豆做成小豆湯（ful medames）這道國民料理。「我們試吃後發現蠶豆很好，」索特馬爾西說，「希望英國豆能回歸到我們的廚房」。他說英國人和蠶豆已有上千年的淵源，是鐵器時代農人最早引進的農作物之一。「蠶豆原本是這裡種植的主要作物，收穫後會乾燥收藏，當作一整年的蛋白質來源。蠶豆和乾燥豌豆一樣，都曾是英國飲食中蛋白質的主要來源」。

相對於腰豆、紅點豆（borlotti）與笛豆（flageolet）等從美洲引進到歐洲的新大陸豆類，蠶豆在英國長得很好。蠶豆不怕冰霜，可以在九／十月，或二／三月種植，並在八月收成。「豆類過去都是完全乾燥採收。大家恐怕不知道，所有的豆類都是在植物上乾燥的，」索特馬爾西若有所思地說，「它們可能只需要稍微再乾燥一下。從收成之後，豆子還可以保存一年，甚至更久。其實可以永遠保存，只不過越乾燥就越難煮熟，只要放個三年就會很明顯」。豆類在植株上乾燥、收穫簡單、收藏又不太費力，似乎是老天恩賜的食物。不僅如此，收穫時已乾燥的豆類很有營養價值。「後來我們不再那麼常吃已乾燥的豆類，而是吃尚未成熟的豆類，把它當作是新鮮作物。由於豆子還沒成熟，裡面許多糖尚未轉變成澱粉，且蛋白質含量的發展也不如已成熟的豆類」。

哈米豆推廣吃成熟豆類，連一些名氣不大的英國豆類也被他網羅進來，例如深棕色或紅棕色的卡林豆（Carlin pea）及全藍豆（whole blue peas，和裂青豆一樣的豆子，只是皮仍保留下來）。我們談到，豆子在烹煮之前要先浸泡，常被當成是「麻煩事」。索特馬爾西告訴我，豆類有兩種型態，要不是完整連著皮，就是裂成兩半（皮已去掉，因此作為種子的豆子自然會分成兩半）。「所有的裂豆都可從乾燥狀態直接烹煮，不需浸泡」。然而全豆就需要浸泡。他告訴我，就經驗來說，至少需要泡六個小時。雖然這個過程需要時間，其實並不費工。「如果泡很久，就會開始發芽，因為豆子是活的種子，會想要生長，」他告訴我，有些國家的習慣是讓豆子部分發芽後再烹調，能增加人體吃得到的營養素。「我們通常以兩極化來思考豆類，要不就是尚未發芽，或發芽後就生吃」。索特馬爾西喜歡豆類，那是有價值的蛋白質來源。此外，豆子具有固氮的特性，可使土壤肥沃，而不是從土壤中吸走養分。「我們一開始就碰上挑戰……」他暫停了一下，溫和笑道，「現在還是一樣。民眾不太知道英國豆類，也不去瞭解；英國人已失去與豆類的聯繫。我們會碰到阻力；許多人根本不想烹煮乾豆子。不過，只要浸泡並開始烹煮幾次，習慣了這節奏，就能輕鬆上手」。

醃

醃這道工序，需要掌廚者先行思考與準備，而少不了的要素就是時間。醃料的質地相當多樣，有液體，也有糊狀。無論是哪一種，都需要和食物接觸才能產生效果，且食材也會影響成效。與醃料接觸的時間會為食材帶來美味的轉變。諸如雞腿、豆腐與羊排等日常食材，在醃之後會有更鮮明的新風味層次。

食材醃過再烹調的主要原因有二：食材會因此更嫩，以及可增加風味。要讓食材變嫩，可加入酸性材料，破壞細胞壁，因此酸性食材在世界各地的醃製料理中都扮演關鍵角色。熱帶地區會使用青木瓜（富含木瓜蛋白酶，可破壞肉的蛋白質鍵）或萊姆汁；中東和印度料理使用優格；美國使用白脫牛奶；歐洲料理則是用紅酒或醋。野味通常是活動量大的老年動物，肉質硬，因此料理時要先醃過，讓肉質變軟。飲食作家伊麗莎白・魯雅德（Elisabeth Luard）的《歐洲農家料理》（*European Peasant Cookery*）中有一道西班牙蒜味兔肉，做法是將兔肉去皮切塊，在肉上澆三大池的白酒醋，醃一整夜。「兔肉比其他野味更需要醃，才能讓肉與風味軟化，」她說。

為了增添風味，醃料會用味道重的材料，例如蒜、薑、洋蔥、香草與香料。要讓醃料與食材接觸時產生最佳效果，這些材料常會一起搥打，釋放出風味化合物。這樣做出的醬汁就能完全包住食材。東南亞料理的傳統沙嗲串即是把一塊塊的牛肉用香氣十足的醬料醃製，材料包括香茅、紅蔥、南薑與香料，且香料經過乾煎，更加芬芳。牙買加香辣烤雞的獨特嗆味，也是來自先用蘇格蘭圓帽辣椒、香草與香料製成的醬醃過。

至於要醃多久，針對每一道食譜的建議差異很大。但從合理的經驗法則來看，小塊肉或禽肉需要的時間，比大塊肉或整隻禽短。醃的建議時間通常很有彈性。名廚奧圖蘭吉與薩米·塔米米（Sami Tamimi）在暢銷著作《耶路撒冷》（*Jerusalem*）中，有一道很受歡迎的羊肉沙威瑪食譜，裡面就提到羊肉要醃兩小時或過夜。

當然也可能發生醃太久、太飽和、太軟，導致食物失去口感的情況。傑·健治·羅培茲—奧特（J. Kenji Lopez-Alt）在精采著作《料理實驗室》（*The Food Lab*）中建議，最好的醃料是油、酸與鹹性液體平衡得恰到好處。他解釋，太酸的話會產生「烹煮」肉類的化學反應，使蛋白質變質硬化。他建議，在含有酸性的醃料中，油與酸的份量要相等，「別醃十小時以上」。魚和海鮮的細胞結構較脆弱，最容易因為醃太久而影響口感。印度食譜作家瑪德赫·傑夫瑞（Madhur Jaffrey）建議，在醃坦都里鮮蝦時只要三十分鐘，但是坦都里烤雞則需要六到二十四小時。

秘魯的檸汁醃生魚是世上數一數二的美味醃製菜色，但值得注意的是，如今烹調時間是以分鐘計算，而不是以小時計。這道中美洲的傳統料理已有數千年歷史，是把新鮮生魚用酸性水果醃製。在秘魯，過去是使用香蕉百香果（tumbu）。秘魯餐廳業者與主廚馬丁．莫瑞拉斯（Martin Morales）告訴我，在西班牙征服者來到這裡之後，帶進來萊姆與苦橙等柑橘類水果，於是秘魯人紛紛改用這類水果的汁液。在秘魯，吃檸汁醃生魚和漁夫一天的工作有關，他們在天光乍現時就早早出海，等船隻在上午返航時，就用這天的魚貨做成檸汁醃生魚，當午餐吃（絕不當晚餐）。在一九七〇年代，秘魯傳統檸汁醃生魚的時間是兩、三小時；「那就像是用萊姆汁煮魚，」莫瑞拉斯告訴我，「魚肉完全變成白色」。如今準備檸汁醃生魚的速度加快了，更能嚐到鮮魚的滋味以及口感，而諸如刺激的萊姆、鹽與辣椒的風味都更明顯。莫瑞拉斯堅稱，要用新鮮的食材與現調醃料——這醃料的名稱為「虎奶」（leche de tigre），很能激發想像——且醃個兩分鐘就好，風味絕對最佳。「這樣才能刺激味蕾。如果失去風味的衝擊力，就像來到一場已經舉行太久的宴會——未免太無趣了！」。

製作高湯

高湯的製作既簡單，又能帶來成就感。這過程相當和緩，是把骨頭、蔬菜與香草等食材放在水中熬煮，萃取其中的滋味與好處。在煮的時候，水會吸收燉煮材料而出現變化，滋味越來越豐富。若曾經捨不得把烤雞骨架直接扔掉，拿來做高湯，就會知道自製高湯滋味濃郁，適合製作湯底或燉飯。至於在專業的餐廳廚房裡，高湯的重要性不言而喻；這從每位大廚所寫的食譜中必有高湯做法，即可看出端倪。雖然高湯很單純，但仍要悉心處理。如果想用骨頭熬出清澈高湯，就要低溫慢火燉煮，別忍不住以大火滾煮，否則湯會變濁。為提升風味，有些食譜要先把雞翅或蔬菜丁等食材煎炒過或烤過，使之棕化。這其實是要促成梅納反應，讓高湯有濃濃的鮮味。

製作高湯的時間會因食材而異。雞高湯通常要一小時以上，若是依照傳統，用肉質硬的老母雞則至少需要兩小時。相較之下，薄脆的魚骨需要的時間短得多了，通常只要燉煮十五到二十分鐘。一番出汁（第一次煮出的高湯）堪稱日本料理的靈魂，是用昆布和柴魚片製成，差不多也是十五分鐘完成，而水溫以及與材料接觸的時間都很講究。各家做法雖然有差異，但整體順序都差不多：首先把昆布浸泡在水裡或慢煮，使水有味道。之後撈起昆布，加入柴魚片，把水煮滾。這個階段的接觸時間很重要。「柴魚片要是多滾幾秒，湯就會變得太濃且略苦，不適合製作清湯，」日本飲食作家辻靜雄提醒。日式高湯之所以能很快產生風味，原因正如日本主廚村田吉宏所指，材料在更早的階段已投入時間製作：昆布與柴魚片經過乾燥，風味因此更濃。

相對地，拉麵用的湯底是以肉多的豬骨或雞骨，花上幾個小時或更久的時間慢慢熬煮。一九八五年的賣座電影《蒲公英》（*Tampopo*）提到，要做出一碗好拉麵，湯頭是關鍵。一般高湯講究清澈，但是拉麵愛好者追求的湯頭卻是不透明的白色，擁有特殊的脂肪口感。煮湯頭需要熱與時間來分解骨頭，不僅要煮出膠質，還要使萃取出的固體（例如脂肪與骨髓）乳化滲入湯裡面，以做出乳白色的湯頭與特殊口感。西方料理也有類似做法，將骨頭燉煮十二到二十四小時，分解成時下流行的濃骨湯（bone broth）。

中式料理的紅燒滷汁是一種重要食材。這是一種香氣四溢的高湯，通常以大蒜、薑、八角、肉桂、冰糖，生抽醬油和米酒調味，用來燉煮豬肉或禽肉。煮過肉的紅燒滷汁會帶有更多風味層次，廚師不會倒掉，而是過濾後保留起來，供日後繼續使用。滷汁在滷過許多東西之後，味道會更好。就衛生角度來看，為了避免細菌滋生，滷汁必須冷藏，每幾天就要煮滾，或冷卻後放在凍箱，供日後使用。這樣老滷汁可以用上好幾年。澳洲雪梨洛克普爾（Rockpool）燒烤餐廳的名廚尼爾・佩里（Neil Perry）用的就是多年老滷汁，據說有些中國餐館的老滷汁更是代代相傳。「這是我很常用的湯頭，」澳洲餐廳業者與主廚鄺凱莉（Kylie Kwong）在《簡易中國料理課》（*Simple Chinese Cooking Class*）曾提到她的老滷汁，「是靈活的食材，可冷凍起來，滋味和酒一樣越陳越佳」。

十九世紀許多廠商發揮創意，設法做出能快速烹調的高湯形式。為提供更便宜營養的食物，德國化學家尤斯圖斯・馮・李比希（Justus von Liebig，*1803—1873*）在一八四七年研發了濃縮牛肉精，先煮牛肉，再把煮出來的湯濃縮成膏狀。一八五三年，法國廣受歡迎的名廚阿列西．索耶（Alexis Soyer）做出了名稱響亮的「索耶肉湯」（Soyer's Ozmasome Food），這是把烤肉汁濃縮後再做成湯。他想申請專利，卻沒能成功。到二十世紀初，今日廚房必備的速成高湯塊問世了。一九〇八年，瑞士美極（Maggi）公司推出高湯塊；一九一〇年，奧克索（Oxo）公司生產招牌牛肉湯塊；一九一二年，康寶公司（Knorr）也生產高湯塊。高湯塊在全球各地銷售，廠商還會依照各國的口味喜好，提供特定產品，例如康寶就推出羅望子湯塊，供泰式料理使用。即使是製作快速的日式高湯，也有更快完成的做法。傳統日式高湯是把堅硬的鰹魚乾現削成柴魚片，這需要一種類似木工刨刀的特殊柴魚刨刀。如今市面上可買到預先削好、包裝販售的柴魚片。不僅如此，還有以柴魚片調味的粒狀或液狀日式高湯底，只要加水就可做出「速成」日式高湯，且廣為使用。

同時，在專業廚房中，真正的高湯仍保有特殊地位。在經典法國料理中，從不吝惜從頭開始製作高湯的時間。「的確，」一九〇七年法國名廚奧古斯特．埃斯科菲耶（Auguste Escoffier）在其著作《現代料理指南》（*A Guide to Modern Cookery*）中說：「高湯是料理的一切，至少在法國料理如此。少了高湯，什麼都做不成。若有好的高湯，接下來的工作就簡單了。但如果高湯不好或只是普通，做出來的菜只能差強人意。」埃斯科菲耶的文字如今對法國廚師來說，仍是真知灼見。

「在烹飪學校學習的第一件事情，就是製作高湯，包括魚高湯、牛高湯、雞高湯。法國人喜歡醬料，而高湯是好醬料的基礎，」法國名廚科夫曼說。我來到倫敦優雅的柏克萊飯店（The Berkeley Hotel），與他在科夫曼餐廳（Koffmann）見面。他是個魅力十足、身材魁梧，有禮貌卻又散發氣勢的人。科夫曼已在英國住了幾十年，說起話仍有濃濃的法國腔。他在第二故鄉大力提倡高級法式料理，開設的克萊兒姨媽餐廳（La Tante Claire）有米其林三星的光環，更影響在此工作的徒子徒孫。

小牛高湯滋味細膩，口感滑順，是經典法式料理的關鍵。「製作小牛高湯要花二十四小時，」科夫曼將整個過程娓娓道來，「要用小牛骨來做，因為軟骨多、膠質豐富。首先要把骨頭烤到焦糖色，但不能太深，否則會有焦味，要整個都是漂亮的棕色，這需要花時間」。烤好後要把骨頭放到水中燉煮，撇去表面的脂肪與浮沫。等「適當」撇去高湯雜質，就要加入烤蔬菜和香草，以小火燉煮。「不能讓它大滾，否則湯頭會太濁，」他告誡。他記得在一九七〇年初抵英國時，要找到燉高湯所需的小牛骨很不容易。「那時我們去找小犢牛（bobby veal），也就是酪農場的小公牛，大小和狗差不多，」他比手畫腳，生動地說，「那些牛很小很小，膠質很多，我們將就著用」。

高湯是許多法式料理中獨特醬汁的基礎。許多經典菜色要把高湯煮到收汁，變得濃稠，過程相當耗時，這樣風味才夠濃縮。「法國有一本小書叫做《烹飪索引》（*Repertoire de la Cuisine*，一九一四年出版，作者為路易・索林涅〔*Louis Saulnier*〕）；裡頭提到好幾百種醬汁。醬汁不只是高湯；如果你端上的是小牛高湯，那就只是小牛高湯而已，」科夫曼笑道。「訣竅在於加一點紅酒——波爾多——馬德拉、白蘭地……」他說的時候，彷彿正在腦海中翻閱食譜。「比方說，如果想做出美味的波爾多醬汁，就要切點紅蔥，煮到出水，再加點紅酒煮到稍微收乾，之後再加高湯。收到多乾呢？比方說，你拿一根湯匙出來，」他伸手拿擺在餐桌上的餐具，「你把湯匙沾點湯汁，之後你用手指在湯匙背後的醬汁上畫一道線，如果那條線沒有不見，那麼醬汁就好了。醬汁的質地要剛剛好，太稀不行，太稠也不好吃，」他強調。「你必須經常吃吃看。這很重要；每回你做醬汁，都得嚐個三、四次。如果收到太乾，這醬汁就毀了。當然，肉一定要好！醬汁是用來幫肉提味，不是要把肉的味道蓋過去」。

在科夫曼的廚房裡，製作高湯（包括小牛高湯）至今仍是重要的任務。不過，他覺得製作高湯在英國當代的專業廚房中漸漸式微。「製作高湯太費工，接下來要做紅酒醬時，又得用很多的紅酒和時間，因此許多年輕廚師根本不做了。他們可能會做法式伯納西醬，那種醬料製作起來很快，但耗時的醬料將會漸漸消失」。

慢工出細活的酸種麵包

在麵包的世界裡，酸種麵包有特殊地位，堪稱最極致的「慢麵包」。這種發酵麵包的製做法相當古老，已有數千年歷史。數個世紀以來，以酸種麵團來做麵包是很普遍的做法，俄羅斯與德國的黑麥麵包，及法國的魯邦麵包（pain levain）都是酸種麵包。酸種麵包使用的是天然酵母與乳酸菌發酵的酸麵團。製作酸種麵包首先要製作酸酵頭——有時稱為「酵母種」（mother）。製作酵母種不難，只要把麵粉和水混合起來，靜置在溫暖處幾天即可。水與溫暖的環境會觸發酵母與乳酸菌生長，酵母與乳酸菌會吃麵粉碳水化合物中的糖，產生乳酸與醋酸，因此酵頭會帶有酸味。做酸種麵包時要先把酵頭和麵團混合，靜置發酵，之後整形烘烤。傳統做法上，麵團只會用到部分酵頭，剩下的會再加點水和麵頭，繼續放著發酵。酸種可以生生不息，這表示酵頭可能悉心培養了好多年；有些酸種酵母種已維持好幾十年，成為令人津津樂道的烘焙傳奇。

工業生產的商業烘焙酵母可快速讓麵團發酵，不過酸種麵團需要時間。正因為這緩慢的特色，因此酸種麵包具有能在各種環境下製作的彈性。麵包師傅安德魯．惠特利（Andrew Whitely）是英國酸種麵包的大力推手，他寫道：「麵團發酵速度越慢，能送進烤箱、烤出好麵包的『區間』就越長。你可以照自己的步調來烤麵包，不必受制於沒耐心的酵母。」雖然德國人向來鍾愛酸種麵包，在英國卻是近幾十年來才重獲青睞。在二十世紀，麵包師傅紛紛改採商業生產的啤酒酵母，但近年來，手工麵包師又開始重新探索酸種麵包的可能性。如今，就連超市與連鎖麵包店也看得見酸種麵包的蹤影。不過，酸種麵包一詞缺少法律上的定義，因此許多市售「酸種麵包」只是「真麵包運動」（Real Bread Campaign）的倡導者克里斯．楊（Chris Young）所稱的「假酸種」。假的酸種麵包只用一點點的酸酵頭，尤有甚者還以濃縮劑或粉來增加酸味，但主要仍是靠能快速發揮作用的啤酒酵母發酵。「他們賣的酸種麵包其實是快速製作的，因此真正的酸麵團在活躍時的美妙情況，在製造假酸種時根本來不及發生。甚至還有公司出售預拌粉，他們說可讓你在六十分鐘烤好酸種麵包，也不需要有技能的員工來製作」。真正的酸種麵包漫長緩慢的發酵方式，不僅能夠增加風味與口感、降低升糖指數，更重要的是，研究顯示能提高可消化性。「民眾受到誤導，」楊簡潔地說，因此真麵包運動呼籲推動「誠實麵包法」（Honest Crust），為酸種麵包設定法律定義及其他門檻要求。

葛蘭姆．加雷（Graham Garrett）在肯特郡畢登頓村（Biddenden）一間十六世紀的紡織工住宅，開設小餐館「西屋」（The West House），並擔任主廚。他已培養出一批忠誠顧客，我就是其中之一。這間餐館有米其林星星的光環，不過用餐氣氛輕鬆隨興，妻子賈姬（Jackie）與兒子傑克（Jake）提供友善的服務。來到這裡用餐，餐廳會先送上酸種麵包及榛果葡萄乾麵包，可沾打發豬油、自製奶油，或搭配醃橄欖一起吃。看起來簡單，但是要做出這盤東西需要很細心。加雷的自製麵包相當美味，我每次吃都深受感動。加雷是個腳踏實地、說話實在又幽默的人，他受到美國主廚金希的曼雷薩餐廳啟發，說那裡的麵包最好吃。他決心做出能驕傲端出來的麵包，於是滿懷熱忱，孜孜不倦投入許多時間，研發自己的酸種酵母食譜，並尋求建議，不斷實驗。「我花了大約三年半，才做出合我心意的麵包，」他簡單直白地說。酸種麵包令人著迷的魅力實在展露無遺。

我在觀看加雷工作時，發現他與酸種麵團的各種互動主導著他整天的工作節奏。他首先用麵粉混合物，更新酸種酵頭。加雷追尋的奇特風味，是來自麵粉混合物、麵粉與水的比例及經常餵養。他開始製作麵團時，是把酵頭與水混合，加麵粉，用手當作攪拌器，做出軟而黏的混合物，之後靜置四十分鐘。接下來就是以手翻轉、製作麵團，輕輕延展與摺疊，以二十分鐘為間隔。他還設了計時器來提醒自己。由於餐廳天天供應麵包，加雷努力維持一貫的品質，發展出一套方式讓員工可依循。每當他回來看看麵團，就會發現麵團已經稍有變化：有氣泡浮現、質地改變。「看看上面的光澤，」他第二次細心處理麵團時興沖沖地說，「麵團更有延展性了，重點在於捕捉空氣」。在第三次處理麵團時，他觀察到氣泡變大，估算麵團已完成四分之一。他三不五時就回來處理一下麵團，一直到麵團大功告成——這個過程總共需要三到六小時。加雷很清楚自己該注意哪些跡象：「麵團什麼時候可以用、什麼時候是完美狀態、什麼時候又過了完美狀態，都有確切的時間點。我不讓麵團發到跑出很多氣泡，最好還在發泡時就開始做麵包。」一旦他判斷麵團完成，就把麵團切分，做出麵包條的造型，放進籃子，在陰涼的大房間熟成四、五天。熟成的時間很重要，麵包的滋味會因此而有深度。

像這樣先把麵團準備好，不僅能做出理想口感，也不必煩惱沒麵包可供應。我見識到他工作時有多麼謹慎，因此看見他在烘焙時那般講究精確，自然不覺得意外。加雷把一條已熟成的麵包放進預熱好的蒸烤箱，烤大約五十分鐘，在烘焙過程不時調整蒸氣與溫度。麵包拿出來之後要先靜置放涼，之後再試吃。「我通常是等不及就要吃的那種人，」加雷咧嘴一笑，「但是這麵包冷的比溫熱的好吃，相信我」。麵包上有深深的紋路，在烤的時候才能釋放蒸氣；麵包呈現豐富的棕色，外皮一切下去就發出酥脆的聲音。這就是剛剛好的麵包：質地有延展性，但不會太重，許許多多的氣孔代表酸麵團的活動，有酸度，但不會太酸——這是加雷悉心打造出來的味道。現在回想起我在西屋的時光，印象最深的仍是酸種麵包：既複雜又簡單，吃起來好有滿足感。我忘不了加雷臉上的表情；他會在忙碌的工作時間抽空暫停下來溫柔處理麵團，透過指尖感受麵團、瞭解麵團：他那模樣看起來好心滿意足。

真空低溫烹調

它是個看起來不起眼的方形金屬盒子，卻是一種創新的細緻烹調工具，能以前所未見的方式操縱料理時間。這是真空低溫烹調機（sous-vide），愛用者總是讚不絕口，許多全球首屈一指的主廚樂於採用，包括鬥牛犬餐廳的阿德里亞、肥鴨餐廳的布魯門索、法國「洗衣店」餐廳的湯瑪斯．凱勒（Thomas Keller），及法國侯布雄餐廳（Joel Robuchon）的侯布雄本人。和傳統的隔水加熱一樣，真空低溫空調法是用水當作加熱媒介，但不同的是，食材要先放進食品級的塑膠膜收縮包覆（以免產生氣泡，造成加熱不均），直接放進水中浸泡。同樣重要的是，真空低溫烹調可讓使用者精準控溫。

靠著泡水控溫的真空低溫烹調法，起源相當複雜。一九七四年，法國特瓦格羅餐廳（Maison Troisgros）主廚喬治（Georges Pralus）在餐館廚房中率先利用這種方式來烹調鵝肝，避免浪費昂貴的食材。若以傳統方式料理鵝肝，重量會減少百分之三十到四十。而他發現，若以幾層塑膠膜包起，慢慢在水中烹煮，可大幅避免重量減少的問題。美國知名的「烹飪解決方案公司」（Cuisine Solutions）的科學家布魯諾．古蘇特（Bruno Goussault）率先開始做研究，研發真空低溫烹調法，將這種知識傳遞給其他名廚。真空低溫烹調法的奇妙之處，在於食物可承受烹煮的時間比傳統方式要長得多。為了尋找「完美」

的雞蛋料理，不少真空低溫烹調法的食譜應運而生。由於溫度是可控制的，因此能產生相當有趣的料理成果。例如持續以攝氏六十四度烹煮雞蛋三十五到四十五分鐘，雖然烹煮時間很長，但口感柔軟滑溜、宛如奶黃。以攝氏六十二度烹調七十二小時的牛小排也是一道經典料理，能產生入口即化的軟嫩肉質。《現代主義烹飪》（*Modernist Cuisine*）這套巨著的主要作者納森．米佛德（Nathan Myhrvold）就是這種方法的愛好者。他指出，真空低溫烹調相當特別，做出的質地與風味是其他方式無法比擬的。食物密封起來，表示烹煮時仍舊可保留住汁液，因而能鮮嫩多汁，滋味豐富。若以真空低溫法來烹調肉類與和魚類，可端出品質一致的成果，例如整片熟度相同的牛排，不會外熟內生。這種方式也可避免過度烹調，把雞胸肉或鮭魚排煮得太老。不過，真空低溫烹調法無法使食物棕化，因此常會搭配快速炙燒，產生梅納反應，讓料理美味升級。

真空低溫烹調機已是餐廳廚房的普通配備，加上價格不高，已逐漸進入一般家庭中。真空低溫烹調機很有彈性，可慢煮一整夜，或事先準備，最後再快速收尾，因此很受到青睞，尤其是在專業廚房中。「一台真空低溫烹調機好像可讓時間暫停，」妮可拉．蘭多（Nicola Lando）說。她是線上食物零售網站「副主廚」（Sous Chef）創辦人，積極推動自家開伙。不過，並非每個廚師都趨之若鶩。不少主廚認為這是放棄傳統的烹飪技藝，廚師過度依賴水浴法，就無法在烹調過程中直接接觸食材。「我反對水浴法，」法國廚師科夫曼在一次談話中這麼說，「沒有氣味、沒有觸感。年輕廚師只用時鐘和溫度計做菜」。

慢煮風潮

耗時料裡的成果，總教人食指大動。咬下一口軟綿綿的肉很過癮，而風味具有深度的燉菜也值得細細品味。許多備受喜愛的經典菜色都需要花時間製作，得用上很長時間來燉煮或烘烤。知名的波隆納肉醬就要把牛絞肉與番茄以慢火燉煮，直到醬料柔軟濃稠，產生濃郁鮮味。「波隆納肉醬要以文火燜煮很久、很久，」賀桑說至少需要三個半小時，若是五個小時成品會更好。普羅旺斯紅酒燉牛肉則是把牛肉放在蓋得緊緊的砂鍋裡，在烤箱裡燉煮約六小時。巴基斯坦的國菜尼哈里（Nihari）傳統上是用羊膝或是帶骨牛肉慢燉五、六個小時。在這些菜色中，充分的「時間」是一種食材，有了它，才能做出開胃好菜。有些傳統菜色需要慢慢烹煮是出於宗教理由。比如在猶太料理中，會為了安息日做馬鈴薯豆子燉肉（cholent），因為安息日不能開火。猶太人離散於世界各地，馬鈴薯豆子燉肉的版本也很多，其中一種經典做法是把牛肉、馬鈴薯、大麥與豆子加水，之後就緊緊蓋上鍋蓋。馬鈴薯豆子燉肉過去是放到社區共用的烤爐，隔夜燉煮十二個小時以上，在安息日上午的會堂禮拜結束後當成午餐。「馬鈴薯豆子燉肉」有很深厚的情感意義，克勞蒂亞·羅登（Claudia Roden，*1936* 年出生的英國食譜作家與文化人類學家，擅長中東料理）在《猶太飲食之書》（*The Book of Jewish Food*）中就寫道：「在東歐與中歐的猶太小鎮上，木屋裡會充滿鍋蓋掀起時的香氣。」同樣的，美國知名菜色「波士頓焗豆」是用乾豆子來製作，並加上鹹豬肉和糖蜜調味，其源頭可追溯到早期殖民者與清教徒的信仰——從星期六日落到星期天日落的這段期間是禁止煮食的。星期六一整天，焗豆就靠著烤爐的餘溫慢慢加熱，當作那天晚上與隔天的食物。

過去許多需要長時間烹煮的料理會用到特定部位的肉塊，得燉煮很久才能把肉煮軟。「慢煮適合任何有結締組織或是膠原蛋白的肉類，亦即動物身體中經常奮力運作，讓身體黏合起來的部分，」蘇格蘭主廚尼爾－蘭金（Neil Rankin）說。他在《小火慢煮》（*Low and Slow*）中就提倡慢煮肉類。「因此，雞胸肉什麼都不必做，豬背部的里肌也是——任何在肩膀或是腿部的肉都很好；運動得越多的部分，就需要烹煮越久」。這些部位若烹煮時間太短，就沒有時間分解，肉質吃起來會很硬。相對地，低溫慢煮能漸漸分解纖維之間的連結，讓肉軟化，也能把結締組織與膠原蛋白煮成膠質，為醬料賦予多汁濃稠的滋味。

適合慢煮的肉塊（例如牛頰、牛腱、羊膝）通常比較便宜，煮起來很美味，卻被當作低階肉。這些豬肉在傳統肉舖可以買到，在超市卻很難找。我會發現這一點，是去年的某日在倫敦西區買食材。我想做燉菜，去了三間小超市找牛肉，卻只看到切片的肉，例如牛排、魚排或雞胸肉排。我發現，這些食物商店的目標是通勤者，讓他們在回家途中速速買好一餐。這些商店的存貨多為即食餐、切好的蔬菜，不僅如此，連販售的肉品都也是用來做講求速成的料理。超市賣的是專供快炒、快速油炸、煎等速速料理便可上桌的食材。便宜的肉能與蔬菜和高湯燉煮出營養飽足的一餐，但我在倫敦的商業大街卻遍尋不著。看來業者也感受到民眾有多欠缺烹飪的耐性。

同時，匆忙的生活型態也引發反動，使得慢煮菜色更得到推崇。現今，在時間成了稀有商品之際，需要長時間烹煮的菜色彷彿成了誘人的創新之舉，簡直可謂受到崇拜——我發現時尚餐廳在描述菜色時，常會提到烹調時間，例如「六小時精燉牛小排」。過去，花時間精燉細熬並沒有什麼特別。如今時間十分珍貴，若是費時烹飪，反而讓菜色顯得獨特且有難度，值得我們注意。如今在連鎖速食店、街頭攤販與餐廳隨處可見的手撕豬肉，就需要很長的烹煮時間。知名主廚也提出一些食譜提升慢煮菜色的形象，例如傑米・奧立佛（Jamie Oliver）的隔夜烤梅花豬肉就需要十到十二小時的時間。這些食譜的特殊之處，在於耗時卻不費工，經常只要放到烤箱即可。蘭金認為，需要十二小時烹煮的料理可以前一天晚上動手，比需要煮兩、三個小時的菜色簡單多了。蘭金在倫敦開設的新餐館坦波（Temper）就推出他喜愛的慢煮菜色。其中一種特殊的料理是烹煮整隻動物。我很好奇，要煮好一整頭豬需要多久時間？「用煙燻烤爐大約十六小時，」他簡短答道。

日

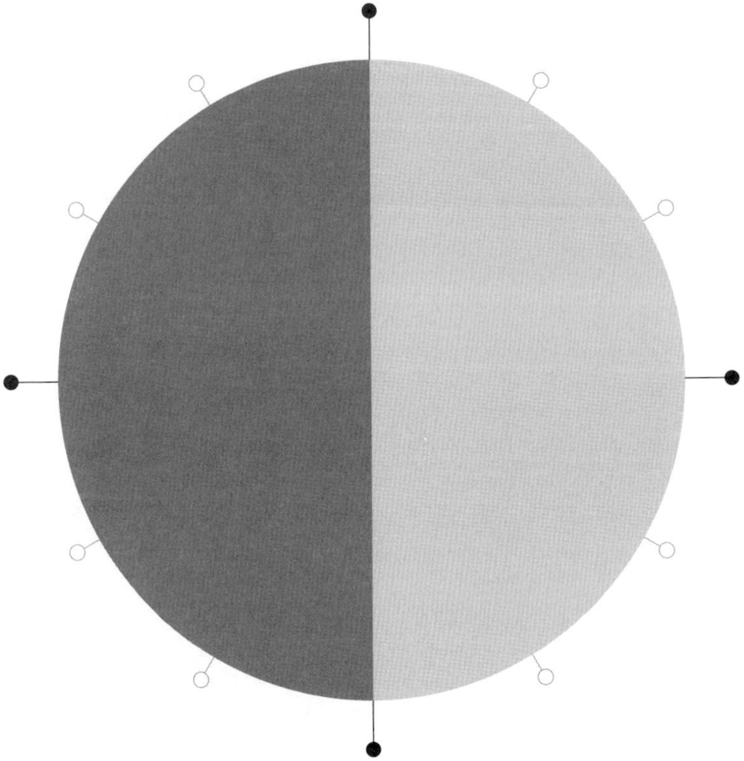

日

日

接下來談到的「日」，觸及到食物保存的領域：如何避免時間導致食物腐敗。以前的人會過透過煙燻、醃製、漬泡菜與發酵等技巧保存，食物在這過程中也會發生轉變；現代人則會透過科技，延長食物的保存期限。冰箱的涼爽環境可讓奶、肉、魚、新鮮蔬菜等易腐敗食材保存更久，不過，傳統的保存技巧可賦予食材可口的滋味，並未遭到淘汰；煙燻鮭魚、韓式泡菜或風乾熟成的培根都是以傳統保存法做成的美食。

融合與豐醇

料理時間有時能彈性調整，以配合我們工作忙碌的生活。我從掌廚幾十年的經驗中得知，許多菜色若先做好，隔天享用會更加美味；這促使我先做好規畫。我第一次深刻體會到這種差異，要從收到一份很棒的仁當牛肉（Beef Rendang，亦稱為「巴東」牛肉）食譜說起。這是一道傳統印尼菜，以加了辛香料的椰汁慢慢燉煮牛肉，我經常做這道菜請客。當初給我這份食譜的，是新加坡友人萊諾．戴莉（Ranu Dally），她住在爪哇島許多年，廚藝精湛，很清楚這道菜該在前一天先做好。我若在做好的當天就吃，總會對成果非常失望——這道菜用到大量洋蔥，吃起來洋蔥味太濃，還有刺激的薑黃味，整體味道感覺很單一。然而放涼後在冰箱冰了一天，隔天加熱之後再吃，嚐起來可真是美味。這滋味已融合出醍醐味，成為和諧的整體，總會令賓客讚不絕口。

某些菜色做好後要隔一段時間再吃的說法，經常只是口耳相傳，但有時也會出現在烹飪指南中。美國飲食作家理查．奧尼（Richard Olney，*1927—1999*）在《法國菜單食譜》（*French Menu Cookbook*）這本權威著作中就曾說過，紅酒燉牛肉「隔天以小火加熱之後，味道會更好」。羅培茲—奧特在《料理實驗室》的大麥燉牛肉食譜中，明確指示：「做好之後即可上桌，也可先冷卻，裝在密封容器（至多五天），之後重新加熱再端上桌，能享用到最好的滋味。」波蘭的獵人燉肉（bigos）是一道結合肉與酸白菜的料理，最好也是前一天做，之後重新加熱，因為在第三次加熱之後會「最美味」、「成熟」。美國飲食作家哈羅德・麥吉（Harold McGee）說：「味道繁複強烈的菜色，過一段時間再重新加熱，味道可能更好。」冷藏可讓我們把烹煮好的食物在冷卻之後妥善保存，在冷卻時，風味化合物會鎖在蛋白質與澱粉之內。富含天然脂肪的肉類，例如羊肉或豬肉，效果會優於較乾的肉類（例如雞胸肉）。一般都認同：某些種類的菜色滋味會隨著時間而提升，尤其是用了含有大量香氣的洋蔥、大蒜、香料與香草等材料的菜色。諸如咖哩、燉菜、肉醬與湯類都含有許多元素，若做好後靜置一段時間再吃，能讓多樣的風味融合，味道更圓潤。在規畫晚宴或用餐人數多的時候，不妨把這個因素納入考量。

醃漬的正確之道

醃漬的泡菜有獨特的鹹味與酸味，能增添飲食樂趣。泡菜常用來和味道豐富的菜色搭配，形成對比，因此法式肝醬會搭配醋溜小黃瓜；漢堡則少不了酸黃瓜片；生魚片旁也會放上和花瓣一般的粉紅色醃薑片。波蘭醃黃瓜、伊朗醃茄子、日本黃蘿蔔、印度醃辣椒……人們愛吃泡菜，也就表示世界各地都有醃漬料理。這些醃漬菜多以蔬菜或水果醃製而成，不同的料理傳統也有各式各樣的做法。食材通常會先浸泡在酸、濃鹽水、油、米糠或其他保存媒介中。通常醃漬菜的酸味是來自醋，因為醋含有醋酸，若加上鹽的輔助，可預防導致醃漬食物腐敗的細菌滋生。醃漬和許多食物保存法一樣，有其實用目的：趁盛產時安全保存起來，供日後食用。近來，主廚紛紛興起使用採集食材的風潮，促成了醃漬菜色的流行，讓採收時間短的季節性食材能夠美味長存。

醃漬和英式酸甜醬不同，後者需要緩慢悉心烹煮，但有些醃漬食物只要把食材泡在醋裡面即可。例如黎巴嫩的漬蕪菁，醃漬時會加入少許甜菜根，呈現出鮮艷的粉紅色；丹麥主廚瑞茲比的醃漬玫瑰食譜也是一例。但有些醃漬食譜細膩得多，在準備與製作時會更講究時間運用。鹽水漬（brining）是用鹽巴讓食材出水，避免食材腐敗，常用於泡菜製作。醃漬也可以結合汆燙或油炸，這麼做可確保食品安全，同時兼顧口感。印度漬菜常用油（例如味道刺激的芥末油）而不是醋。印度醃芒果的做法通常是先把芒果切過並乾燥（以前是靠烈日曝曬），抹鹽之後放在含有香料的油中。不過，每個階段需要的時間各家做法不盡相同，有些只要幾小時，有些則長達數日。義大利油漬蔬菜（sott'olio）是用橄欖油保存食物的傳統方式，很常出現在前菜。「最經典的油漬蔬菜是茄子，」著有《義大利醃菜》（*Preserving Italy*）的美國飲食作家多曼妮卡・馬瑟提（Domenica Marchetti）說。「義大利南部到處都見得到。製作油漬茄子時，要先用鹽巴抹茄子，去除水分、使之乾燥，之後以含有醋的鹽水快速醃製，使之具有如皮革般耐嚼的質地，再放進油裡」。這種經過鹽漬醃的茄子不僅能增添風味與口感，做出的油漬蔬菜還能保存好幾個星期。

有些醃菜需要好幾個星期才能完成，但有些做起來快得多。阿渣（Acar）是香辣的傳統馬來西亞與印尼綜合醃菜，幾個小時即可完成。速成醃菜在剛做好時最好吃，否則口感與風味會很快流失。自製醃菜的一大樂趣在於可實驗需要多少時間，在你覺得已完成的階段就把東西吃掉。比方製作一批醃黃瓜，你可能會想早點吃，而不是之後再吃，以免太酸；相反地，如果想吃酸一點，可以醃久一點再吃。醃漬的溫度也會影響效果；冰箱冷藏溫度會使得醃漬速度放慢。每年夏末秋初，馬瑟提會製作醋漬蔬菜（giardinera），這是承襲著母親故鄉阿布魯佐大區做法。「我從小就喜歡吃。我媽媽做的真的很好吃，她只煮一下下蔬菜，這樣蔬菜在瓶子裡能保持脆脆的」。她認為市售醋漬蔬菜味道太重，口感太軟，於是決定自己動手，只稍微煮一下蔬菜以保持質地，再醃漬至少一個星期。「我得告訴你，」她坦承說，「吃醃菜最好的時節是隆冬天。我喜歡做好後冰一瓶起來，幾個月後享用爽脆、冰涼的夏季醃菜，和好吃的烤牛肉或烤雞是絕配」。

*

艾爾佩絲・比托夫特（Elspeth Biltoft）的醃漬食物充滿濃濃的季節感。在約克郡鄉下斯威戴爾谷（Swaledale）長大的她，記得童年時常和父親在田野間尋找食物，母親會把他們找來的豐富收穫做成果醬、酸甜醬和糖漿。在成長環境的薰陶之下，比托夫特在一九八九年成立了玫瑰花蕾漬物坊（Rosebud Preserves）。這間漬物工坊位於約克郡的馬瑟姆（Masham），四周環境風景如畫，工坊十分忙碌，員工依照比托夫特的做法製作果醬、酸甜醬與泡菜，忙著切食材、燜煮與裝瓶。她輕聲告訴我製作過程時，表情認真，思慮縝密，看得出製作方式一絲不苟。醃洋蔥就是她費時費力研發出的「季節限定」食譜。比托夫特從諾福克郡（Norfolk）採購小小的洋蔥來醃漬，那些洋蔥剛採收，並且會在小屋內「乾燥」兩週。她用的是九月到十一月生產的洋蔥，認為這時的洋蔥最可口。去皮與切過的洋蔥只燙三十秒，之後就泡在濃鹽水中冷藏兩天，「若再泡得更久，就會變硬，」她說。泡過鹽水的洋蔥在洗淨後，就會浸泡在加了糖、香料且烹煮過的冷卻麥芽醋裡一天時間，之後瀝乾，和酒醋一起裝瓶，靜置三個星期，讓液體能滲透到洋蔥裡。比托夫特很重視英國醃菜口感爽脆的特色。「我希望我的醃洋蔥咬起來很脆，但也不能太酸，否則難吃極了，」她懇切地說，「要講究平衡。你會感覺到香料的滋味，之後則是洋蔥味源源不絕湧出」。

比托夫特另一道經典英國醃菜是辣醃菜（piccalilli），這是一道作工細膩繁複的漬菜，先把綜合蔬菜稍微泡鹽水與短暫烹調，再以香料和大蒜調味。她告訴我，其中的奧祕是在不同烹煮階段加入不同的蔬菜。仔細分批烹煮，是為了得到理想的口感：徹底煮熟，但不會太軟；這是「一道細膩的界線」。做好之後，辣醃菜放個三、四個星期就可以吃了。

比托夫特不僅對製作醃菜的方式有獨道見解，對吃法的意見也很明確。「仍有些人認為：哎呀，這是醃菜，可以永遠保存，一次只挖一匙來吃，接著把整瓶放回冰箱很久很久。但開瓶之後要是放太久，就會走味了。我認為一旦開瓶就別吝嗇，好好享受吧！」。

糖的力量

甜味是人類舌頭天生就能認出的基本滋味，無怪乎富含糖的食物向來被當作奢侈品。糖可以用來讓易腐的天然食材滋味提升，不僅使之更可口，同時還延長了可以食用的時間。

倫敦的福南梅森（Fortnum and Mason's）是一七〇七年創建的老牌食品百貨。我來到鋪著柔軟厚地毯的店內時，正逢大家張羅聖誕節的期間。在甜品專櫃有個迷人的繽紛景象：是五顏六色的糖漬水果（亦常稱為「蜜餞」），有紅色櫻桃、綠色李子、黑無花果、橘色杏桃……這些水果仍保留原來的天然形狀，但外表有黏黏的光澤與細緻的糖衣，這在法文叫做蜜漬水果（glacé）。這樣做出來的晶亮水果有悠久的歷史。希臘時期的醫生迪奧斯科里（Dioscorides，約西元四〇—九〇年）曾寫過，可用蜂蜜保存榲桲。糖漬水果過去曾是地位崇高的甜點，是高貴莊嚴的饗宴會才出現的珍饈，例如十四世紀中，教皇克勉六世（Pope Clement VI）在亞維農（Avignon）款待盛宴上，就曾端出這道甜點。至十五世紀，歐洲出現以糖取代蜂蜜的糖漬水果食譜。葡萄牙埃爾瓦什（Elvas）的糖漬李是另一道歷史悠久的甜品，歷史可追溯回十六世紀，當時修道院的修女會用義大利李（greengage）來製作，賣給貴族。

糖在好幾個世紀都是稀有昂貴的奢侈品，如今已成為人人買得起的常見物品。糖和鹽一樣具有保存食物的優秀能力，可把食物做成果醬與酸甜醬之類的「保久物」。糖保存食物、避免食物腐敗的主要機制是滲透作用，讓食物脫水，把食物內的水分吸取出來，以糖分子取代。

製作糖漬水果相當耗時，需要好幾天的時間。新鮮完好的水果在淺色的糖漿中浸泡、加熱與冷卻。這過程重複個幾次，糖漿在過程中會逐漸濃縮。水果徹底吸飽糖之後就要乾燥。蜜漬栗子（*marrons glacés*）也以糖漬法製成，在法國與義大利會把有季節性的栗子蜜漬起來，做成高檔食物。上等的糖漬水果雖然很甜，但仍保留著當初食材的風味。這種費工的甜食至今仍很昂貴，通常節慶時才登場，例如聖誕節。在聖誕蛋糕、義大利水果麵包、百果餡餅與耶誕布丁上，都有糖漬水果與果皮的蹤影。這些節慶料理也因為使用糖漬水果，而帶有特殊的滋味。

令人上癮的煙燻味

煙燻常與鹽漬和乾燥結合運用，是保存食物的古老方式。食物接觸柴煙後，外表會覆蓋上化學物質，使得導致食物腐敗的微生物不易滋生。這個過程也能讓煙裡的風味化合物附著到食物上，頗受喜愛。如今，食物的煙燻程序多是為了感官享受，而不是為了保存食物的必要之舉。我們已學會喜愛煙燻的滋味。

煙燻過程有兩種：熱燻與冷燻。前者的速度比後者快得多，是在攝氏五十五到八十度之間的環境進行，其實就是以熱煙來提高溫度，烹煮食物。這個過程在家不難做到，可用煙燻爐或有蓋容器，例如砂鍋或是有蓋的炒菜鍋。冷燻是較緩慢、複雜的過程，需要先燻製，且在較低的溫度發生（大約在攝氏三十度以下）。在這過程中，食物雖然會接觸到煙，卻會保持在未加熱的狀態。在英國，冷燻通常是用來燻鮭魚，這種歷來高檔的食物口感與滋味備受喜愛。

理查．庫克（Richard Cook）是出生在格洛斯特郡的農夫之子，對他來說，煙燻魚不僅可保存食物，也是當地重要的生活方式。他小時候就曾協助父親，在附近的塞文河

（Severn）捕撈鰻魚，那時他對魚類的喜好已經勝過家畜與家禽。一九八九年，年紀輕輕的他在父母家後面的老舊牛棚成立煙燻事業。庫克說話總是深思熟慮，相當慎重，以濃濃的格洛斯特腔調訴說他如何開始購買本地的鮭魚，學習煙燻。「我燒壞了最早蓋的幾間煙燻室，」他笑道，如今，庫克創立的塞文與威河（Severn & Wye）是知名的煙燻食品坊，燻鮭魚等產品是英國頂級餐廳主廚的最愛。

「保存食物的關鍵，是留住食物最好的狀態，」庫克直視著我說道。庫克有多愛魚——從他興沖沖細數新一季的海鱒和最好吃的鰻魚年份那神情看得出來。同樣重要的是，醃製與冷燻肉時有許多因素要考量：大小、重量、脂肪含量都很重要。魚要肥，但不能太肥，否則無法成功吸收鹽分。在英國，我們通常會吃長條的燻鮭魚薄片，這是從魚身側橫切下來的，而不是直直下刀。這得靠像塞文與威河等燻鮭魚坊發揮技術，保留魚肉的扎實質地。庫克解釋：「燻鮭魚時要能切成二點六到二點八公釐厚的產品。如果魚太肥又沒有調和，就很難切片。」

說到煙燻做法，庫克的個人偏好在自家產品上展露無遺：這是「煙燻鮭魚，」他強調煙燻二字。我買了一包回家裡品嚐，發現質地明顯比超市買的更乾爽，風味更濃郁、有煙味，平衡得恰到好處，是具有深度的好滋味。這間煙燻坊是靠著諸多因素的變化，做出豐富多樣的產品，例如所使用的鹽量、風味劑、醃製時間、醃煙燻期間與溫度。比方說，蒔蘿醃鮭魚（gravlax）這項產品，就是把鹽和糖處理過的鮭魚，放在煙燻室，但沒有跟真正的燃煙接觸。

在塞文與威河煙燻作坊，煙燻是依照古法進行。不過有些「假煙燻」產品，是透過液體或粉末，快速做出「煙燻」產品。庫克咧嘴笑說，美國甚至有煙燻室連煙囪都沒有。另一種取巧做法是把鹽水注入魚肉，而不是抹鹽曬乾，但這樣做出的產品比較濕潤，重量也較重，報酬率反而較高。相反地，塞文與威河投入相當多時間在煙燻產品，在煙燻之後還花五天的時間熟成。「若是少了熟成時間，做出的燻鮭魚味道太『生』（green），缺乏深度」。在醃製過程中，鹽發揮滲透作用，滲入魚肉需要時間，煙燻味進入魚肉裡也是。「這兩個過程都將受惠於滲透作用，」庫克說，「從滲透作用的觀點來看，時間不能省。」正如乳酪和吊掛肉，產品熟成後重量會減輕，影響利潤。

塞文與威河的煙燻工坊是個鬧哄哄的地方，員工辛勤工作，每天處理好幾千筆訂單，把新鮮的鮭魚、鯖魚、鯡魚變成煙燻魚。煙燻鮭魚是勞力密集度很高的工作，首先要處理巨大木棧板上一個個二十公斤裝的保麗龍箱，裡頭有來自蘇格蘭、挪威與法羅群島已去除內臟的鮮魚。第一階段是要洗去魚身上的黏液，切掉魚頭。送來的魚頭尚未切除，是因為這是新鮮度的重要指標，能看出魚眼明亮、魚鰓鮮紅。我目不轉睛看著整條鮭魚被送進切魚機，先除去背鰭，而魚脊椎兩邊的魚排會被也切下來。魚排之後會沿著傳送帶前進，作業員會繼續切割，再讓接下來的機器除去細骨。魚在生產線前進時，魚排的形狀會整理得更乾淨。為了快速處理，生產線末端的人會先把魚稍微塞進鹽堆再取出，使之看起來像結霜，之後再把魚排到架子上。接下來，這些魚會靜置在冷卻鹽漬房乾燥幾小時。房間的推車上是處於不同階段的鮭魚排，看得出魚肉確實已失去水分。

煙燻工坊的核心是煙燻室——煙的香氣瀰漫在整個工作空間。這裡使用的木柴含有水分，這樣才能緩慢燃燒，不產生嗆鼻煙味。在我造訪時，最大的煙燻室大門敞開了一會兒，這裡可容納兩台裝了魚的推車，我也趁機一瞥裡頭的滾滾煙雲。一旦經過煙燻，外層會形成保護性的金色薄膜，之後煙燻鮭魚就會靜置熟成幾天。接下來，魚會依照訂單來切片處理。切片房相當吵雜，裡頭工人操作隆隆作響的機械與刀刃，靈巧地除去晶亮的金色薄膜，露出底下橘粉鮭魚肉。切魚機的刀刃平滑有效率地沿著魚側身切去，切出均勻肉片。不同的醃製品會需要不同的煙燻時間，這從魚的表面就看得出來；醃製法會使魚皮呈現出深淺不一的金色。塞文與威河在服務客戶時，很重視處理訂單與出貨的效率。如果某位主廚在晚上十一點下訂，只要有庫存，隔天早上六點就會送到餐廳。

近幾十年來養殖漁業興起，過去漁獲交易的季節性不再顯著。但從庫克的說法來看，他依然認為取得與煙燻野生鮭魚時，季節因素很重要。對塞文與威河來說，為了確保魚貨供應的質與量，如何取得貨源很傷腦筋，雖然我感覺得到庫克滿喜歡接受挑戰。鯖魚季在九月展開，而我在八月造訪時，正巧遇見他們忙著和有海洋管理委員會（MSC）認證的鯖魚供應商洽談，提及魚的大小與脂肪，庫克說這樣才能在適當時機「馬上動工」。庫克剛開始踏入煙燻這一行時，野生鮭魚季比現在要長得多。而鮭魚季縮短，也導致鮭魚存量驟減。以前鮭魚季從二月展開，延續到八月底；如今要到六月才開始。為了全年提供煙燻鮭魚，塞文與威河曾把野生鮭魚冷凍起來。庫克坦白說自己很不喜歡把鮭魚冷凍起來又解凍：「這樣會破壞細胞結構，魚肉變得像海綿一樣，鹽分吸取得很快。」為了品質考量，他決定只在當季供應鮭魚。「這回歸到我的初衷：保存食物最好的狀態。我們今年首度不販售非當季的鮭魚，」他堅決地說，「主廚應該只供應當季野生鮭，我們也會支持。這樣能保護我們小小的英國」。

冷卻科技

數千年前，人類已知道把容易腐敗的食物放在寒冷之處，能延長保存時間，避免腐敗。蒸發冷卻是一種已經有數千年歷史的冷卻法：把水放在有孔洞且無上釉的陶器，這麼一來，蒸發的水會冷卻容器與剩下的水。人類會收集並儲存大自然中的冰，用來冷卻飲食，另外也會尋找陰涼處之存放食物，例如把容易腐壞的珍貴奶油放在深井周圍的洞穴內。過去酪農場多位於較涼爽的地區，例如在英國鄉下氣派的莊園附近，這些地方在炎炎夏日氣溫也明顯偏涼。酪農場經過刻意選址，並利用大理石等石材建造出陰涼的環境。在冰箱出現之前，一般家庭會把易腐敗的食物放在食物儲存間。食物儲存間通常是位於住宅的北面或東面，盡量避免陽光照射。食物儲存間（larder）是源自於古法文的「*lardier*」，意思是存放肉的地方，而古法文又是從拉丁文的「*lardum*」轉變而來，意思是豬油與醃製豬肉。

如今，冰箱已是家庭的尋常配備。根據二〇一五年歐睿市調公司（Euromonitor）的調查，全球有四分之三的家庭都擁有冰箱。我們常認為，牛奶、鮮魚、禽肉、肉類與綠葉蔬菜等食物可以保存好幾天沒什麼大不了，但冷藏科技在人類歷史上是相對新近的發明。十九世紀，歐美都曾進行過重要研究，設法藉由壓縮與吸收的過程，創造出人造冷藏環境。多數家用冰箱是使用蒸氣壓縮系統，營造冰冷環境。這種系統會利用壓力突然下降，讓液態冷媒變成氣體，在過程中變得非常冷。這氣體會被打入封閉空間（也就是冰箱），吸收掉該空間內容物的熱，使之變涼。這時已變熱的氣體會被打到外面，並再經過壓縮，變為液體，釋放出熱。液體一蒸發，又會被變回冷的氣體，打入冰箱，如此不斷循環。將食物和飲料放在低溫環境，可阻礙細菌滋生繁殖，減緩腐敗過程。基於食品安全，冰箱裡的溫度會保持在攝氏五度以下（會導致食物中毒的李斯特菌〔listeria〕，在攝氏八度的滋生速度是五度環境中的兩倍。）

冷卻系統原本很昂貴，幾乎只有航運業者和肉品公司會使用。到了二十世紀，家庭冰箱興起，從美國開始普及。克耳文內特（Kelvinator）與通用汽車等業者在二十世紀的最初二十年投入生產。起初家用冰箱是奢侈品，但是到一九三〇年代，造型簡潔、隱藏壓縮機的冰箱出現，且價格持續下滑，因此家用冰箱便快速普及。

近年來，這種家家戶戶都少不了的家電出現不少科技創新。現在的冰箱已有果菜箱，可調整濕度，讓蔬果類的食物維持水分，在良好的狀況下保存更久。有些冰箱現在有過濾器，能吸收乙烯（成熟植物所釋放的氣體，會加速熟化過程），避免食物過快成熟。急速冷卻的功能也出現了，一瓶白酒不多久就能快速冰涼。「彈性溫度區」讓食物與飲料可各自放在理想的收藏溫度，延長在冰箱的保存期限。舉例而言，一般冰箱對乳酪而言太乾冷，若能在冰箱的某一區塊控制濕度，想必是乳酪愛好者的一大福音。現在冰箱也能連上網——「智慧」冰箱已開始商業化生產。廠商最常提起的連線新功能，就是透過掃描技術，通知使用者哪些食物已過期，使用者能透過設定，讓冰箱自動向食品商店下訂單補貨，永遠不必擔心沒牛奶喝。三星最近推出的智慧冰箱「Family Hub Fridge」，門上有超大的觸控螢幕。在這處處監控的時代，Family Hub 加裝攝影機，使用者可「即時」監控冰箱內容物。就算我們不在家，也可透過智慧型手機監控冰箱裡的東西，適時上網訂貨補充，請店家送貨。然而冷藏科技究竟會減少或增加食物浪費，尚有待觀察。

保存期限

數個世紀以來，人類憑藉感官，判斷食材的新鮮度。在食品包裝技術發展起來之後，食物生產者於是有機會提供消費者一些資訊：品名、產地、營養價值、保存與使用建議。在英國，食物標籤上還會有日期。如今，我們似乎不再相信自己有能力靠著視覺、味覺、嗅覺來判斷食物是否安全，反倒仰賴包裝資訊。在英國，「貨架期限」（display until）通常是供店家參考，不是提供給消費者的資訊。「最佳賞味期」（best before）則是給予品質上的建議，是指食物在那個日期之後仍可安全食用，只是生產者認為滋味不若先前。「有效期限」（use by）則是用在易腐壞的食物，例如新鮮的肉品或牛奶，這是基於食物安全考量，表示食物應在這個日期之前食用。研究發現，許多人經常混淆這些日期的意義，尤其是「最佳賞味期」與「有效期限」，因而導致不必要的食物浪費。英國的「廢棄物與資源行動計畫」（WRAP，亦為「打包」之意）是一項為了對抗食物浪費而發起的慈善行動，該組織估計，一般家庭的食物約有五分之一最後會進入垃圾桶，但多半是白白浪費的食材。該組織呼籲，包裝上應該有更清楚一致的資訊，並加上「冷凍日」，鼓勵民眾在這期限之後把食物冷凍起來，供日後食用。

在美國，消費者約有百分之二十一的食物購買後最終未食用，食品包裝上的日期更是複雜。「除了嬰兒配方奶外，其他食物標籤上的日期並沒有相關的法令架構，」達娜・岡德斯（Dana Gunders）說。她是自然資源守護協會（Natural Resources Defense Council）的資深科學家，也是《零浪費廚房指南》（*The Waste-Free Kitchen Handbook*）的作者。「許多州有自己的法令，且差異很大。」舉例來說，蒙大拿州規定牛乳必須印上銷售期限，即巴斯德殺菌法之後的十二天，但其他州多半是殺菌後的二十一到二十八天。由於缺乏法規，食物生產者遂依照己意行事，各說各話，造成消費者混淆。「許多消費者並不瞭解日期的意義，但如果沒有標準定義，又該從何瞭解？許多人看日期標示，就把食物扔了，以為吃了不安全」。岡德斯認為，解決方式需要多管齊下，教育大眾、讓民眾更有效率購買、烹煮與食用。「看看食物占生活預算比例較高的國家，消費者遠遠不那麼浪費」。顯然，她的組織很樂見全國性的立法。「諷刺的是，我們至少希望能像英國一樣！」。

在全球人口增加的情況下，食物浪費是個龐大而重要的議題。飲食記者喬安娜・布里特曼（Joanna Blythman）在食品包裝日期這個議題上頭腦很清楚：「除非我們停止聽從超市建議我們吃什麼、何時吃，否則垃圾桶仍會不斷爆滿。」

齋戒與饗宴

人類固然著迷飲食，卻也同樣投入拒絕任何飲食的齋戒。飲食是生存所必需，而拒絕飲食一段時間，長久以來被視為有精神上的意義。無論是佛教、基督教、印度教、猶太教或伊斯蘭，世界上許多主要宗教都有齋戒。嚴格來說，齋戒表示不吃不喝，但這個字後來則包括禁絕某些食物。在基督教中，齋戒日只是不吃肉。「嘉年華」（carnival）這個字是源自於中世紀的拉丁文「*carn*」，意思是肉；而「*levare*」則是「大啖」，意思是在禁止吃肉期間前的慶典。在基督教的曆法中，「肥胖星期二」（Mardi Gras）是在聖灰星期三（Ash Wednesday）前一天，而聖灰星期三是為期四十天的大齋期首日，紀念耶穌基督在沙漠中禁食四十天。在所有文化中，幾乎都見得到飲食模式與風俗受到延續千百年的宗教禁食與饗宴模式影響。以鹽漬鱈魚為例，這和新鮮鱈魚不同，是便於收藏的食物，在基督教的齋戒日是重要食物，在天主教國家依然很普遍。雖然今天英國社會已比過去世俗化程度高出許多，仍見得到齋戒習俗的影響，例如「週五吃魚日」的觀念依然盛行，或是在大齋期即將開始的懺悔星期二（Shrove Tuesday）製作豐盛的鬆餅。此外，我們每天一整晚沒吃東西，隔天早上中斷這禁食（fast）狀態的一餐就叫做「breakfast」（早餐）。

不過，禁食也有政治面向。以絕食作為抗議手段自古以來就存在，在梵文史詩的《羅摩衍那》（*Ramayana*）就曾經出現過。二十世紀曾運用絕食來當作政治武器者包括英國婦女參政運動者、愛爾蘭共和派及古巴異議份子。印度獨立運動領導者聖雄甘地（Mahatma Gandhi）是「真理永恆」（satyagraha，一種非暴力的公民不服從之舉）先鋒，也以絕食行動對英國政府造成極大的道德壓力。日復一日拒絕讓身體獲得養分，以促成目的或抗議不公不義，是威力很大的做法。

雖然缺乏食物會使身體不舒服，但也有人為健康因素而禁食，認為這樣能有效清理身體，讓心靈澄淨。當代小說家珍妮特・溫特森（Jeanette Winterson）曾在德國診所進行十一天的自願斷食療法，聲稱會帶給她「幸福感與心靈的寧靜」。近年來在西方國家，斷食與節食和減重有關。二〇一三年，麥克・莫斯里醫師（Dr Michael Mosley）與咪咪・史賓賽（Mimi Spencer）出版《奇效 5:2 輕斷食》（*The Fast Diet*）一書，提倡「5:2」的飲食方式，也就是五天正常飲食，兩天輕斷食的間歇性斷食法（但他提倡減少熱量攝取，而非完全不吃），目的正如書籍封面所言：「減重、保持健康、延年益壽。」在這本書中，莫斯里解釋在斷食時身體會發生何種情況。這時身體會產生「自噬」（autophagy）過程，分解老舊細胞與促進再生。有證據顯示，短期斷食可促發新細胞生長，使免疫系統恢復活力。在斷食期間，身體會消耗葡萄糖、接下來消耗肝醣，之後開始燃脂，而肝臟會從脂肪酸中產生酮體（一種富含能量的化合物），取代葡萄糖，成為大腦的能量來源。莫斯里醫師從研究中得到結論，認為間接性斷食可讓身體進入修復模式，對健康大有益處。這本書推出之後相當轟動，引來許多媒體對於斷食概念的矚目。現今肥胖已是世界上的嚴重問題，這也為自願斷食、減少攝取食物的古老觀念注入新活力。

在伊斯蘭的齋戒月（Ramadan），世界各地的信徒從早上到傍晚都不吃東西。巴基斯坦飲食作家蘇瑪雅．烏斯曼尼（Sumaya Usmani）與我分享了她在巴基坦成長過程關於齋戒月的回憶。她解釋，齋戒有很深的道德色彩。每當人們不吃東西，就會暴躁易怒。「因此我學到，齋戒時就是學習自我控制；飢餓時是身為人類的考驗」。不僅如此，沒食物吃正好是個機會，珍惜自己的幸運，並且同理挨餓的人。烏斯曼尼認為，思索為何齋戒，是齋戒月很重要的一環。在齋戒月，每天傍晚開始進食，這時首先會吃個椰棗，之後吃許多點心與飲料，提供許多能量。在巴基斯坦北部會吃罕薩杏桃湯，而烏斯曼尼位於南方的故鄉則是喝以玫瑰糖漿、水和羅勒籽製成的飲料。「啜第一口時真是覺得那是世上最美味的東西，」她笑道，「根本是瓊漿玉液」。等齋戒月過了一半，到了第十五天，人們會為開齋節（Eid）開始做準備，那是代表齋戒月結束的宗教假日。烏斯曼尼的母親會事先準備特殊的食物，裝入冰箱，其他人開始添購新衣，準備在開齋節穿上。開齋節那天祈禱之後，全家人會整天到長輩家中問候。烏斯曼尼愉快回憶道，那是全家團聚的時光，大家會吃東西慶祝。「到別人家時，會有好吃的東西：細麵甜湯（sevian，一般多拼為「*seviyan*」，是把當地細麵或細粉絲加入奶類中，並灑上果乾等配料，做成冰涼甜品。有些版本較為濃稠，類似米布丁）、炸扁豆麵團、蛋糕、糕點。之後則是和家人一起享用開齋午餐或晚餐，享用豐盛菜色，例如印度香飯或烤羊肉。從早吃到晚，不能拒絕。」

值得注意的是，宗教齋戒期結束之後總會舉辦饗宴，與先前什麼都不能吃的期間對比之下，豐盛程度更顯得彌足珍貴。在漫漫歷史中，以宴飲來慶祝特殊場合是人類社會中相當普遍的情況，舉凡宗教節慶、國家重要場合、私人的紀念日都會聚餐。而這些值得紀念的場合中，食物必須特別。饗宴上的菜色除了食材奢華、料理需要技術之外，準備與烹飪起來也特別耗時。饗宴的菜色必須很特殊，例如西西里作家塞佩．迪．蘭佩杜薩（Giuseppe di Lampedusa，*1896—1957*）在小說《豹》（*The Leopard*）裡面，就曾描述在薩利納親王的晚宴上端出的通心粉餡餅：

除了良好禮儀，那幾大盤的通心粉引起連聲驚嘆。其外皮是焦黃的金色，糖與肉桂飄出香氣，預示刀子切下外皮時將釋放出何等美味；首先是濃濃的香料芬芳，接下來是雞肝、水煮蛋，火腿切片、雞肉與松露，悉數與熱騰騰閃亮亮的通心粉混合，而肉汁賦予細緻的鹿皮色調。

在世界各地，特殊場合的料理格外費時費工。哈利姆（Haleem）是巴基斯坦慶典上的傳統菜色，是用羊肉、大麥、扁豆與小麥芽製成。要製作好吃的哈利姆需燉煮幾個小時，讓肉裡的蛋白質分解，風味融合，呈現濃郁柔和的口感。「它看起來不起眼，」烏斯曼尼承認，「但非常營養。在巴基斯坦，許多節慶會把食物分給窮人。哈利姆是一鍋到底的料理，很適合分送別人」。在巴基斯坦的婚宴上，她要端出美味的印度香飯、燉羊膝（nihari）與米布丁：「有這些菜色才代表你很在乎賓客，願意花好幾個小時為他們準備食物。」

長久以來，宴飲就是皇室習俗的重要環節。走一趟泰晤士河畔里奇蒙的漢普敦宮，便可見識歐洲現存最大的文藝復興時期廚房，能感受到為都鐸時期宮廷備餐有多麼大費周章。漢普敦宮是亨利八世從沃爾西樞機主教（Cardinal Wolsey，指托馬斯．沃爾西〔*Thomas Wolsey*，約 *1473—1530*〕，亨利八世的重要大臣與約克樞機主教，晚年時，亨利八世指派他去說服羅馬教廷准許離婚，卻未能成功，在返國途中病故）手中取得的，在一七三七年之前皆為皇室行宮。亨利八世下令擴建宮殿，富麗堂皇的程度無與倫比——廚房面積於是大幅增加，當時占去一樓的三分之一，食物製作與儲存空間就占了逾五十間房間。「這些都是龐大的廚房，」歷史皇家宮殿組織的飲食歷史學家梅東威爾說，「今天看起很大，但過去更大，至少有十九個部門在此工作，說是大型飯店的廚房也不為過」。

料裡皇宮膳食所需動員的人數非常龐大，這廚房每天要供應四百到六百人一天的兩頓熟食，因此如何組織規畫就相當重要。一組「綠衣職員」（Greencloth）擔綱這不算輕鬆的任務：訂食物、監督食物送達宮殿，並與廚師擬定菜單。要把這些生食材變成熟食，得靠不同部門負責特定項目。糕點在糕點部門製作，而肉在煮肉房烹煮，這裡的巨大銅鍋可裝得下三百公升的水。我參觀漢普敦宮廚房區的行程是從中庭開始，梅東威爾說：「妳站的地方叫『轉彎圈』。」生食材以貨車送抵此處，在此卸下之後會送到不同的儲藏室。庭院與走廊構成的複合空間，核心就是壯觀的大廚房。這裡有龐大、天花板挑高的房間，廚師把肉小心放在巨爐上善加燒烤。接下來，食物會送進美輪美奐的大廳（Great Hall），供應給宮廷裡地位夠高、可來此用膳的成員。地位更高的人則可到隔壁裝飾更華美的美景廳（Great Watching Chamber），享用更奢華的菜色。

廚房裡的耗時廚事裡，糖品地位崇高。在漢普敦宮，糖與甜點師傅的工作地點位於糕點屋上方，這裡有他們需要的溫暖乾燥環境。在都鐸時代，糖是昂貴的奢侈品，用來製作當時所稱的「精緻甜食」（Subtleties），也是用來展示財富與能力的華麗細膩之作。「我最喜歡的描述，是一艘以糖打造的船，船上有金色風帆放在銀色水銀上，像在銀色海洋上航行，」梅東威爾興沖沖地說，「等司儀給予信號，他們會點燃引信，發射砲彈。那才叫盛宴！」。

在宮廷，連「日常」餐點亦令人大開眼界：新鮮的肉在火上烤，還有農夫在蔽蔭或溫暖環境種出的非當季蔬果；當然少不了異國的奇特食材，例如從遙遠國度進口的薑、肉桂與天堂椒。宮廷盛宴精緻隆重，是展現權力與財富的特別場合。「皇宮桌上的菜色之多，根本吃不完，」梅東威爾說，「但這就是皇家餐點的重點。剩下的會分送給窮人，代表君王最後做出慈善之舉」。

一五二〇年，亨利八世與法國國王法蘭索瓦一世在加萊（Calais）附近的金衣之地（Field of the Cloth of Gold）會面，從相關紀錄中可得知這場合的宴飲與娛樂。這裡設有完整的皇家廚房：麵包烤爐、烤肉區與水煮房一應俱全。盛宴相當豪華，兩位國王彼此較勁。亨利八世為了這場盛事帶來大批魚貨，不乏罕見貨色，包括九千一百條鰈魚、七百條糯鰻、七千八百三十六條沙鮻、三隻鼠海豚，還有一隻新鮮鱘。四十八天的旅程所花費的伙食費超過八千英鎊，在當時是天文數字。宮廷的炫耀性消費，是當時重要的經濟活動。

冷肉的製作技巧

鹽漬、發酵、風乾與煙燻，都是過去用來轉變或保存肉品的方式，也說明了人類為避免浪費食物，多麼善於變通。世界各地有五花八門的肉類製品，例如中國的風乾臘腸、南非加香料醃製的比爾通肉乾（biltong），或是以葛縷子調味的波蘭香腸（kabanosy）。

在歐洲，豬能快速增重、富含脂肪，在冷肉中向來扮演要角，法國人尤為個中高手，有豐富多樣的冷肉製品。豬過去多在秋天宰殺，大部分成為的接下來幾個寒冷月份中的食物來源。冷肉（charcuterie）這個字衍生自法文的「char cuit」，意思是「煮過的肉」，後來泛指熟的與生的豬肉製品，也指販售這類肉品的商家。「在法國的每個小鎮，或在都蘭、勃艮第或法蘭西島等較富庶的地區，都有一家以上的冷肉舖，」飲食作家葛里森在一九六七年寫道，並提到這些店舖主要是販售豬肉製品（也販售其他產品），有的可以馬上吃，有的需進一步烹煮。如今英國的「冷肉舖」專賣醃肉品，例如義大利香腸，雖然這個詞過去包括新鮮與保久類肉品。冷肉通常被視為珍饈，高價格反映出製作所需要的技術與時間。走一趟熟食店，會發現櫃上販售的多是冷肉：帕瑪火腿、熟的約克火腿、塞拉諾火腿、肝醬、肉醬、西班牙香腸……英國和法國或義大利不同，缺乏悠久的冷肉傳統，但過去二十年來掀起「英國冷肉革命」。在英國各地冷肉生產者如雨後春筍般出現，紛紛推出冷肉產品，不僅有豬肉製品，還有牛肉、羊肉、鹿肉與山羊肉。產品中有傳統菜色，例如血腸、義大利培根、煙燻肉，也有新奇食材，例如以鴨肉、豬肉和四川花椒做成的香腸，或是黑刺李琴酒風味的肉抹醬。英國冷肉廠商坎諾氏（Cannon and Cannon）估計，二〇一〇年的英國冷肉製造者僅約十九家，如今數量已超過兩百家。在這背景下，坎諾氏除了批發、市場攤販與線上商店，還在二〇一七年於倫敦開設一間英國冷肉酒館「納普」（Nape）。

夏庫提爾公司（Charcutier Ltd）的伊爾圖德・里爾・鄧斯福（Illtud Lyr Dunsford）與妻子莉塞兒・泰勒（Liesel Taylor）在威爾斯的牧場上，將傳統與創新融入冷肉製作中。我想和他們聊聊。鄧斯福與周圍鄉村環境有深深的聯繫，家族歷代務農（包括他自己），在關德雷斯谷（Gwendraeth Valley）的土地已世居三百年。他在成長過程中，曾與祖母和母親一同製作香腸、黑布丁（血腸）和培根之類的簡單冷肉。他懷念每年宰一頭豬做冷肉的時光，那時鄰居與親友都會來幫忙，是聯絡感情的好機會。這經驗影響了夏庫提爾公司的產品及製作方式。為了向傳統致敬，豬隻在九月到隔年四月之間屠宰，內臟產品（例如以碎肉和內臟做成的香腸〔faggot〕）只在較冷的月份製作。夫妻倆在旅行與研究中，發現各地都有的冷肉，例如歐洲就有德國油煎香腸、義大利香腸與鹽漬豬背脂。對鄧斯福來說，一隻豬的屠體讓他有機會做出新鮮肉品，例如當天現宰的肉品就做成香腸；也可以做需要花許多時間的醃肉。

他們製作肉品的過程，從豬隻飼養開始就一絲不苟。他們養的是本土的白色垂耳威爾斯豬。「養威爾斯豬，」鄧斯福告訴我，「是因為這種豬在這裡的自然環境下演化了好幾代」。為了讓肉達到理想的脂肪酸含量，供日後製作出好的冷肉，鄧斯福會確保農場的自家豬及買來的豬都是吃不含大豆與基因改造產品的特定飲食。他們在製作肉品時都使用較大的豬，至少有九十公斤，這樣才能提供他們所需的肉。這包含三種豬：九個月大的豬；

十三、十四個月大、生過一胎的母豬；及通常已超過四歲的母豬。「豬越老，品質越好，」他強調，「風味、色澤與發育方式通通比較好」。起初，他們會買較老的豬來製作義大利腸，後來發現這樣的豬風味好，因此所有的產品都用老的豬來做。

鄧斯福解釋，製作優質的義大利香腸很費工，例如肩肉就需要除去肌腱、結締組織、骨頭、皮、軟脂肪、腺體，只留下肉與脂肪。他們以傳統做法製作的義大利香腸要先發酵大約一週，之後在溫濕度恆定的房間熟成；當成點心的義大利香腸在這個過程需要耗時三、四個星期，如果直徑更大的香腸則需要六個月的時間。最便宜的工業生產義大利香腸是利用了酸味劑「葡萄糖酸內酯」（glucono delta-lactone，歐盟食品添加物編號 E575）及加熱處理，這樣可縮短到只要二十四小時即完成。

夏庫提爾公司的暢銷產品之一是乾醃黑豬頸培根，靈感來自古老的布拉登漢（Bradenham）醃製火腿，做法可追溯回一七八一年。為製作這種培根，豬肉要先鹽漬，並以糖蜜、糖與香草調味（「是我們製做過程中加了最多亂七八糟東西的產品，」鄧斯福笑道。）鹽醃七天之後，再乾燥一星期。他們經典的乾醃培根以鹽醃製了七到十天，之後乾燥七到二十一天。在談話時，我漸漸明白這過程有多講究時間。長時間乾燥對培根製程而言很重要——「水分流失，風味會更濃縮，凸顯出『豬肉味』」。多數工廠製作的培根在二十四小時內生產，這過程中會在豬肉裡注入鹽水，之後以真空滾筒處理，軟化纖維，並把整塊肉的鹽水壓出。這種質地軟而鬆的培根在鍋子裡煎的時候會滲出液體，讓肉在水分中燉煮，而不是煎；但是好好乾燥醃製的培根肉片會酥脆可口，脂肪變成深金色。

鄧斯福與泰勒花最多時間製作的產品，是以家傳做法，留給自家人吃的鄉村火腿。首先，豬腿要先用鹽巴醃個幾天，天數端視於肉的大小而定。之後要洗鹽、晾乾、吊掛與熟成約九個月。鄧斯福說，這種火腿在法國、北歐與美國南方各州通常會煮過才吃，「也可以生吃，但不會有和西班牙或義大利風乾火腿一樣的細緻口感，」他告訴我，夏庫提爾公司起初打算在英國製作風乾火腿，但是要動用的資源與時間相當龐大。「某天我發現，如果我們要從小豬仔開始，到能製作風乾火腿販售，需要整整七年！」不過，鄧斯福仍熱衷於冷肉的科學，繼續努力追求這理想，準備以小心的研究、實驗與時間，完成夢想。「製作風乾火腿不難，不過要做出很好吃的風乾火腿可不容易。要達到那種水準我們可能還需要五到十年的時間，」他豁達地說。

發酵

許多我們愛吃的食物都少不了發酵過程：乳酪、麵包、巧克力、醬油、橄欖、啤酒、葡萄酒……不勝枚舉。香檳的氣泡來自發酵，義大利香腸到香草（vanilla）的獨特風味也都來自發酵。發酵是透過酵母、細菌或黴菌等微生物作用所產生的化學變化。以運用乳酸桿菌發酵的食物來說，乳酸桿菌會吃糖，產生乳酸。優格或克菲爾發酵乳獨特的酸味，就是來自乳酸。酒精發酵時，酵母菌也會吃糖，釋放出酒精與二氧化碳。發酵需要時間。

人類製作發酵食物與飲料已有數千年歷史。從考古證據來看，早在新石器時代，人類就會製作類似啤酒的飲料。當時是用自然存在於空氣中的野生酵母菌株，進行「自然發酵」（wild fermentation）或是「自發性發酵」（spontaneous fermentation）。長久以來，許多料理過程都會應用到發酵。發酵不僅可以幫助容易腐敗的食物保存，還能促進消化，提升風味、口感與營養價值。過去許多珍饈為了發酵，需要漫長時間製作。亞洲長時間發酵的食物包括韓國泡菜、中國普洱茶、日本柴魚片（將鰹魚乾燥發酵，製作高湯能產生鮮美滋味）。德國酸菜是東歐料理重要的食材，是以發酵的鹽漬包心菜製成。瑞典鹽醃鯡魚（*surströmming*）是相當刺鼻的發酵食物。如今的鹽醃鯡魚多為罐頭，在罐頭中發酵六個月到一年，而過程中的氣體會膨脹，使得罐頭變鼓。能加速發酵的因素之一是溫暖。熱帶國家傳統上會使用發酵了幾個小時的麵糊，享用得天獨厚的氣候所帶來的發酵效果。印度酥脆的多薩餅（dosai）、柔軟的蒸米漿糕（idli），以及衣索比亞獨特、質地像絨布一樣的因傑拉餅（injera）都是例子，酸的口感很能吸引味蕾。

雖然運用發酵來改善食物的做法由來已久，但諸如罐頭、冷藏與冷凍等較新的食物保存法，已使得人們在自家中漸漸不再製作發酵食物。山鐸．卡茲（Sandor Katz）是個瀟灑、能言善道的「發酵復興主義者」，以推廣在家製作發酵飲食為己任，盼能把這種樂趣重新引介給大家。他投入許時間談論與教授發酵技巧，鼓勵大家克服對細菌的恐懼。雖然發酵確實需要時間，但許多食物和飲料只需要觸發發酵過程，之後放在適當的環境下即可。不僅如此，發酵需要的時間得視製作的東西而定。「做優格不到四個小時就行了，」他說。「如果要做切達乳酪，就需要久一點」。和卡茲聊過之後，我覺得信心滿滿。至於如何運用發酵時間，他提倡要依照個人喜好，採用彈性而實際的做法。在俄羅斯，酸菜通常是發酵一個月到六週，但沒有硬性規定一定要這樣的時間。第一次嘗試發酵，卡茲通常會建議製作酸菜。他告訴大家，每隔幾天就嚐一下，然後壓實，過幾天再嚐嚐。「這樣才能熟悉可能出現的各種風味程度，」他說。「很多人喜歡發酵一個星期的滋味，而不是六個星期。如果你比較喜歡一星期的滋味，就沒必要等六星期！」。許多人生活忙碌，他說只要花十五分鐘把包心菜切一切，放進大罐子裡，之後好幾個星期都有營養美味的東西可吃，是很有效率的時間運用。「只是要等而已。你得先提早一點點開始做，想吃時才有得吃」。

我和卡茲聊過之後覺得受到鼓舞，想親自探索發酵的世界。我先從水克菲爾開始，這是用微生物菌叢做的益生菌水飲。首先，我在會自製克菲爾發酵乳的朋友介紹之下，上網訂購脫水的水克菲爾顆粒。製作過程原來相當快速簡單：先把糖與水混合，接著和顆粒一起加入大型容器（建議採用塑膠容器取代玻璃材質，這樣發酵活動過度時也比較安全）。我依照建議，加了檸檬片和果乾增加風味，之後就把這混合物靜置。理論上，菌叢開始吃糖之後，混合物就會開始發酵。

一天之後，我看了混合物一眼，發現有小小的氣泡浮到表面上；這代表生命力的小小跡象令我欣喜。過了四十八小時，轉變發生了：混合物變成淺金色、混濁且冒泡泡，周圍則是有圈薄薄的白色泡沫，還聞得到酸味。我把水克菲爾過濾後嚐了一口，感覺相當驚喜。那滋味酸酸甜甜，泡沫細緻，和可口可樂強行打入的泡沫有天壤之別。我做出來的飲料酸甜清新。

自己做克菲爾有省錢之樂，在花一次錢之後，顆粒可反覆使用。由於這些顆粒活力增加，因此製作水克菲爾的時間加速，隔天就能喝。我嘗試不同風味，發現加入檸檬片、薑及兩個無硫杏桃乾可做出深金色的飲料，還有杏桃的甜味與柑橘調性，是我最愛的組合。這些顆粒每天吸收養分，久了會長大。這也會影響到風味，會越來越快變得很酸，因此我學會多加點水，做出我想要的「酸度」。現在我每天早上的例行公事包括餵貓——牠總是沒耐性地來回踱步，急著要我把牠的盤子放下——之後幫花園餵鳥器加點飼料，接著濾出我的水克菲爾並補充。這些餵養的動作讓我覺得很滿足。

卡茲說，發酵食物與飲料的節奏是很值得享受的樂趣。他以製作康普茶（發酵茶飲）

為例，首先從康普菌母開始，接下來等十天；每隔十天加點糖，濾出舊康普茶，就有新鮮的康普茶可喝。生活會因為動手做愛吃的食物，出現新的規律。我告訴他，許多朋友會做酸種麵包、發酵康普茶或克菲爾；發酵食物很能吸引人動手做。卡茲認為，這後面蘊含著更廣泛的現象：「我認為，這代表人們想要滿足一種渴求：和自己吃的東西產生連結。」

不可或缺的鹽

鹽（氯化鈉）是人類生命所必須。人體需要鹽來傳遞神經衝動、讓細胞能正常運作，維持液體平衡。鹽在料理中也很重要。很久以前，人類就知道食物加鹽可以防腐，把容易腐敗的珍貴食物保存起來，供日後食用。鹽可以用來脫水，藉由滲透作用，把食物中的水分吸取出來，再將鹽分子置入其中——這對於防腐的特性來說很重要，因為導致腐敗的細菌一旦缺水，就無法滋生。世界各地都有以鹽保存的美食：義大利鯷魚、法國拜恩火腿、中國鹹鴨蛋。不僅如此，我們也喜歡鹽。人類舌頭上有感受鹹味的受體，鹽具有我們喜歡、渴望的鹹味。

鹽能做出有利於儲存與運送的食物。鹽漬鱈魚的精采歷史，便具體而微展現出這一點。鹽漬鱈魚是將新鮮鱈魚以鹽醃漬後乾燥，很耐保存，可送到全球各地，是歐洲天主教徒的重要食物，在齋戒時會吃。幾個世紀前，人們發現北美洲外海的淺灘有龐大的鱈魚漁場，於是把漁獲做成可以保存好幾個月的鹽漬鱈魚，送到世界各地，包括加勒比海和歐洲。在加勒比海地區，有不少菜色就是以鹽漬鱈魚為材料，例如牙買加的阿開木煮鹹魚（ackee）。葡萄牙人特別愛吃鹽漬鱈魚（bacalhau），甚至暱稱為「忠實朋友」（*fiel amigo*），將之應用到許多菜色之中。鱈魚在乾燥過程中，原本富含水分的柔軟魚肉會變堅硬，看起來類似木板，散發刺鼻的氣味，需以利刃或切割器才能切開。鹽漬鱈魚要能吃得先泡，使之重新得到水分，並去除過多鹽分。在料理鹽漬鱈魚時（例如「鹽漬鱈魚大雜燴」），需要浸泡魚肉好一段時間，視魚肉大小與厚度浸泡十二到二十四小時，且需換水四、五次確保新鮮。西班牙人也喜歡吃鹽漬鱈魚，在傳統市場的攤位上見得到特製大理石檯面，上面有淺凹盆，專用來浸泡鹽漬鱈魚，讓時間不夠的消費者能買預先泡好的魚，回家直接煮。要是買不到鹽漬鱈魚，也有食譜說明如何在家自製。這是相對快速簡便的料理過程：在冰箱冰四十八小時，去除魚的水分，就能得到刺激的鹹味。

鹽水漬這種調理方式也是需要花時間的程序。要先把食物浸泡在鹽水中，之後再烹煮。在美國，鹽水漬常用來做常見的熟食「鹽漬牛肉」，把牛腩在烹煮前先泡鹽水幾個小時。近年來，感恩節晚餐的火雞在烘烤前先泡幾個小時的鹽水，也成了常見做法。美國廚師與節目主持人克里斯・金貝爾（Chris Kimball）解釋，先泡鹽水的好處在於「可幫助蛋白質在烘烤過程中留住水分，憑藉鹽與肉汁而更具風味」。泡鹽水讓乾硬的火雞肉變得濕潤，成了風行全國的做法。（但這樣做也有缺點。金貝爾提醒，這可能讓肉「濕濕的」或是太鹹）。自己在家開伙的人可考慮「乾鹽漬」：把鹽抹在食材表面，靜置在冰箱隔夜或四十八小時，同樣可為烤雞的滋味加分。

鹽在數千年來都是用途廣泛的珍貴物質。鹽過去的商業價值，仍可從今天的「salary」（薪資）這個字看出。「salary」是源自於拉丁文的「sal」，意思就是鹽。人類加工鹽已有數千年歷史。在中國和羅馬尼亞等國家都有古老鹽場的考古證據。鹽的貿易對許多國家而言是經濟命脈，甚至有商路應運而生，例如羅馬的「鹽之路」（Via Salaria）。天然鹽有兩種形式，一種是地底下海水乾涸之後累積而成（鹽岩）；一種則是海的鹽水（海鹽）。從地底下採鹽是辛苦、危險的工作。波蘭奇景「維利奇卡鹽礦」（Wieliczka）是聯合國教科文組織的世界遺產，可讓人一探採鹽的辛勞。維利奇卡鹽礦的歷史可追溯回十三世紀，直到二〇〇七年仍在產鹽。這處寒冷的地下鹽礦宛如迷宮，採鹽工就在這陰暗危險的地方工作，而幾個世紀的時間，虔誠的採鹽工還在這裡鑿出教堂。如今這裡已成了一大觀光景點，每年有超過百萬人造訪，讚嘆隱藏在地底下的美景。聖金加教堂（Chapel of St Kinga）是長五十四公尺、寬十八公尺、高十二公尺的教堂，完全從鹽岩雕刻而成。如今，鹽岩多以水溶採礦法（solution mining）開採，亦即將水灌入豎井，進入地下深處累積的鹽，使鹽溶於水，之後將鹽水打到地表上，再用真空蒸發法使水蒸發。鹽水快速濃縮，做成小的立方結晶體，就是我們所知的顆粒鹽。人類食用的岩鹽經過精製，過程會添加抗結劑，避免鹽的結晶體凝結成塊。

古老的製鹽法是運用日曬等自然力量，使海水蒸發。走一趟西西里島古老的特拉帕尼鹽田（Trapani），很能引發思古幽情。當地人傳說，這裡的製鹽方式是腓尼基人引進的。這裡的潟湖區有淺而寧靜的天然海岸線，加上熱風與日曬，格外適合曬鹽。一一五四年，阿拉伯地理學家伊德里西即曾描述特拉帕尼鹽田。在燦爛的烈日照射下，淺淺的海水塘往地平線盡頭延伸，映照著晴朗無雲的碧空。這彷彿畫面停格的景象，反映出依年度循環的自然蒸發過程有多緩慢。海水在四月打入水池，之後在各個曬鹽區移動，最後來到結晶區，結晶鹽會在水面上形成白色的一層。從六月到九月，做好的鹽會以人工採集，堆成在陽光下閃閃發光的鹽丘，等待乾燥。之後壓碎、研磨並包裝。眾所珍愛的鹽之華（*fleur de sel*），就是從鹽盤蒸發的一種特殊產品。它有一層脆弱的結晶，是海水在靜止時形成的。採鹽者在這層脆弱結晶下沉之前，就已經小心以手採集。這樣做出的未精製鹽很脆弱易溶解，保留著海水的天然礦物質。

英國天氣不穩，無怪乎海鹽都在室內生產。一九九八年在威爾斯外海的安格爾西島

（Isle of Anglesey），艾莉森與大衛・李—威爾森（Alison and David Lea-Wilson）這對夫妻檔雄心勃勃，建立了新海鹽工廠「海藍盟」（Halen Môn）。「不誇張，我們起初就拿著平底鍋到海邊，裝了海水，放在瓦斯爐上煮。這樣做的鹽固然有點灰，但至少知道行得通！」艾莉森回憶道。夫妻倆從基本的第一步就耗費許多時間與精力，力圖讓製鹽過程更加完善，不斷尋找適當的形狀與質地。「難就難在形成正確的結晶。要形成結晶，會牽涉到濕度、溫度與鹽水濃度等因素，還有給予多少時間形成結晶」。海藍盟的製作過程是把海水打到岸邊，以沙子和碳過濾，再以真空煮沸。這過程做出的濃縮鹽水接下來就流入淺淺的開放「結晶槽」，以熱燈照射，讓更多水分蒸發。鹽水此時會開始形成結晶，而結晶越來越大、越來越重，遂沉到底部。到了下一層，表面就會有結晶形成。鹽結晶會取出，在鹽水中洗去部分碳酸鈣，否則會有石灰的口感，這麼一來就是海藍盟獨有的閃亮海鹽。從海水收集、乾燥到包裝的整個過程需要十一天。「大部分是很緩慢進行，」她說，「很費工，急也急不來」。他們悉心做出的鹽在飲食界廣獲行家肯定，知名主廚（例如布雷鎮〔Bray〕肥鴨餐廳的布魯門索）也是他們的顧客。我也是這家海鹽的愛用者。一名好友給了海藍盟的鹽，我裝在碗中，放在瓦斯爐旁，尖起的小小鹽堆形狀不規則，帶有海藍盟獨特的白色光芒。鹽是數個世紀以來備受珍視的神奇物質，很高興至今仍有人一絲不苟地製作。

週

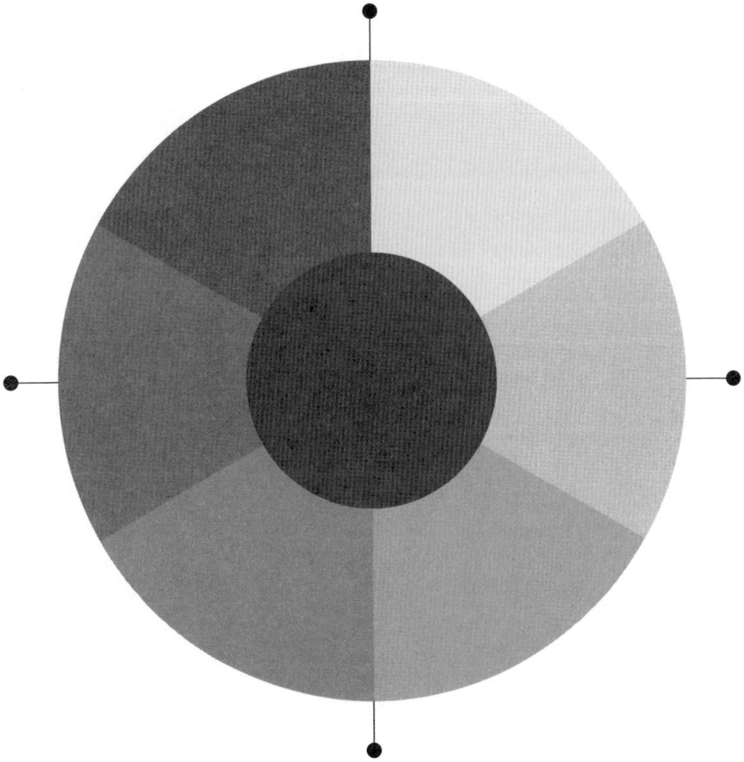

週

週

有些食物的生產過程是以週來計算，例如家禽的生命是以週齡計。許多美味乳酪的製作時間也以週為單位，不僅乳酪匠以七天為單位，專精於乳酪熟成的商人也不例外，他們透過洗浸等方式做出可口有趣的乳酪時，也是以週來計算時間。吊掛牛肉需要花上幾個星期，可明顯提升肉的口感與濃縮程度。精釀啤酒則與手作烘焙一樣，需要大量時間釀造，和工業化的快速釀啤酒形成對比。

製造乳酪

數千年來，人類懂得把珍貴營養的乳品加以轉化，使原本容易腐敗的液體，變成能儲存更久、利於運送與買賣的商品。一般認為，乳酪在五千年前的中東與中亞已有人製作，原因可能出自炎熱環境下自然發生的凝乳情況。乳酪和許多傳統保久食物一樣，原本源自不得已的實際目的，日後卻成了一種技藝。如今有了冷藏技術，人們不必急著把牛奶做成乳酪保存，卻持續製作與享用乳酪。近年在美國與澳洲等國，還掀起手工乳酪的風潮。

走進巴黎安多艾（Androuet）、東京費米耶（Fermier）、紐約的莫瑞乳酪（Murray's Cheese）、倫敦尼爾庭院乳酪舖（Neal's Yard Dairy）等世界知名的大型乳酪舖，便能目睹製作乳酪的世界多麼有活力。乳酪種類五花八門，各國有各國的特色。更有趣的是，無論是哪一種乳酪，材料都相同：生乳。人類製作了幾個世紀的乳酪，以許多方式做出各式風味與口感的乳酪，但基本上，乳酪皆是以凝乳劑（coagulant，例如傳統的動物凝乳酶），讓奶水凝結，去除奶中的液體蛋白質（稱為乳清），形成凝乳。乳清與所剩下的蛋白質可重新凝固，做成瑞可塔（ricotta，意為「再烹調」）之類的乳酪，但過去常用來餵豬。乳酪都是從這樣的起點開始製作，接下來，乳酪製作者可用不同方式，做出五花八門的乳酪。乳酪通常可分成幾大類：軟質、硬質、洗式、藍黴乳酪。製作者通常可運用以下幾種要素的變化，做出不同乳酪：凝乳濾乾壓製、菌叢、熱，最重要是時間長短。舉例來說，新鮮乳酪是簡單的軟乳酪，要把凝乳堆放在模型中，靠著本身的重量瀝乾，產生細緻潮濕的口感。軟乳酪在製作後的幾個小時或一天即可食用，尚未形成硬皮。因為水分仍多，務必趁新鮮吃，以免細菌在潮濕環境下開始滋生。若凝乳經加工壓製，把水分排出，則可做出較堅硬扎實的硬質乳酪。這種乳酪可能需要更長的熟成時間，產生堅果味、水果味、鮮味與酸味等各種細膩的風味。

有些乳酪需要較長的時間，發展出獨特的風味與質地，這時就得靠乳酪製造者發揮本事，為乳酪營造出最好的條件與環境。比方法國羅克福乾酪（Roquefort）或義大利古岡左拉（Gorgonzola）乳酪等藍紋乳酪，都需要幾個月促進藍黴生長，形成獨具特色的藍紋。藍黴乳酪不會壓製，只將凝乳鬆散放在模具中，刻意保持潮濕環境，使之產生藍紋。有些地方自古以來就會等到放了幾週後，將乳酪刺一刺，刺激藍黴生長。英國的斯提爾頓（Stilton）乳酪就是一例。

大型的硬質乳酪需投入相當多的資源與時間，製作時要先使用大量乳品，且得等好幾個月才能賣，可說是相當沉重的經濟負擔。例如製作一個美味的瑞士艾曼塔乳酪（Emmentaler），就需要一千公升的牛奶，因此過去是經由合作社型式來集結酪農，收集眾家生產的奶。乳酪要熟成得好，一開始就必須以正確方式製作。

時間在製作乳酪的過程中扮演複雜多樣的角色。傑米．蒙哥馬利（Jamie Montgomery）在英格蘭西南部索美塞特郡（Somerset）有一座農場，家族在此製作切達乳酪，傳到他是第三代。慢食協會認證的手工索美塞特切達乳酪製造者不多，蒙哥馬利是其中之一。他們以獨特的農家切達乳酪聞名，質地乾爽，富有鮮味，廣獲國內外行家好評。在蒙哥馬利的儲藏室裡，存放著大批費心製作的切達乳酪，這些乳酪要熟成數個月，每批都經過測試與徹底監控。「任何步驟都可能出錯，」蒙哥馬利笑了一聲，指出黑黴就是得小心防範的風險。

雖然蒙哥馬利製作的乳酪要幾個月才能吃，但每天仍保持一定的工作節奏，因為農場上的生乳每天都得做成乳酪，連聖誕節也不例外。乳酪的特色是來自加入的傳統乾酪菌元（starter culture）——這種微生物會啟動牛奶變成乳酪的過程。蒙哥馬利在製作舉世知名的切達乳酪時，另一個要防範的問題是噬菌體（bacteriophage）。這種病毒對人體無害，卻會攻擊牛奶中製造乳酸的細菌，阻礙酸的產生與發酵過程，導致乳酪製作失敗。為預防噬菌體滋生，蒙哥馬利會輪流使用不同的菌元。不過每一種菌元會稍微對乳酪造成不同的影響，這表示蒙哥馬利在一週當中特定的某一天製作的切達乳酪會具有獨特的風味。蒙哥馬利在試吃、品嚐與評估熟成九個月的切達乳酪時，那專注有效率的姿態，讓我見識到乳酪製作者在經過漫長的製作時間，對於自家存貨瞭解得多透徹。蒙哥馬利在試吃時，會尋找菌元這幾個月所發展出的某些特色。「那就像是有七個孩子，如果他們都照你預期的發展，就沒問題了……」有兩種菌元能產生特別好的風味。他在談到乳酪熟成表現時，彷彿像個疼愛孩子的人父。他試吃一批之後，臉上浮現淡淡的微笑。「這種菌元是靜靜坐在角落的孩子——不會演奏樂器，但這個月卻開竅了，」他滿意地說。

工業化的乳酪製造者會做出品質一致的乳酪。農家乳酪的製作者固然也設法維持一致，但會接受每批乳酪因為種種因素而出現的差異，例如乳品改變（產乳的動物是吃草或青貯飼料）、天氣、濕度。季節也有影響。羊乳酪向來在春天製造，因為羊在這時節會生小羊，有充分奶水。歐洲製造的高山乳酪（*Alpage*）就是一種傳統的優質季節性產品。每年夏季，法國與瑞士成群的乳牛上到阿爾卑斯山，在開滿花朵的蒼翠草原上吃草。這幾個月做出的高山乳酪都以帶有芬芳花香牛乳製作而馳名，例如蒲福乳酪（Beaufort Chalet d'Alpage）或格呂耶爾高山乳酪（Gruyère Alpage）。每批手工乳酪都不一樣，正是生產、熟成與販售乳酪的樂趣之一，也令愛好者陶醉其中。最好的乳酪舖會讓顧客試吃珍貴的存貨，知道購買前得先試吃很重要，即使這乳酪是他們所熟悉的種類、出自喜歡的製作者。向優良的乳酪舖購買乳酪是可以好好探索的經驗，能慢慢品嚐與討論，不必匆忙行事。

十九、二十世紀乳酪製作經歷了工業化，製作過程大幅加速。兩次世界大戰造成農場人力流失，以及二次大戰之後英國糧食部統一收購鮮乳，再再衝擊傳統的乳酪製作。

一九八二年，乳酪商人派翠克．朗斯（Patrick Rance，*1918—1999*）以重要著作《大英乳酪全書》（*The Great British Cheese Book*），吹起挽救英國乳酪傳統的號角。他慷慨陳詞，記錄這令人難過的現象：「一九四八年，柴郡自行生產乳酪的牧場有四十四座，但在一九三九年則有四百零五座；蘭開夏原本有兩百零二座，後來只剩二十九座。英格蘭西南部原有五百一十四座，至今僅存六十一座。」乳酪不再像過去幾個世紀以來由農家製作，而是改由工廠機械化代勞，通常是做成大塊（不會長出皮）再切片包裝，而不是一個個乳酪。在朗斯與尼爾庭院乳酪鋪創辦者藍道夫．霍吉森（Randolph Hodgson）的鼓吹之下，英國出現手工乳酪復興運動。許多人依循古法做出全新的創意乳酪，不少農家乳酪製造者也將傳統做法傳承下去。

葛蘭．柯克姆（Graham Kirkham）在蘭開夏有家族酪農場，他是第三代乳酪製造者，很小就會做蘭開夏乳酪。柯克姆說起話來風趣開朗，是個致力維護乳酪傳統的人。他使用的生乳是來自自家養的荷蘭牛（Friesian Holstein），乳品管理重質不重量。在製作乳酪時，他首先把前一晚的牛乳和當天早上擠的新鮮牛乳混合，在裡頭加點菌元，稍後再加入天然凝乳酶，讓牛奶凝結，「像個大牛奶凍」。為了釋放水分（乳清），他會用凝乳切割器，把凝乳手工切成十公分的立方體，這樣比乳酪切割機要溫和得多。溫暖的凝乳經過切割、移動並堆疊一個半小時，柯克姆解釋，這是為了讓凝乳發展出酸度、強度與彈性。之後凝乳會被撕成小塊，壓製並靜置隔夜，之後會再切割以瀝出水分。接下就是漫長繁瑣的過程，包括壓製、分解、切割與靜置、碾成小碎塊、加鹽。「我之所以這麼大費周章，」柯克姆淡淡地說，「是因為我們用的菌元很少很少」。製作時用的菌元越多，乳酪就會越酸，促使水分在菌元與牛乳反應時更快流失。但是酸會影響乳酪風味，因此柯克姆選擇較慢且費工的方式，除去凝乳中的乳清。

之後，柯克姆把三天前碾碎的凝乳放入模型。使用不同天數的凝乳，是傳統蘭開夏乳酪的特色。他指出，過去酪農某天所生產的凝乳在碾碎之後未必能填滿五十磅（二十二公斤）的模具，因此會使用兩、三天前做的凝乳。除了維持這項傳統，柯克姆如此混合凝乳也有好理由：「這樣絕對能提升風味。第三天的凝乳在質地、飽滿度與風味上都有變化，會更甘醇，富有堅果味。」相對地，他認為只以一天的凝乳所製作的蘭開郡乳酪吃起來「又乾又粉」。

凝乳之後會壓製一夜，形成傳統的輪筒狀，之後包紗布，再度壓製，乾燥兩天。接下來會用澄清奶油抹在紗布上，使之保持濕潤。乳酪就在柯克姆的農場上熟成，通常是熟成三、四個月。柯克姆花了好幾天製作乳酪，但工廠生產的蘭開夏乳酪只花幾個小時就把凝乳放進模具。他偏好三、四個月的熟成時間，經過這段時間之後，柯克姆的蘭開夏乳酪具有溫和的乳味，又有獨特的顆粒口感。雖然蘭開夏乳酪是硬乳酪，卻能以一根手指輕鬆分開，不必使用刀子。蘭開夏乳酪的製造可追溯回十三世紀，如今柯克姆以緩慢、細心與卓越的技術，以自家牛乳依循古法來製作乳酪，成為蘭開夏碩果僅存的手工生乳農家乳酪。

精釀啤酒

人類以發酵過的穀類釀製啤酒，已有數千年的歷史；從西元前三千年的蘇美泥板來看，當時已有啤酒釀製這件事。釀製啤酒的知識據信是從中東傳入歐洲。啤酒釀製蔚然成風，是因為北國天氣寒冷，葡萄生長不易，難以釀酒。羅馬歷史學家老普林尼（Pliny the Elder，西元二三－七九年）記錄道，撒克遜、凱爾特、北歐與日耳曼部落都喝啤酒。在哈德良長城（介於英格蘭北部與蘇格蘭之間）南邊的羅馬要塞「文德蘭達」（Vindolanda）所發現的木牘上，也提到啤酒。到了中世紀，啤酒已是相當普遍的飲品，原因不光是因為它是酒精性飲料。釀製啤酒時需將水煮沸，喝起來比較安全，加上富含碳水化合物，是熱量的重要來源，且可以安全存放，沒有腐敗的風險。早期的啤酒是用香草和香料調味，以蛇麻花（啤酒花）調味是後來才普及的。一六〇三年，英國通過法令，禁止在啤酒花中摻雜其他物質，而以啤酒花來釀製啤酒的做法也越來越受歡迎。到了十八、十九世紀，英國啤酒釀造出現創新技術，發展出波特啤酒（porter）、斯陶特啤酒（stout）與印度淡色艾爾（India Pale Ale，IPA）。

英國釀啤酒與喝啤酒的歷史相當悠久，商業大街上因而隨處可見酒館，但這卻曾在一九六〇年代面臨危機。區域性的小釀酒廠歷經收購與併購潮，最後剩下六大啤酒廠，其中最大者是巴斯查林頓（Bass Charrington），掌有全國半數以上的酒館。這些大型啤酒公司的目標是促銷量產啤酒，而非過去人們所喜愛的充滿風味、慢慢發酵的傳統啤酒。「真正的艾爾啤酒，」啤酒記者羅傑．普羅茲（Roger Protz）寫道，「和生命中的所有美好的事情一樣要慢工出細活。啤酒要放在酒館酒窖中的大酒桶完成，中間會經過二次發酵過程」。相較之下，工業生產的啤酒是經過過濾與殺菌的。裝在木桶裡的啤酒需要等至少二十四小時，讓啤酒沉澱、清澈。大啤酒廠的目標是生產可在酒館中立即享用的小桶裝啤酒，但是量產啤酒味道單一、氣泡多、缺乏風味，引起英國啤酒愛好者的反彈。一九七一年，真艾爾運動（Campaign for Real Ale）組織成立，致力於提倡傳統啤酒。這運動引來廣大迴響，一九七四年舉辦第一屆真艾爾啤酒節時，吸引了非常多人參加。真艾爾運動不斷提倡以傳統方式釀製與儲存啤酒，為日後的精釀啤酒的榮景奠定了基礎。

這十年來，英國啤酒愛好者積極投入保存傳統；無獨有偶，美國也掀起精釀啤酒運動。觸發美國精釀啤酒風潮的，是一九七八年通過法令，使自釀小批量啤酒供個人飲用合法化。美國啤酒界向來是大型工業化釀酒廠的天下，但是自釀啤酒可讓愛好者探索啤酒的可能性。由於民眾對啤酒的興趣越來越高，小型釀酒廠如雨後春筍般出現。一九七八年，美國的啤酒釀造廠只有四十二家，到二〇一二年已超過兩千七百五十家。精釀啤酒運動同樣促成英國的啤酒廠數量遽增。「實在令人興奮，」普羅茲喜形於色地說。「一九七二年的第一本《好啤酒指南》（*Good Beer Guide*）列出四十四家在營運的啤酒廠，如今全國有一千七百多家啤酒釀造廠」。

諾丁罕郡維爾貝克莊園（Welbeck Estate）位於恬靜的鄉村，座落此間的維爾貝克修道院啤酒廠（Welbeck Abbey Brewery）就是一間新的啤酒釀造廠。這間釀造廠成立於二〇一一年，總經理克萊兒・蒙克（Claire Monk）對於自家事業很自豪。「我們只使用發芽大麥、啤酒花、酵母與水。我們設下嚴格規範，不在啤酒中加入一丁點劣質品，」她理所當然地說。

蒙克在大學修習的是微生物學與生化學，和她一聊，便能明白她是以科學方式經營啤酒廠。啤酒的最終滋味與口感會受到許多因素影響。啤酒酵母把糖變成酒精與二氧化碳，對風味造成百分之二十的影響。不同的酵母會產生不同的啤酒風格。維爾貝克修道院啤酒廠主要生產傳統的真艾爾（real ale，指以傳統方式在木桶釀製陳年的啤酒）。蒙克愛喝這種啤酒，且這種酒有市場需求；「我們是在生產啤酒的歷史很久遠的古老莊園，這個地方再適合我們也不過了」。

真艾爾是在溫暖環境下發酵，用的是傳統英式的「頂層發酵酵母」（酵母主要在液體上方發揮作用），賦予啤酒獨特的風味樣貌。「啤酒裝到木桶後，只要加一點點頂層發酵酵母，即可持續發揮作用，做出有生命力的真艾爾」。相對地，拉格啤酒（lager）是在較冷的環境發酵，用的是底層發酵酵母，之後經過過濾或殺菌，因此最終產品已不具活性。維爾貝克修道院啤酒廠多數啤酒使用的，是蒙克和團隊一起滋養與照料的自家酵母。「在釀酒時，會得到比當初放進去更多的酵母。釀啤酒和烘焙不同。烘焙會殺死酵母，但釀酒時酵母會源源不絕繁殖，因此以前麵包店會開在釀酒廠隔壁。我們莊園的麵包店也常過來要酵母」。他們用來釀酒的水也是從自家莊園開鑿的洞汲出。

孟克說，他們使用的麥芽是綜合烘烤與結晶大麥芽，釀造時可使啤酒的風味有變化。結晶麥芽是指大麥經過加熱，裡頭自然存在的糖於是焦糖化。「就像在家裡製作焦糖，煮得越久，顏色越深。我可以買各種麥芽，有淺色結晶麥芽，味道像餅乾那樣甜甜的，也有顏色格外深的結晶麥芽，味道像焦的太妃糖」。

維爾貝克修道院製作真艾爾的過程通常需要五天。首先要煮麥汁（亦即浸泡麥芽所產生的含糖甜味液體）及整朵啤酒花（賦予獨特的苦味）。最後要加入啤酒花，賦予啤酒香氣，再靜置半小時，「像浸泡茶包！」。下一個階段是讓啤酒發酵，需要大約三天的時間，依照所釀製的啤酒強度而有所不同（會因發酵中的天然糖含量而各有差異）。為了釀造出一致的啤酒，這過程會嚴格控管在攝氏二十一點五度。如果發酵的溫度超過攝氏二十五度，會發生「詭妙」的事。「身為科學家，未知數與變因實在令我頭大。我們只能盡力控制」。釀造維爾貝克修道院的亨利葉塔啤酒（Henrietta）時，發酵過的啤酒會放到封閉的酒桶。這時會加入啤酒花，溫度會降低，靜置至一個星期來冷泡（dry-hopping）。「冷泡可讓啤酒花釋放出不同的滋味。我們在煮滾與冷泡時都使用味道細緻的德國啤酒花，完成後的啤酒風味很繁複，有花香、草香，喝起來清爽」。

真艾爾釀造之後就會裝進酒桶，靜置至少一個星期，這過程稱為熟成（conditioning）。這個重要階段可能在釀酒廠或酒館的酒窖進行。在這段期間，啤酒中的酵母會把糖變成二氧化碳。「這樣你在酒館喝啤酒時，味道才不會平板單調，雖然它不像拉格啤酒有那麼多氣泡。因為二氧化碳氣泡很小，啤酒的口感會更豐富」。蒙克告訴我，熟成之前的啤酒可能太苦，喝起來不順口。「熟成可調和苦味，轉化為甘醇味，也產生更好的質地與口感」。釀造者很重視和在乎品質、知道如何正確熟成的酒館主人合作。若最後階段不夠注意，先前的努力就會功虧一簣。

普羅茲對英國當前啤酒風潮很樂觀，不僅僅是因為釀酒廠數量大增，更因為釀出的啤酒種類琳琅滿目，新一代釀酒者展現無比創意。「回想一九七〇年代，釀造者只有兩種啤酒：淡味和苦味。但看看現在的選擇可多了，真正的印度淡色艾爾、波特啤酒與斯陶特也重返市場，以木桶熟成啤酒蔚然成風。啤酒製作與呈現的方式不同了，這樣很好。英美有些新的釀酒者打破疆界，以令人眼睛一亮的口味吸引年輕族群，這對於啤酒的未來而言非常重要」。

吊掛的必要

外頭春暖花開，但我後悔沒多加幾件保暖衣物。我站在名副其實的大型冷藏室，看著一排排吊掛的牛肉屠體。雖然肉就在眼前，我卻聞不到空氣中有絲毫腐敗、血腥或霉味，只有明顯的香氣，一點也不令人反胃，且讓我想到「鮮味」，讓我好想吃肉。

人類愛吃肉，不厭其煩以打獵或飼養等方式設法取得肉。但吃生肉有危險，因為生肉營養豐富，也是細菌的最愛，很容易導致食物中毒。歷史上有許多吃肉的禁忌是和寄生蟲感染等危機有關。人類殫精竭慮，確保所吃的肉能不因為時間，在自然情況下快速腐敗。裝罐頭、冷藏與冷凍都是為了確保能吃到安全的肉。在許多國家，從牲口屠宰到最後的肉品販售過程，都有仔細監控的冷凍冷藏供應鏈，以確保肉品的新鮮。不過，這處冷藏室卻是刻意讓肉從屠宰場到盤子的過程中暫停。這個地方是要讓能幹的屠宰者審慎控制腐敗的過程，讓肉變得柔軟美味。在這個吊掛著肉的空間裡有源源不絕的冷空氣循環，是改善口味與質感的傳統做法。

我環顧四周，「吊掛」之意明擺在我眼前。這些屠體確實是懸掛著，要在涼爽乾燥的環境下熟成個幾天。現在大家的用字越來越挑剔，因此這個過程也會用「乾式熟成」（dry ageing，美式用法）或熟成（maturing）來描述。吊掛肉是要讓肉保存在低溫環境，通常是氣候涼爽的國家較常使用；熱帶國家由於溫濕度高，肉容易腐敗，因此較少使用。吊掛肉的效果不錯，因為牲口一經過屠宰，肌肉酵素就會攻擊細胞分子，分解蛋白質，使之成為美味的胺基酸。這過程會釋放出美味的副產品，賦予熟成肉品獨特的鮮味。吊掛過程的酵素活動也會影響肉的質地，因為蛋白質會分解酵素結構，結締組織中的膠原會軟化，因此烹煮出來的肉會更軟嫩。此外，在這段期間肉會變乾，可確保在煮的時候口感更嫩。相反地，未經過吊掛的肉裡有水分，會延長烹煮過程，之後才溶出水分，造成口感乾澀。

要親自體驗肉吊掛後的風味與口感有何差異並不難。牛排向來是奢侈的肉塊，整頭牛的屠體只有幾塊是高檔的牛排肉塊。若在超市購買有紅粉色澤與白色脂肪的便宜牛排，吃起來恐怕不明白為何牛排稱得上美食。這種肉潮濕、質地類似海綿，嚼起來宛若皮革，明顯缺乏滋味；這種肉好一點是淡而無味，糟的話還會有討厭的酸味。相反地，向優良的肉販購買牛排雖然價格較高，卻能讓人明白為什麼牛排享有美食的美名。深色肉和黃色脂肪吃起來軟軟嫩嫩，又有嚼勁，水分不會太多。好的牛排味道豐富鮮美，入口後會感覺到深刻而原始的滿足感。兩者的差異顯而易見。向優良肉販購買的肉（尤其是牛肉）滋味好得多，原因之一在於肉販會先吊掛，提升肉的品質。

英國吊掛肉的歷史悠久，主要是牛肉（因為屠體的大小，可以掛好幾天）與野味。從維多利亞時代的肉舖照片中，可看出店內悉心鋪設大理石檯面，牆面鋪著磁磚，保持空間涼爽，而店內則以吊掛肉當成裝飾。但後來超市興起，成為民眾可以一站購足食物與肉的方便場所，導致大街上的肉舖遽減。只是肉舖減少之後，肉的吊掛技藝跟著失傳。肉的吊掛需要時間、專業設備、空間與技術。屠體在乾冷環境下會流失水分，在吊掛期間會減少百分之十到二十的重量。不僅如此，肉的表面乾了之後會發霉，需靠專業刀工切除，又會進一步失去重量。簡言之，肉的吊掛是有成本的。但是超市必須讓每份屠體的利潤最大化，因此出售的肉多半未經過吊掛。為迎合高端客層需求，有些超市會讓少部分肉塊熟成，這樣可以提供一些高價的肉（例如牛排），並在上面標上「乾式熟成三十天」。然而這種肉品上的「熟成」標示卻有取巧之嫌，因為那不是用吊掛或乾式熟成，多是採「濕式熟成」，亦即以塑膠膜把肉包起，熟成幾天或幾週。這種以塑膠包覆的方式確實能讓肉能留住水分，不會縮水，也有某種程度的酵素活動，使風味與質地提升，但遠不如傳統的乾式熟成。

布切里肉舖（The Butchery）的納森・米爾斯（Nathan Mills）是新生代年輕肉品

商，在英國競爭激烈的飲食界闖出了名號，顧客包括「乳品餐廳」（The Dairy）或佩特丘（Pitt Cue）餐廳裡才華洋溢的主廚——這些餐廳很重視品質、產地與本地食物。米爾斯也販售肉品給一般消費者。他販售的肉風味濃郁，尤以牛肉馳名，牛肉吊掛了五十五天，比一般頂多掛二十一天的肉販所花時間要長得多。怪的是，他家族販賣肉品已經三代了，而納森一來到英國，對這裡吊掛牛肉的方式詫異不已。「我來到史密斯菲德肉品市場（Smithfield），走到冷藏室，真是大開眼界！這裡的牛肉竟然長毛（發霉），那是不可能在澳洲出現的。畢竟文化不同，在這裡卻是行之有年的做法」。

我所在的龐大冷藏室是位於布切里肉品公司總部，設立在倫敦南部柏蒙德賽區的鐵路拱橋下方。米爾斯為了剛起步的事業投入兩萬英鎊，金額不容小覷，冷藏室裡的肉品也是相當可觀的投資。這座龐大的冷藏空間可讓人在裡面走動，他把買來的屠體在此吊掛起來，使肉達到他理想的熟成階段，增加價值。剛從屠宰場取得的新鮮屠體會放在房間最冷的一端，盡快降溫，接下來在不同熟成階段，會移到房間的其他區域。這時，肉會長出白色黴菌「蓋」。冷藏室不僅要冷，還設置轟隆隆的大型風扇，讓空氣流動。溫暖與潮濕是這裡的大敵，加上有三、四公噸的新鮮溫體肉必須盡快冷卻，因此溫度與溼度得時時監控——這裡循環的空氣為攝氏零下三度，也得經常檢測肉與屠體溫度，米爾斯希望較冷的區域是零度，最高是攝氏一度。

米爾斯認為，要提供優質的吊掛肉品，首先得到找優質屠體。他告訴我，熟成是無法改善劣質牛肉的。選擇正確的品種來吊掛很重要，他不透過史密斯菲德市場的第三方來買肉，而是直接向飼養本土稀有牛種的飼主購買。他向超過三十間牧場採購，以確保貨源充足。他解釋，選擇本土牛的理由在於這些肉「適合吊掛」，這過程會讓緩慢飼養的牛肉風味更具深度，也能讓肉質更軟。

如果和肉品商人聊吊掛牛肉屠體，肯定會很快聊到「外層脂肪」與「大理石油花」（分布在肉之間的脂肪）。為了達到良好的吊掛效果與產品品質，牛肉屠體需要良好的皮下脂肪「覆蓋層」。牛的外皮會剝除，供皮革產業使用，而剝皮過程關乎「屠體的成敗」。米爾斯指著一個吊掛的屠體上大大的撕裂痕。「那就不利於熟成過程；那裂痕本來應該有脂肪保護」。他憐愛地拍拍另一個屠體。「這就剝得很漂亮，保留了所有脂肪。這對我來說有好處，吊掛後的結果會很不錯」。

但脂肪太多也未必加分，因為消費者要吃的是肉，不是脂肪。本土牛吃的是英國草，必須經過「漫長緩慢」的飼育，米爾斯找的牛都是三十個月大的牛。若以穀類和青貯飼料加速增重，會導致牛增加脂肪，而不是長出肌肉（也就是肉）。相對地，現代歐陸品種的牛是靠著許多穀類和青貯飼料飼養，雖能快速增重，但不會長出太多脂肪，十八個月即可屠宰。不過，米爾斯認為飼養本土品種的牛需要較長的時間，會反映在較佳的風味中。他賣得最好的牛肉是德克特牛（Dexter），有顧客會專買這種牛肉。「這是行家吃的牛肉，熟成後風味很好，主廚會一試成主顧」。

米爾斯在製作乾式熟成牛肉的投入程度，實在令人佩服。他花時間取得本土牛肉、在吊掛期間毫不馬虎，最後以優秀的技巧切割肉品，銳利的刀鋒輕鬆俐落地劃過肉。我問，為什麼要花時間、力氣與金錢吊掛肉？「因為這樣的牛肉風味濃郁軟嫩」。他停頓一下又說：「基本上就像做高湯，減少了水分，風味就會強化。」

禽肉生產

以工業化集約養殖而成的雞肉很便宜，不難想見這些雞的生命多短暫。派柏斯農場（Pipers Farm）的雞農彼得．葛利格（Peter Greig）曾在父親的工業化養雞場任職，親眼目睹養雞業的變遷。「家父最初從美國引進工業化雞隻飼養時，會花五十八天的時間養出四磅重的雞。但直到他去世前，飼養時間已縮短到三十五天。如今養出四磅重的雞大約只要花二十八天。現在透過遺傳修正，時間不斷縮短，而飼養方式也讓整體養殖過程越來越快」。

彼得與妻子亨莉（Henri）在兒子出生之後，突然有了新想法。他們深知集約飼養的雞是在何種生活環境下掙扎，還需要定期施打多少抗生素才能存活——他們不想讓孩子吃這種雞肉。葛利格離開了父親的事業，與妻子在一九八九年，於德文郡附近的卡倫普頓（Cullompton）成立派柏斯農場，販售他們願意給自家孩子吃的禽肉與肉類。「多年來，我們的主顧多是年輕家庭，」葛利格回想，「許多人在當了父母的那一刻，開始會停下來思考自己到底都吃了些什麼」。

葛利格的雞是自家繁殖，三週半之後就在農場上方的山坡自由放養。戶外環境可讓雞隻接觸到紫外線，這很重要，能有助於雞自然而然強化免疫系統。這樣養出來的雞骨骼明顯較強壯堅硬，充滿有營養的骨髓，能做出富含膠質的好高湯。雞是在十二到十三週時屠宰（多數在密集飼養的室內養雞場是在三十五天宰殺，而自由放養雞多在十週時宰殺），之後採用乾式拔毛，再依照曾祖父流傳下來的方式吊掛約一週。「吊掛講究時間與溫度，」葛利格說，「如果天氣較涼，可能要吊掛十二天」。如今費工吊掛雞肉的做法已不常見，但葛利格認為，傳統的熟成過程才能發展出風味。「我們希望所有的肉都有口感，風味具有深度，能在味蕾縈繞」。

派柏斯農場剛成立的時候，背後理念可說相當激進，葛利格常覺得孤軍奮戰。如今，英國人注重良食的風氣激勵了葛利格。他神采飛揚告訴我，前幾天和亨莉在附近一間重新開張的蘋果酒廠，為六十人烹煮食物。「那感覺像在作夢。我記得三十年前曾看過法國農人坐在長桌邊，享用自家生產的飲食，吃了足足三個小時。來吃那頓飯的人是本地的食物生產者，他們尊重也享受這些食物。那頓飯像旅程中意義重大的里程碑。」

養雞場越來越集約，火雞養殖場也不例外。火雞是足供數人享用的大型家禽，早已取代鵝肉，成為英國人在耶誕節必不可少的菜色。火雞來自美國，在原產地也是節慶食物，是感恩節大餐中搶眼的重頭戲。雖然火雞在我們生活中扮演節慶食物角色，但火雞養殖業仍反映出工業化的性質。從一九六〇年代以後，現代商業化的火雞在飼養過程中，強調能在短時間內快速增重，生命週期也大幅縮短。在一九七〇年代，火雞有二十週的時間達到理想體重。但工業化的養殖火雞現在只需十週時間、長到五公斤（十一磅）就要送去屠宰。事實上，火雞雖在理想體重宰殺，但其身體其實還來不及成熟，未能發展出強壯的骨骼或累積足夠的脂肪，讓肉質軟嫩多汁。火雞屠宰之後就會快速處理，先在滾燙的熱水中泡一下，旋即送入拔毛機，除去鬆脫的羽毛，清掉內臟、洗淨冷藏。

自詡為「特立獨行」的保羅·凱利（Paul Kelly）是凱利青銅火雞場（Kelly Bronze Turkeys）的第三代掌門人，提倡另類的火雞養殖法。養殖火雞是家族代代相傳的事業；保羅的父親養殖白火雞，以乾式拔毛處理火雞，吊掛後再賣給肉販。但是在一九八〇年代早期，家族事業受到威脅。超市賣起便宜的新鮮火雞，肉舖跟著一間間關門大吉。保羅明白，唯一的競爭方式就是提供與眾不同的高檔火雞。青銅火雞是較傳統的品種，由於羽毛根較黑，在拔毛之後仍看得見，一般人認為不雅觀，因此較不受歡迎。保羅大膽復育此品種，並採自由放養。凱利青銅火雞的生命週期是六個月，宰殺之後採乾式拔毛，這過程能保持雞皮完整，可以吊掛，使火雞肉有更豐富的風味。若把凱利的青銅火雞和一般工業化養殖的火雞放在一起，便能看出明顯的身形差異。前者健壯苗條，不像後者有巨大雞胸。凱利青銅火雞的肉質緊實多汁，風味飽滿。

凱利勇敢地把家族事業帶往新方向。他還清楚記得，早期費盡千辛萬苦才找到願意進高檔火雞肉的肉舖，後來靠著深具影響力的飲食作家蒂莉亞・史密斯在暢銷書《聖誕節》（*Christmas*）食譜中力挺，才出現轉捩點，如今頂級主廚對凱利青銅火雞讚譽有加。凱利還在森林嘗試放養火雞，因為火雞原本的棲地就是在林中，而非火雞舍。我造訪他位於艾塞克斯郡的火雞場，有機會一睹林間放養的火雞。凱利和我靜靜站著等，幾分鐘後周圍就有一大群眼神明亮的漂亮火雞探頭探腦，可見他的飼養方式很成功。

向來喜愛挑戰的凱利，最新的計畫是進軍美國，最近在美國成立了火雞場。他說，美國火雞在飼養時「會盡量加速生長，但吃起來實在不怎麼樣。以前乾式拔毛稱為穿『紐約裝』，但現在全美國根本沒人採用乾式拔毛與吊掛火雞。因此，我要把穿『紐約裝』的火雞帶回美國」。

乳酪的熟成

手工乳酪需要「養」。乳酪做好之後，可不代表辛勞工作已經結束。塑膠包裝的量產塊狀乳酪很容易保存，但手工乳酪難度明顯高了許多。手工乳酪必須存放在適當的環境，好好照料到完成。法國人會以「熟成」（*affinage*）這個字代表乳酪成熟，意思是讓乳酪發展到最適合享用的時刻。之所以有這麼多專業乳酪商，正是因為精緻的乳酪需要有耐心、懂門道的照料。原本製作精良的乳酪在離開製作者之手後，也可能容易壞掉。若沒能好好照料，可能發生乾裂、出水、切面發霉與塑膠污染。但同樣地，有經驗的乳酪商可幫所出售的乳酪大大加分。乳酪商購買年輕的乳酪之後可能會進一步熟成，使之達到心目中最佳的風味與質地。要正確執行這過程，需要知識、注意力與耐心。手工乳酪的世界充滿變數，即使是出於同一個製作者，每批乳酪仍會受到諸多因素影響而有不同，例如產乳動物的飼料、生乳品質、製作與熟成時的天氣。好的乳酪商懂得欣賞差異，樂於處理變化多端的食物，而非製造千篇一律、毫無變化的東西。

走一趟波羅市場（Borough Market）旁的尼爾庭院乳酪旗艦店，會看到琳琅滿目的英國與愛爾蘭乳酪，加上親切友善的服務，實在令人印象深刻。但在這一切的背後，得靠著我們看不到的龐雜工作來支持。我在某個春日的清晨五點十五分，搭上第一班地鐵，稍微體會一下員工的辛勞。我和公司的採購者布蘭文・波希薇（Bronwen Percival）相約六點在波羅市場分店外見面，一同開車到英格蘭西南部，進行每月造訪切達乳酪製造者、挑選乳酪的例行差旅。定期訪視全國各地的乳酪製造者，是為了評估與挑選硬質乳酪，以及製作後需放幾個月才銷售的乳酪。波希薇與同事會把握這些好機會，和製作者一起監督乳酪的熟成進度。

我們的第一站是北凱德貝里的莊園農場（Manor Farm），傑米・蒙哥馬利就在這裡製作舉世聞名的切達乳酪。站在莊園農場偌大的陰涼儲藏間，我興味盎然看蒙哥馬利在一排排包著布的乳酪之間有條不紊地工作。他以乳酪探針取出切達乳酪中的核心部分，讓我們試吃。他和波希薇全心投入手邊的工作，評估乳酪，一絲不苟記錄下每批乳酪從上次品嚐後所發展出的情況。兩人稍微交流關於風味、口感、預期、可能發生情況的想法，過程深思熟慮。「這個鮮味迸發，」波希薇在某回試吃之後讚許道。能靠著品嚐年輕的硬質乳酪，預測幾個月後的發展，是需要經年累月才磨練得出來的能力，得不斷品嚐才能學會。波希薇回憶起當初如何和公司創辦人藍道夫・霍吉森一起挑選乳酪。他和傑米・蒙哥馬利品嚐一塊切達乳酪，預測這塊乳酪會很好吃，但波希薇卻不以為然。「藍道夫說，不，那塊乳酪還需要更長的時間，味道就會變圓潤。這乳酪現在很乾，吃起來沒有味道，沒什麼意思，但只要經過十或十二個月，會美味得不得了。我在筆記本上記下這一批，而等到販售時間來臨時，果然美味極了！」。波希薇的部分工作，是要把買來的切達乳酪分配到尼爾庭院乳酪舖的部門，思考該送零售、批發，或出口到美國。她在選擇時會考量到熟成的因素。熟成時間僅有十二到十三個月的乳酪會出口到美國，因為運送時間還需要四、五個星期，她預計送抵之後才會打開乳酪販售。熟成時間最久的乳酪（可達二十個月）則供店面銷售。波希薇以知識與經驗來分配乳酪，評估這些包著布的大型乳酪在接下來幾個月風味如何發展，以達到尼爾庭院乳酪舖尋求的理想標準。

尼爾庭院乳酪舖是把乳酪放在熟成室裡照料。熟成室位於倫敦東南邊的鐵道橋拱下，很有氣氛。乳酪先在此存放幾個星期之後，才在店鋪銷售；這段期間，乳酪會發生轉變。員工使用六個房間，每個房間有不同的溫濕度來影響乳酪發展，例如讓熟成時間短的軟乳酪（送來時可能熟成幾天到兩週）長出硬皮。我在清晨六點半抵達時，海飛茲農場乳品公司（Highfields Farm Dairy）的喬・班奈特（Joe Bennett）剛好一早從斯塔福郡（Staffordshire）開車過來，他每週會送一次軟質山羊乳酪，這時他正享用一杯咖啡，聊聊最近做的乳酪發展情況。班奈特說他定期造訪、取得回饋，這樣的合作模式很能幫助他提升乳酪品質。每週造訪一次，讓他有機會看看不同批乳酪在經過中間的幾天時間後，發展得如何，並提供有用的意見。

「製作軟乳酪必須在短時間密集投入工作。軟乳酪送進來和送出去之間的變化很大，很有意思，」莎拉．史都華（Sarah Stewart）熱情滿滿地告訴我。她帶領我參觀各個房間，每個房間環境不同，有的寒冷乾燥；有的溫暖潮濕。他們的任務是依照乳酪的種類，提供適當的環境與時間，促進正確的黴菌生長。班奈特送來四天前製作的因內斯乳酪（Innes Logs），會先送到乾燥室（攝氏十四度，濕度介於百分之六十到八十），靜置至少二十四小時脫水、穩定乳酪外皮，使之變得夠硬好處理。之後移到更溫暖潮濕的環境，促進乳酪外皮的白地黴生長。一旦白地黴生長好了，乳酪再移到更冷，稍微乾一點的房間（攝氏十度、濕度百分之九十），控制黴菌生長。等乳酪熟成二到四週就可以販售。在這段期間，白地黴會形成獨具特色的皺層。這種乳酪的外皮細緻，與乳酪融合得很好，深受乳酪愛好者喜愛。

莎拉和同事也努力在一些乳酪上培養亞麻短桿菌（Bacterium Linens），這會讓洗式乳酪長出皮，例如古比乳酪（Gubbeen）就有橘紅色澤具黏性的外皮、獨特的風味與香氣。乳酪在熟成室裡需要好幾個星期，耐心洗整個乳酪，才能使之轉變成洗式乳酪。在洗的過程中，會除去主要的白色青黴菌，產生不那麼酸的潮濕環境，讓亞麻短桿菌生長。我看著一批年輕的萊斯利（Riseley）羊奶酪，這時已變得堅硬容易拿，工作人員以鹽水擦拭。現在乳酪顏色變淺了，但再過四個星期定期洗，乳酪皮會變成粉橘色，屆時乳酪就能養出很鮮美的風味。斯提爾頓促進室的環境保持在攝氏十二到十三度，濕度為百分之九十六，這種環境也能刺激亞麻短桿菌生長。團隊使用的技巧是依照需求，在不同的房間採不同的溫度，加速或放緩乳酪的發展過程。比較冷的房間是用來當成過程中的「煞車」。會看情況，將乳酪只放在某一個房間，也可能在三、四個房間輪著放。史都華說，軟乳酪的優點在於，要是做出任何變動都能很快得到「回饋」（通常一天就能得知），不像硬質乳酪得等上幾週甚至幾個月。

員工時時刻刻都在照料乳酪、注意乳酪，這令我深深感動；養乳酪這份工作實在需要耐性。即使大型硬質乳酪只是存放在此（不是在此培養），也需要每週翻轉一次，保持水分均勻分布，避免沉在底部。史都華在巡視房間時安安靜靜，卻又明察秋毫，觀察有沒有不良的黴菌形成，例如名稱生動的「貓毛」黴菌。史都華顯然能從這持續且細膩的乳酪熟成週期中得到強烈的滿足感。「我週末回來之後，」她告訴我，「第一件事情就是巡視與品嚐一遍，這時會發現和上週五下班時改變很多。實在很有趣」。

在造訪了熟成室之後，我走大約二十分鐘左右的路，途中經過夏德塔（The Shard，英國最高建築物），最後來到波羅市場的尼爾庭院乳酪鋪。這是一處挑高的大型空間，店員人數不少，招呼著川流不息的客人。這裡販售的乳酪是經過熟成室處理，在最佳賞味期間販售。我看得見也嚐得到洗乳酪的員工付出耐心的成果：例如可口的聖朱德乳酪（St Jude）就放在洗式的版本聖賽拉乳酪（St Cera）旁邊。櫃檯上擺著柯克姆的農舍蘭開夏乳酪。這裡販售的不是常見的三個月熟成乳酪，而是熟成度更高的七個月乳酪。尼爾庭院乳酪舖嘗試讓這乳酪在波羅市場的門市裡熟成，我覺得有意思，兩種都買了一點。年輕的蘭開夏乳酪柔軟濕潤，有細膩的奶油風味。九個月的蘭開夏乳酪明顯較乾硬，雖然仍保留著傳統的顆粒感。熟成時間久的風味不同，有鹹的刺激味，又有甘美的尾韻在口中縈繞。兩種乳酪是不同熟成度的好範例——是吃得到的具體「熟成」範例，也是製作過程嚴謹的證明。

月

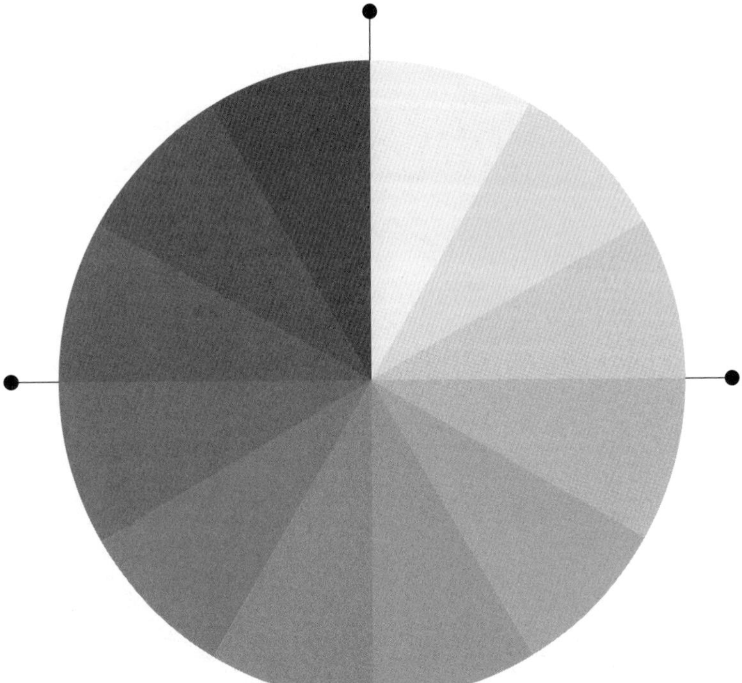

月

月

週，累積成月。我們把一年區分成月，以月為單位，安排生活。在溫帶氣候，週集結而成的月代表四時流轉：從白天短暫、陰暗的十二月與一月，轉變為日照漫長燦爛的六、七、八月。長久以來，不同月份就有不同的季節食物，例如冬天的柑橘，夏天甜美多汁的桃子與無花果，都是一年中僅某些時節才吃得到的。食物的季節性對人們來說，依然彌足珍貴。

在「月」這一章會特別談到保存，包括冷凍能安全保存食物好幾個月，及傳統中以脂肪來當防腐劑的菜餚，例如卡酥來砂鍋（cassoulet），或自古以來就把植物和香料浸泡在油中，萃取風味與有益健康的元素。願意花上數月製作食物的人不僅有耐性，也明白這些時間不會白費。

蜂蜜的滋味

蜂蜜人見人愛，是天然的濃縮花蜜，數千年來是很受珍視的甜味來源。伊娃・克萊恩（Eva Crane，*1912—2007*，英國蜜蜂專家）對蜂蜜的考古很有研究，曾精采記錄下蜂蜜的歷史，說明人類對蜂蜜的喜好有多深。一幅據信是中石器時代（約西元前一萬年到五千年）的知名洞穴繪畫顯示，人類會從野生蜂群中收集蜂蜜；這幅畫是公認最早描繪人與蜜蜂的紀錄。蘇美泥板與古埃及皆有蜂蜜的文字紀錄。蜂蜜是帶有神祕色彩的食物，有益健康、可食用，亦可治療傷口。從美食觀點來看，蜂蜜的滋味與顏色相當多樣，與蜜蜂所採蜜的花有關；所以，蜂蜜也因為能展現風土條件而備受重視。蜂蜜的防腐功效亦廣為流傳，最常聽到一種不斷流傳的知名說法是：據說從古埃及墳墓挖出的蜂蜜，在經過數個世紀之後依然可食用。

當然，蜂蜜是蜜蜂的食物來源，而非為了供給人類。不過，蜂蜜的魅力難擋，足智多謀的人類在數千年前就開始養蜂，設立「蜂場」，以方便採集蜜蜂生產的珍貴甜味劑。儘管天然蜂巢多存在於中空樹幹間，結構相當複雜，但如今養蜂人卻能打造出直線架構、貌不驚人的蜂巢，供蜜蜂使用。這麼一來，人在取蜜的過程中就不必犧牲寶貴的蜜蜂。今天走一趟超市，可買到來自世界各地、五花八門的蜂蜜，導致我們忘了蜂蜜其實是特別的食物。蜂蜜已經放在方便的包裝裡，用湯匙即可舀出一勺；食用蜂蜜這麼容易，掩蓋了蜜蜂製蜜過程的辛勞。

我在六月去了一趟倫敦市中心的攝政公園，在那裡瞭解到蜜蜂有多麼奇妙。那是個天氣好的夏日，我走在優雅的林蔭大道，經過悉心呵護的花壇，到內圓環附近。我要與布萊恩·麥考倫（Brian McCallum）見面——攝政公園蜂蜜（Regent Park Honey）公司的養蜂人。這間公司是二〇〇五年由托比·梅森（Toby Mason）成立，響應「城市蜂蜜運動」。運動人士在倫敦市中心設立蜂巢，部分蜂巢位於福南梅森百貨或泰德美術館（Tate Gallery）等地標，善加利用城市的公園與花園，當作蜜蜂的資源。

麥考倫實事求是、為人樸實，在工坊和我聊天時，對蜜蜂的迷戀與尊敬表露無遺。他生動且清晰說明蜂巢或蜂窩的運作，稱之為活生生的有機體。蜂巢在冬天有一萬隻蜜蜂，到了春天會增加到兩萬隻，夏天可高達四萬隻。蜂窩裡的蜜蜂數量起伏，恰好反映蜂蜜的年度循環。「蜂巢有其他昆蟲所缺乏的現象——冬天仍活著。能撐得過冬天，是因為蜂巢儲存著蜂蜜：提供蜜蜂碳水化合物的能量」。植物需要蜜蜂等有翅類昆蟲來授粉繁殖，因此會生產花蜜，引誘昆蟲。工蜂萃取花朵中的花蜜，儲存到體內的蜜囊，使之接觸酵素，幫助花蜜轉變成蜂蜜，帶回蜂窩。從花蜜轉變成的蜂蜜會收藏起來，這樣就算冬季嚴寒不宜出巢，且花蜜太少而難以收集之時，就有資源可供蜜蜂過冬。在蜂巢的社會結構中，飛出蜂巢收集食物的皆為工蜂。「工蜂會飛很長的距離，辛苦工作一輩子，然後死去。每隻工蜂都有里程數，可飛約八百公里，之後就會死了。工蜂喜歡就近採蜜，但其實可以飛一到三公里遠」。為了取代已死去的工蜂，蜂巢會源源不絕再生，女王蜂在春天時每天會產一、兩千個卵。在溫帶國家，日照時間延長與溫度提高，會觸動蜂蜜生產的年度循環。等冬天離去，氣溫達到攝氏十二度，第一批工蜂就會出動。

我看見一個蜂箱框架，裡面是由小小的六角形蜂房構成的整齊網格。蜂房是蜜蜂製造的蜂蠟所構成，當作育嬰與儲存花粉與花蜜的空間。麥考倫告訴我，要把稀如水狀的花蜜變成蜂蜜需要時間：蜜蜂會讓花蜜靜置一兩個月，使水分蒸發，並搧動翅膀促成這過程，直到含水量降至約百分之十九，這時蜜蜂就會以蜂蠟封住蜂房。麥考倫會在八月時，收集蜜蜂在夏季月份辛苦製作的蜂蜜，但他會確定蜂巢裡有足夠的蜂蜜，供蜂群過冬。

我穿上從頭包到腳的採蜜裝，臉上罩著細網，戴上乳膠手套——像準備探索新世界的深海潛水者——要和麥考倫一起去看看蜂巢。蜂巢藏在公園林蔭濃密的寧靜角落，周圍有長長的草和蕁麻，輕柔起伏的嗡嗚不斷傳來。工蜂持續在蜂巢進進出出，可清楚看到有些歸來的蜜蜂裝滿花粉。麥考倫小心打開其中一個蜂巢，抽出一個框架，看起來真奇妙：布滿蠟的蜂巢上是密密麻麻的深色小蜜蜂在爬行，宛若一層會動的厚毯子。「蜜蜂喜歡聚集，彼此碰觸，知道彼此有聯繫」。即使我們這兩個人類入侵，蜜蜂仍一派平靜。「牠們是溫和的蜜蜂，」麥考倫憐愛地說。牠們繼續執行分配的任務，即使被帶出蜂巢仍不為所動。我強烈感受到蜜蜂和寓言故事說的一樣勤做工。「牠們都有事要做，」他同意地附和道。麥考倫指著蜂房裡儲存的花蜜，蜜蜂會等花蜜乾一點再封起。他說，今年春天異常冷，影響蜂蜜生產；在條件較好的年度，蜜會比較多。他說，攝政公園主要的蜜源是會開花的樹木。即將開花的萊姆樹尤其重要。

我向麥考倫道別之後，走進內圓環，穿過優雅的黑色與金色鍛鐵大門，來到公園中央的瑪麗王后花園（Queen Mary's Garden），這是知名的玫瑰園。整齊的花壇上種植著繽紛的玫瑰叢，有細膩的淡粉紅色，也有深深的朱紅色。我仔細看玫瑰花壇，卻發現少了什麼——沒有蜜蜂的蹤影。我起初覺得疑惑，後來想起麥考倫的話。對授粉者而言，有重瓣的花朵（例如玫瑰）很難取得花粉。牠們比較喜歡花瓣敞開的花，「像小孩畫的那種花」。我在玫瑰園邊緣，發現攀藤蔓性玫瑰垂掛，那是花瓣敞開的白玫瑰。我過去仔細瞧瞧。果然，不出幾分鐘就看見好幾隻深色小蜜蜂在花間飛舞。我以新奇的眼光看著牠們鑽進花朵中央，靈巧移動，毫不停歇從一朵花飛向另一朵。麥考倫告訴我，在夏天，工蜂的生命僅有二十天。我看著牠們飛走時，心想牠們還剩下多少天生命可活？不過，我倒是慶幸攝政公園不僅是倫敦人的綠洲，也是蜜蜂的庇護所，尤其是在現今蜜蜂面臨害蟲與疾病等重重挑戰的時候。

我回到家，打開麥考倫給我的一小瓶攝政公園蜂蜜。那蜂蜜呈現淡淡的金色，散發著獨特香氣。我看著蜂蜜，想起蜜蜂為製造這蜂蜜花了多少時間與力氣，不禁感到驚奇。雖然顏色淺，但風味卻比我預期得要濃郁——毫不甜膩，卻芬芳撲鼻，長長的餘韻在舌上徘徊不去。我明白，這像菩提花香水——那是我最愛的香氣，也是夏天的滋味。

脂肪的保存能力

脂肪也是長久以來備受重視的食物。人類不僅保存脂肪，也依賴脂肪的防腐特性。考古證據顯示，人類早在數千年前就懂得從奶中取得奶油。不過，奶油很容易腐敗，在炎熱的氣候尤其如此。印度人會做澄清奶油（無水奶油），把奶油裡的水分煮乾，移除奶中的固體。這種做法能延長奶油的壽命，在八千年前就有文字記載。這樣做出的澄清奶油稱為酥油（*ghee*），可將保存期限從幾天延長為數個月。由於牛在印度教是神聖的，因此酥油有吉祥之意，可在廟宇供奉，《吠陀經》（*Veda*）稱之為「食物中最基本、最重要的一種」。在印度料理中，酥油可幫助諸多料理增添豐富的口感，例如豆泥糊、大餅與甜點。在其他地區，則經常使用另一種的烹飪脂肪——豬油。從豬脂肪提取的豬油過去曾廣為使用，如今在墨西哥與東歐仍是常見的烹飪油。在匈牙利，豬油相當重要，脂肪占比高的曼加利察豬（Mangalitsa）因此是養來榨豬油，而不是提供豬肉。動物脂肪（尤其是豬油）在冷肉中扮演了重要的角色，無論是新鮮香腸或熟肉抹醬，都需要用油脂來增加風味與口感。義大利的豬油膏（*lardo*）是用豬背部的油脂製成的冷肉，本身就是一種美食。托斯卡尼的可羅納塔醃漬豬油膏（*lardo di colonnata*）尤其受到推崇，做法千年來沒有改變：阿普安阿爾卑斯山（Apuan Alps）科羅納塔村（Colonnata）的居民，會以大理石容器用鹽巴和香草醃製豬油膏幾個月。這樣做出亮白色的豬油膏通常會切得很薄來吃，其滋味鹹香鮮美，帶著獨特、奢華、入口即化的質地。

脂肪也可用來保存食物。英國人會使用脂肪來製作裝罐食物，在肉與乳酪上會放一層奶油，這種做法可追溯至中世紀的派。若能正確製作，加上糖與香料的運用，這麼做食物便可安全保存好幾週。從松雞到七鰓鰻等諸多食材過去皆以這種方式製作，但今天只有奶油漬蝦仍保持這種傳統。位在蘭開夏的莫克姆灣（Morecambe Bay），一八八〇年成立的巴克斯特公司（Baxters）是間家族事業，在當地捕捉小褐蝦，自豪地延續著這種傳統，並在融化奶油中加入綜合香料祕方，連英國皇室也是忠實顧客。同樣在法國，脂肪是製作佳餚時不可或缺的部分，尤其是「油封」（confit）料理。這個字源自於「*confire*」，意思是「保存」，油封菜色與法國西南部關係最深。油封是很方便的做法，是用肉類或家禽本身的豐富油脂來烹煮，因此常用到的選項是豬肉、鴨肉及鵝肉。做出來的佳餚柔軟豐富，熱食或冷吃皆宜，常和白腰豆一起做成「卡酥來砂鍋」。做這道菜時要先將食材初步鹽漬，接下來則是以小火慢慢烹煮脂肪中的食材。油封表示肉之後要存放，通常是置於陶鍋（*toupins*）中，以油密封，放在涼爽陰暗之處。

以前人認為油脂是珍貴實用的食材，近年來卻被和不健康畫上等號。奶油和豬油在西方社會的廚房裡不再受到青睞，大家改以植物性油脂來替代，例如乳瑪琳，或者葵花油、橄欖油。這也影響牲口的飼養，尤其以豬最為明顯。過去的豬是越重越好，但如今英美等國養豬時會希望豬瘦一點。於是豬吃的食物出現變化，例如改採用大豆，但這樣會影響剩下的脂肪品質，使之缺乏保存能力。不過，脂肪現在又鹹魚翻身。新的證據顯示，過去被妖魔化的動物性脂肪（例如奶油）其實有益健康。在英國，由於冷肉供應商日益增多，他們需要脂肪質量均佳的動物，才能做出優良的義式香腸或培根。眼光獨到的獨立肉舖與顧客出現，他們偏好風味濃郁、緩慢生長的本土牲畜肉品，脂肪的存在不再是禁忌。近年來，民眾喜歡吃豬腹肉（即「五花肉」）——在YouTube上可以找到超過三百萬筆食譜——恰好能證明這一點。澳洲主廚與飲食作家珍妮佛·麥克拉根（Jennifer McLagan）在二〇〇八年的得獎著作《脂肪》（*Fat*）中，即大力提倡她所稱「遭到誤解的食材」，並提供以脂肪為基礎的食譜，包括卡酥來、食用油脂與法式肉醬。這本書的獻辭寫得很直白：「獻給所有的傑克·斯普萊特（Jack Sprat，英國童謠中不吃肥肉的人）——你們錯了！」

浸漬

五月某個晴朗的日子，我散步回來，提著滿滿一袋如蕾絲般細緻的乳白色接骨木花，獨特的麝香從袋子裡飄出。我開始動手刨檸檬皮、切檸檬片，把糖和水煮成糖漿。剛煮好的糖漿澆在接骨木花與檸檬片上，使花朵萎凋。冷卻後，我蓋上蓋子，靜置一夜浸泡。隔天，糖漿已經出現淡淡的蜂蜜金色及花香。我把糖漿過濾裝瓶，準備將接骨木花釀送給親友。

「浸漬」（steeping）這個字讓我想起中世紀修道院的蒸餾室，以及那平和的寂靜感。我們每天在泡一壺茶或使用咖啡壺時，就是在浸漬——把茶葉或咖啡粉泡在水中幾分鐘，讓水有味道與特色。不過，有些古老做法需要浸漬得更久，或許是幾天、幾週與幾個月，而不是幾分鐘就完成，例如世界各地的草藥。

我到薩賽克斯郡的雷威斯（Lewes），拜訪現代藥草醫生麥克．伊斯泰德（Michael Isted），發現藥草醫學依然講究浸泡。和最傳統的藥房一樣，他面前的桌子擺著許多大玻璃瓶，裡面裝著葉、花、根所調製而成的神祕之物。不過伊斯泰德是個外表乾淨的年輕男子，和刻板印象中蓄著灰白長鬍鬚的老藥草醫生不同。「和我初次見面的人總說，他們以為會見到一個年長許多的人，」伊斯泰德笑道。他原本在飲料界任職，工作是製作調酒用的風味糖漿與烈酒。那時，他就深深愛上藥草的世界，因此先學習營養學，之後再改行當藥草醫生。他固然從中藥古籍、印度阿育吠陀，及波斯學者阿維森納（Avicenna，約*980—1307*年，中世紀波斯醫學家）的著作中得到啟發，卻以自己的方式來從事新工作。他結合經驗、知識及不可或缺的味蕾，製作草本飲料，有些含酒精，有些沒有，但都含有強大的植化素（phytochemical，植物中的化學物質，具有保健或預防疾病的功效），值得好好享用。在這次造訪過程中，我嘗試了好幾種他調製的飲料，不僅有發酵綠茶與蜂蜜做成的可口飲品，也有加了香料的薑黃，是一些滋味複雜強烈、令人難忘的調製品。

伊斯泰德告訴我各種不同的浸漬技巧，我才明白這個過程多複雜細膩。首先，伊斯泰德會用不同的浸泡材料，包括水、不同濃度的酒精、甘油、蜂蜜、醋、濃鹽水、油。「我認為，關鍵在於要處理的植物、何時浸泡、該浸泡什麼、浸泡多久」。伊斯泰德會用許多技巧，萃取植物中不同的成分。「舉例來說，羅馬洋甘菊是泡在百分之九十五的酒精，但裡面有些成分不會融入酒精，卻可溶於水，例如天藍烴（可消炎的芳香化合物）」。新鮮植物與乾燥植物又是另一項影響因素；伊斯泰德認為新鮮的風味最好。適當加熱可幫助萃取，例如以日曬做出金盞花油，或是用水浴來萃取「堅硬固執」的薑黃根，或直接加熱水。

為萃取出風味與植化素，伊斯泰德會使用許多不同的方式來浸泡同一種植物，例如用礦泉水與不同濃度的酒精（從百分之二十到九十五），之後再把浸泡好的結果混合起來。這樣可以讓他得到不同風味與成分，融合起來之後就是那種植物的「圖像與故事」。他做的酊劑可當成藥，也可用在飲料當中，使之具有強烈、濃縮的風味與芬芳的化合物。

植物與浸漬媒介的接觸量是另一項關鍵變因。「時間越長越好，」他簡明扼要地說。浸漬要發揮功效有最起碼的時間：以酒精製作酊劑至少需要一個月。不過，伊斯泰德喜歡做實驗，有機會就盡量浸漬久一點。「有一種古老做法是把蘆薈浸泡在蘭姆酒與香料中六個月。我兩年前做了一些，味道越來越好」。我之前試喝的「薑黃加強版」（The Turmeric Plus）已浸漬兩年，而羅馬洋甘菊飲則是三年。由於要調製數以百計的原料，表示伊斯泰德每天都要做些浸漬工作，這首先就是個需要耐心的過程，他須把悉心挑選的植物萃取出其中的內涵。

身為與大自然循環共生的藥草醫生，必須深諳植物採摘的季節。「對我而言，春天是一年中的黃金時期。我得出門採集植物了，」他說，渴望地望著窗外明亮的五月景致。「這時節可以得到濃度高的植化素。植物在新的年度展現蓬勃朝氣，我想好好把握」。

讚頌季節性

今天的飲食界很重視季節性。放眼望去，許多飲食書寫都在讚頌季節性。諸如史奈傑的《廚房日記》（*The Kitchen Diaries*）或皮耶．科夫曼的《加斯科涅的回憶》（*Memories of Gascony*）等飲食佳作，行文皆依循曆年模式，讓人想起隨著每月時序變動的樂趣。在溫帶國家，印刷精美的飲食雜誌是在好幾個月前就先製作，文章依照季節來安排，提供當令的適合菜單，以季節性農產品為主軸，例如冬季以柑橘類（苦橙）為主，秋日則是野味。若與任何高檔餐廳的主廚聊菜單，很可能會聽到「季節性菜單」。諸如法式糕點舖等高檔食品店，多會推出以春夏秋冬為靈感的「季節限定」商品。人類內心深處對結構與模式的熱愛，就在季節性的概念中得到大滿足。

在季節性成為流行修辭之前，是溫帶地區的一般日常。能不能取得某些食物，和大自然的季節關聯密切：春天新生、夏秋豐饒、寒冷陰暗的冬季月份則蕭條。季節性是根深蒂固的現實，並非只是時尚語彙。在中世紀的階級社會，上層階級不必在乎季節性。我造訪漢普敦宮時，歷史皇宮的飲食歷史學家梅東威爾告訴我，「住在豪宅、皇宮的飲食特色，就是『沒有』季節與地方的限制」。宮廷的用餐講究階級與地位，而供應給宮廷的飲食也反映出這一點，用的是奢華的異國食材，例如從天涯海角送來的香料。「從中世紀到喬治王時代（指一七一四到一八三〇年，這段期間有四位名為喬治的國王，即喬治一世、二世、三世和四世），在宮殿裡沒有季節性的首要特色，就是能取得新鮮肉品。我們如今已遺忘了這一點，但對當時多數的人來說，新鮮的肉有季節性，一年只有兩個月可以屠宰：十一月和五月」。夏秋養肥的牲畜在冬天屠宰，冬天才有肉吃，且接下來幾個蕭瑟月份時也能減少需餵養的牲口數量。晚春的宰殺則是要減少新的動物數量，確保牲口群更健壯。相對地，皇室一年到頭都在吃肉。

權貴宅邸靠著諸多創意，種植非當季的作物，例如建立能遮風擋雨的溫室。漢普敦宮的菜園牆面建有火爐，使牆壁變溫暖，而牆另一邊的果樹也能在較暖的環境中生長，早一個月結果。根據一七三〇年代一段關於喬治二世之妻卡洛琳王后（Queen Caroline）的耶誕大餐的描述，可看出當時端上桌是何等珍饈。梅東威爾微笑道：「我唸這段文字時，大家一聽到桌上有烤火雞都很興奮，卻忽略了下一行提到大份量沙拉。那是十二月二十五日，園丁竟然有辦法端出綜合沙拉與蘆筍，到皇室的耶誕大餐桌上。」

如今聖誕節吃得到萵苣已不算新奇。現代人可運用冷藏、全球貿易網絡、空運，也可以搭塑膠菜棚來延長生長季，五花八門的辦法讓我們已習慣隨時要什麼就有什麼。原本僅在短暫期間才可取得的鮮果（例如草莓）已成為日常食物，即使本地產季已過，仍可從溫暖氣候區的遙遠國度進口。

由於整年皆可享受物產豐饒，我們不再清楚感受到季節流轉。無怪乎總絞盡腦汁想提供獨特菜色的高檔餐廳與主廚會走上採集野菜一途。野生食物當然是季節性的，而此特點就成了野菜的魅力所在。在採野菜運動中，一位深具影響力的人物是雷內．瑞茲比。他在二〇〇三年，於哥本哈根創立舉世聞名的餐廳Noma，專門供應北歐料理。為了設法傳達出真正深刻的地方感，瑞茲比走進荒野大地與海洋，與專業採集者合作，採集諸如苔蘚、野菇、花朵、莓果與雲杉芽等食材。這些野生食材取得不易，能採集的時間短。正因為珍稀，因此獲得了奢侈享受的新地位。

在英國赤爾滕納姆（Cheltenham）的野菇餐廳（Le Champignon Sauvage），主廚與老闆大衛．艾弗里─馬提亞斯（David Everitt-Matthias）長期以來皆在菜單上提供野生食材。他認為自己對採集野食的熱愛，可追溯回七歲時去沙福郡（Suffolk）的姑姑家。「她很擅長料理矮樹籬植物，」艾弗里─馬提亞斯懷念地說，「會帶我們一起去採摘接骨木、蕁麻、酸模、大馬士革李。這些往事浮上心頭，於是我在二十五年前開始動身採集。我們僱了一名草本專家，帶我們在附近的巷子走走，教我們認識不知名的植物」。艾弗里─馬提亞斯神采飛揚地說著他喜歡採集與烹煮的食材。漂亮的緋紅肉杯菌不會在烹煮後失去顏色，反而會發展出更深層的滋味。他會用來搭配魚，把任何碎裂的部分用來煮成魚醬，而完整的菌菇則炒成配菜。春夏季有海韭菜，吃起來「有可口的芫荽味」，可為甘納許增添風味，也可用在海鮮料理中。他還說明一種植物如何在整個產季應用：起初小小的熊蔥苗可用在沙拉中，等到熊蔥長大則可燙一燙，把長長的葉子切成末，放進馬鈴薯麵疙瘩或是大麥燉飯中。熊蔥花可用在沙拉中，而種子莢摘起來鹽漬四十八小時，「這樣多天之內就有很多熊蔥可用，這些醃菜會讓料理更清爽」。艾弗里—馬提亞斯確實身體力行季節性料理，不只是高談闊論而已。「食材就該用當令的，」他肯定說道，「便宜、量大、品質最好，風味最佳」。使用不斷變化的食材，樂趣不言而喻。「食材出現、你趕緊使用，之後它就消失了，」他笑道。

納圖拉（Natoora）是倫敦的蔬果公司，直接採購、進口與販售新鮮果菜，是一間很瞭解、欣賞季節性的公司。我造訪公司倉庫時，創辦人法蘭柯・弗賓尼（Franco Fubini）滔滔不絕談起他花了不少時間造訪各地農人，以及走訪過程中對他的工作有何幫助。「我們要依循季節行事，因為我們注重農產品的風味，要找出味道最好的蔬果。為達到目標，得瞭解大自然，接受季節變化。無論是蔬菜、種子、葉子或根，只要是蔬果，都會在某個時節最美味。這很重要」。弗賓尼直接向法國、義大利與西班牙的農人採購。他在說明自己的工作時，畫了一張複雜細密的圖，解釋不同蔬果的品質、種植優質農作物所需要的能力及投入程度。他並未把戶外種植的農產品過度理想化，而是實事求是，認為某些農作物就是需要使用塑膠溫室（大棚），尤其是番茄。大棚不僅能為作物提供溫暖與遮蔽，也能保護種植者。「種植者需維持財務穩定，不會因為大冰雹導致十畝農地毀於一旦。大棚可以保護作物，不受暴雨侵襲」。但是他不喜歡近年英國蘆筍農靠著大棚來大幅延長產季的做法，認為這樣的風味欠佳。「我們會畫下界線，不為延長產季而犧牲滋味。大棚的運用必須有正當理由」。

納圖拉販售的蔬果品質好、風味佳，因此看見他們推廣「冬番茄」時，我大感詫異。原來那是西西里島的瑪琳達番茄（Marinda），上頭有深深的凹痕，頂部為綠色，果身則為深橘色。我心懷疑慮地吃了一個，結果竟讓我相當驚喜。雖然皮很硬，肉很堅實，但風味渾厚，具備上等番茄甜中帶酸的滋味，是難得一見的美味。弗賓尼告訴我，五十年前引進了哪些種植技術，促成這麼特別的作物產生。要讓植物有滋味，其中一項因素是壓力。冬番茄長得慢，需要的水分少，能在寒冷季節生長。「你給番茄壓力，讓它在生存邊緣，這樣它會緩慢生長，風味更集中。但這在夏天就很難做到，因為要澆水，番茄才能活，但這種番茄不適合給太多水。此外，夏天日照太長太熱，番茄會長太快」。主廚和像我這樣的顧客都以為夏天的番茄最好，聽到這說法原本不以為然，但只要一試吃就會立刻改變想法。「我們打造了『冬番茄』這個詞，因為它無法以夏天的方法來種。這是季節性的產品，」

他得意地說。

短暫的季節特別能引人注意。首先，你會滿心盼望某種食物隨著季節出現。接下來，在那一年頭一回吃到那食物時會覺得很滿足。之後進入盛產期，你就可以大吃特吃。最後你發現享用這食物的期間已過，只得等到來年。春天有兩種美食在我心中占有特別的一席之地。第一種是來自印度的阿芳素芒果（Alphonso），這種深橘色的芒果肉質細，有濃郁的香氣。每年到了這時候，我就會前往溫布利（Wembley）伊靈路（Ealing Road）的鮮果公司（Fruity Fresh）大型門市，抱回一大箱阿芳素芒果，讓自己與親友吃個痛快。吃芒果時，只要切下果核兩邊，挖出柔軟的果肉即可，那甜蜜蜜的滋味毫不膩人，還帶點松樹的香氣。芒果愛好者還可以繼續吸吮果皮下的肉及大果核，享受奇特的滋味。

在印度與巴基斯坦的芒果季，鮮果市場會出現堆得高高的一箱箱芒果，前來購買的顧客絡繹不絕，他們打開蓋子，仔細檢查後才掏腰包。如今鮮果公司進口、批發與販售各式各樣的新鮮熱帶農作物，但公司的創立與名氣要追溯回一九七八年，創辦人亞梭克．喬德里（Ashok Chowdry）開始進口當時尚屬罕見、幾乎無人認識的芒果。公司生意蒸蒸日上，打下進口異國農產品的成功基礎。接下來幾十年，亞梭克發現，愛吃芒果的人不再僅限於印度族群。現在鮮果公司倉庫的日常工作，是夜裡從紹索爾（Southall）的西國際市場（Western International Market）展開，延續到隔天。「倉庫在半夜很忙，貨物全下了飛機，」亞梭克的兒子尼爾（Neil Chowdry）告訴我。「一下飛機就送上卡車。等卡車來到倉庫，就得做倉儲控管，檢查取得什麼水果、該有什麼水果、品質控制、產品分類，之後送到顧客手上。我希望顧客得到的都是最新鮮的水果」。

在芒果季，每兩、三天約需處理三噸芒果。阿芳素芒果特別容易腐壞，必須速速處理，幾小時內就要送往商店。雖然印度三月就進入阿芳素芒果的產季，但是空運成本高，因此鮮果公司會等到四月芒果盛產、每顆芒果均價較低時才進口。即使到四月，阿芳素芒果依然是昂貴的美食。「我們進貨大量的阿芳素芒果時，氣味會很香，從市場另一頭也聞得到，」尼爾笑道。他思索阿芳素芒果的獨特魅力究竟何在。「我們夫妻找了岳家親戚來吃晚餐，大夥兒坐在一箱美味的芒果周圍，芒果把大家凝聚起來。全家人齊聚桌邊，享用可口的芒果；孩子們都樂壞了，沒有多少水果像芒果一樣甜」。這畫面真美好，和我的自身經驗不謀而合。

相對地，我喜歡的另一種春日特產是道地英國味——戶外種植的英國蘆筍。蘆筍在傳統上產季很短，只從四月底到六月二十一日。我在五月到牛津郡班伯里（Banbury）的懷克姆公園農場（Wykham Park Farm），一探這種昂貴蔬菜的種植與收成情形。我來的時候正逢農忙，但第五代掌門人莉琪・柯葛雷夫（Lizzie Colegrave）慷慨抽出時間，帶我四處看看。她是個活力十足、講究效率的年輕女子。一九九一年，她母親率先在農場嘗試種植蘆筍，如今種植面積達到五十英畝，絕大部分送進超市。她開車帶我去看蘆筍田，途中遇到一群採收者要去午休。蘆筍田很長，橘棕色的鐵礦黏土在眼前展開。這個生長階段的蘆筍田看起來好貧瘠，令我十分訝異。這裡看不見綠意盎然，只有一排排短而綠的蘆筍莖從土裡冒出頭，每排大約間隔一呎，看起來有點突兀且不協調。

露天種植的蘆筍要等溫度來到攝氏十度，才會開始生長，而這一年的天氣不太好。「今年很慢，因為天氣很冷，」她說，語氣難掩失望。「蘆筍是強迫不來的，我們也很無奈，但該來的總會來」。柯葛雷夫相信，英國露天栽種的蘆筍風味，是來自溫帶氣候區漫長緩慢的生長。「如果氣候炎熱，蘆筍會長得太快，味道恐怕就沒有這麼濃。」這年蘆筍比較慢才開始長，令人沮喪的原因在於對露天蘆筍農（例如柯葛雷夫家）來說，就只剩較短時間來販售作物，因為產季何時結束取決於大自然，而不是由人為傳統決定。「六月二十一日，蘆筍季就結束了，之後就停止採摘，要留下三分之一的芽葉長大成為羊齒葉，」柯葛雷夫解釋，「等羊齒葉在冬天死亡，所有的力氣會回到地下莖的鱗芽，成為隔年的收穫。如果摘個精光，會導致地下莖死亡。理論上，這些地下莖可以生長十二年」。

蘆筍的芽葉只有長到約十五公分的理想高度時才會採收，採收時以刀子割下。蘆筍的莖很脆弱，尖端很容易受傷，因此必須每天以手工摘取。這是勞力密集度高的辛苦工作。「目前還沒有人發明出機械化的蘆筍採收機。其實機器採收是行不通的，因為你得靠眼睛看」。她彎下腰，靈巧地割下幾根蘆筍讓我瞧瞧：修長的淺綠色芽葉，收攏為淡淡的紫色尖頂，真是優雅的蔬菜。第一根芽葉出現必須慢慢等待，而長出之後，生長季也是頗具挑戰的另一階段。其中一項問題在於芽葉何時會長到可以採收的高度，與天氣有關：氣溫低就長得慢，氣溫高就長快。「這表示，像這個週末這麼冷的氣溫，會扼殺蘆筍的成長，之後就出現供給不足的問題」。相反地，天氣熱又會生長得太快，採收者也會擔心採收得不夠快。

雖然蘆筍是照顧起來比較辛苦的作物，但是柯葛雷夫家仍進一步投資蘆筍田。她帶我去看去年種植的田地，現在已經有一年的雄地下莖，兩年後即可收成。在當初試種一畝地之後，蘆筍的需求年年增加。「我們在農場商店立起牌子，說蘆筍上市，那就像打開防洪閘門……沒有其他作物是這樣。我想唯一會讓人瘋狂的作物，就是蘆筍了吧！」柯葛雷夫笑道。

我離開農場之前，先到陳列農作物的農場商店，想要買點蘆筍。一名中年婦女走進來。「今天有蘆筍嗎？」她口氣焦急地問。店裡的人指著整齊成束的蘆筍陳列架，她馬上抓起五六把放進籃子裡。她與我四目相交，發現我在看她買的蘆筍。「我愛吃，」她解釋道。「我也是，」我回答。我們有默契地微笑——這兩個購物者都熱愛當令食物在產季那特有的滋味。

新鮮橄欖油

大約六千年前，人類開始在中東種植橄欖樹，接下來的數千年，橄欖樹就在人們心目中占有崇高的地位。在希臘神話中，橄欖樹是女神雅典娜送給人類的禮物，珍貴的油脂可點亮神廟裡的燈、塗抹身體，也可用來烹煮。橄欖油具有獨特的風味，有甜蜜果味、草味，與刺激的胡椒味，至今依然備受重視，是地中海料理的基石。橄欖油和其他油一樣具有防腐的功效，義大利人就以它來製作油漬料理（*sott'olio*，字面意思為「在油下」），是長久以來保存食物的做法。

傳統上，橄欖油是季節性產品，每年從剛採收的橄欖榨取而成。歐洲人採收橄欖的時節是從十月到隔年一月。這個季節較早採收的橄欖成熟度不如後採收者，榨出的油也比較少。不過，較早採收的橄欖所榨出的油通常較好、更有風味，研究顯示其植物多酚（含有抗氧化劑的植物化合物）含量較高。橄欖油是農產品，會受到每年的天氣與生長環境影響而出現差異，因此第一批收穫也讓人覺得格外興奮。等到橄欖送到榨油廠、完成清洗準備榨油時，便會感覺到一股期待盼望的氣氛洋溢。榨橄欖油時，首先要把橄欖壓泥，再以離心力把油和水與固形物分開。新一季的橄欖油之後會經過試吃與分析；生產者莫不盼望自家的優質橄欖油能獲得特級初榨橄欖油（extra virgin，必須經過化學與品嚐的測試）的認證。由於新鮮榨取的橄欖油具有強烈的香氣，也常有胡椒的刺激味，能為簡單的傳統菜色加分，例如托斯卡尼的傳統料理蒜烤麵包片（fettunta，意思是「浸泡過的切片」），就是將素樸的麵包切片烤過，並趁熱塗抹大蒜，撒上鹽巴，淋上橄欖油。

要享受最好的特級初榨橄欖油，最好在剛榨好時就品嚐；「這樣味道比較鮮活，」橄欖油專家茱蒂．李奇維（Judy Ridgway）簡潔地說。「如果品嚐的是已放了一年，但還可以的油，與新一季的油相比，味道仍會平淡得多」。一旦橄欖經過採收（遑論壓榨），油的味道就會稍微劣化，不過在採收、處理、儲藏、運送與零售過程中若能小心留意，能大幅延緩這個過程。李奇維解釋，特級初榨橄欖油會隨著時間而劣化，最後出現油耗味。

不過，特級初榨橄欖油劣化的速度會受到許多因素影響。其中一項因素是所使用的橄欖。以塔加斯卡（Taggiasca）橄欖製作的油，會比皮夸爾（Picual）或科勒內其（Koroneiki）更快壞掉。在決定保存期限時，特級初榨橄欖油會透過工業測試其過氧化物的含量；若含量越高，就越容易劣化。如果過氧化物含量超過某個分界點就不能販售。因此最好買過氧化物含量低的油，而不是含量接近分界點的油。

橄欖油的處理、儲存與陳列，都會影響保存。但若想尋找最新鮮的特級初榨橄欖油的資訊，往往不得其門而入，不免覺得洩氣。特級初榨橄欖油的製造業者鮮少把檢驗結果（包括過氧化物含量）或採收日寫在標籤上。通常標籤上只有使用期限，也就是裝瓶後的十八個月，而李奇維不以為然地表示，有時候期限會長達兩年。以大型橄欖油包裝廠來說，油可能已經放了幾個月才裝瓶，因此能存放的時間其實不到保存期限。即使油並未發臭，但幾個月後，風味也會變差。「通常果味會消失，只剩下苦味與胡椒味，」李奇維說。

值得開心的是，已撰寫橄欖油文章二十五年的李奇維認為，近年來特級初榨橄欖油的整體生產水準明顯提高。她建議在購買特級初榨橄欖油時，選擇深色或金屬瓶裝的產品，因為透明玻璃瓶身會加快劣化速度。一旦開瓶之後就應該趕快用完。「橄欖油不喜歡空氣、熱或光，」她篤定地說。

冷凍奇技

回顧歷史，人類不斷以各種不同方式來保存食物，設法對抗食物腐敗，避免時間毀了食物。其中一種方式就是冷凍。冷凍是把食物裡的水分變成冰晶，阻止細菌滋生。今天，冰箱已是家家戶戶必備的家電，我們把將食物冷凍起來視為簡便且平凡的做法。不過，為了發明冷凍技術，過去卻投入了大量時間與腦力。人類在觀察大自然時，早就明白冷凍具有防腐的潛力。在氣候極嚴寒的俄羅斯與極圈地區，把食物埋進雪中冷凍是家常便飯。而數個世紀以來，世界各地許多國家的居民用冰來冷凍是有季節性的，需要收集與儲藏冬季自然形成的冰。人類會建造隔絕良好的陰涼建築物來存放冰塊，使之好幾個月不會融化。舉例來說，波斯人會建造冰坑（*yakhchal*）——這是有圓頂的地下空間，用來存放冬天從山上運送到炎熱沙漠地區的冰。一六一九年，英格蘭的詹姆斯一世在格林威治公園（Greenwich Park）建造磚牆冰屋。冰屋在英國是地位的象徵，位於權貴豪宅的土地上，讓上流社會在炎炎夏日也能享受冰涼甜點。十七世紀詩人埃德蒙．沃勒（Edmund Waller，*1606—1687*）曾在一六六一年撰寫詩作，讚美查理二世國王位於聖詹姆士公園（St James' Park）的冰屋：

寒月的收穫堆疊於此，
為皇家杯皿帶來清爽涼意，
水晶般的冰硬而不化，
以十二月的冰霜紓解七月的逼人暑氣。

早期人們在實驗冷凍技術時，主要是運用冰雪。十七世紀傳記作家約翰．奧布里（John Aubrey）在《短暫人生》（*Brief Lives*）中曾經提及一段知名的小故事，訴說英國哲學家、作家與科學家法蘭西斯．培根爵士（Sir Francis Bacon）曾在雞的屠體裡塞進雪，設法保存雞肉，然而這不祥的舉動造成培根在不久後因肺炎病逝。仰賴大自然冰雪的做法延續了好幾個世紀，在十九世紀，美國與其他國家甚至在全球做起冰塊貿易，生意蒸蒸日上。如今在倫敦運河博物館（Canal Museum），訪客可一窺維多利亞時期寒冷陰暗的冰窖，用來儲存來自挪威的冰。這間博物館是一八六二年左右，卡洛．蓋提（Carlo Gatti，*1817—1878*，在倫敦從商的瑞士人，成立餐館與進口冰）所興建的冰淇淋倉庫原址。

直到二十世紀初，美國發明家與冷凍食品之父克萊倫斯．伯德埃（Clarence Birdseye，其姓氏如今仍可在公司商標上看見）為冷凍食品的發展帶來重大突破。他原本是加拿大拉布拉多地區的毛皮獵人，曾興致盎然研究因紐特人如何利用冰、風與寒氣快速冷凍魚類。他注意到，這種快速冷凍法能夠降低對魚肉質地的損傷。他從中獲得靈感，在一九二二年回到美國後，開始尋找冷凍食物的方法，想把這種方法商業化。一九二六年，他推出急速冷凍機（Quick Freeze Machine）。伯德埃快速冷凍法的優點，在於能產生小小的冰晶，食物解凍時，原本的細胞結構不會明顯受傷。「我並未發明急速冷凍，」他在著作中寫道，「這方式愛斯基摩人已使用了好幾個世紀，歐洲科學家可能也和我一樣，採用相同的方式做實驗」。不過，伯德埃確實推動了冷凍機商業化。

家用冷凍機逐漸普遍，一九三〇年代的奢侈品成了日常必備品，也代表在許多國家取得冷凍食品是日常生活中的一部分。其實冷凍食品已經非常普遍，也因此許多冷凍食品廠商必須力抗冷凍食物品質不如冷藏品的觀念。事實上，冷凍與冷藏保存的食物各有優缺點。微波爐的興起促成能快速調理的冷凍即食品蓬勃發展，這表示家裡的冷凍庫地位更顯重要。看看今天冰箱冷凍與冷藏空間分配——大部分的款式是四比六或五比五，便能證明當代對於冷凍食品科技的仰賴。

當然，許多食物要能真正有效保存，冷凍是不二法門，雖然仍有須留意之處。記住，許多新鮮蔬果不妨先烹調再冷凍，口感和風味才不會受到影響；例如伯德埃出品的青豆就先燙過。急速冷凍技術很適合應用在海鮮或肉類上，可避免細菌滋生，危及食用安全。除了容易腐敗的魚類和肉類可放在冷凍庫，堅果或全穀類粉也可「存放」在冷凍庫，而不是食物櫃。冷凍可延長牛奶、奶油或麵包的保存期限，是很實用的居家設備。要真正善用冷凍庫，首先要在你打算放在深處的東西上寫好標示。這是我的經驗談，因為我的冷凍庫裡有許多神祕的冷凍物……我可能在幾個星期、甚至幾個月前認為，「哎呀，反正我會記得那是什麼」，於是沒加上標示與日期。許多家庭都有這些「不明冷凍物」（unknown frozen object，簡稱UFO）。我有個朋友在全家出發度假之前，會開心玩起「冷凍輪盤賭」，每天像冒險一樣，解凍不知是什麼的冷凍物當晚餐，期盼得到美妙的驚喜。

即使冷凍庫科技隨處可見，冰淇淋這極具代表性的冷凍食物，至今仍依然保有特殊的美食地位。冰淇淋要趁著仍凍結時享用，不像其他許多冷凍食物要解凍或煮熟，而快速融化的特性，更增加了它的魅力。在大熱天急急忙忙大啖甜筒，趁它化成一灘黏糊糊的液體前享受冰涼滑順的口感，正是樂趣所在。冰淇淋的誕生過程同樣是歷經多年實驗，投入許多技術與努力才得以實現。在《冰》（*Ices*）這本精采著作中，作者卡洛琳·李戴爾（Caroline Liddell）與羅賓·魏爾（Robin Weir）強調吸熱反應。要促成這種反應，是把鹽加入冰，降低其冰點，並把冷從冰傳送到要冷凍的混合物。李戴爾和魏爾指出，十三世紀時，阿拉伯歷史學家伊本·阿布·烏薩比亞（Ibn Abu Usaybia）曾提到運用冷水和硝石（一種化學物質）做出人造雪，這是史上第一次有記載描述出製造冰淇淋的技術。

不過有好幾個世紀的時間，由於冰與糖是昂貴的材料，因此連同冰淇淋都還是富人的專利。一直要到十九世紀晚期，冰淇淋與刨冰才比較普遍。移居至英國的義大利人貢獻尤多，他們帶來製造冰淇淋的知識，在城市街頭販售冰淇淋。在美國，一八四〇年代發明了有效率的冰淇淋製造機，無疑是冰淇淋普及化重要的一大步。十年後，巴爾的摩的乳品商雅各布·法瑟（Jacob Fussell）就利用冰淇淋機把過多的奶油做成冰淇淋，因而發了大財。

如今商業化生產的冰淇淋是人人享用得起的甜點，世界各地都有大量生產。各國喜歡的口味不同，例如阿根廷人喜愛焦糖牛奶醬口味（dulce de leche）、馬來西亞有榴槤口味，美國人則愛吃香草冰淇淋。冰淇淋口感也千變萬化，清爽者如義式冰淇淋，美式冰淇淋則含乳量高、口感奢華綿密。倫敦的肯頓市集（Camden Market）是熱門旅遊景點，這裡有間親親實驗室（Chin-Chin Labs）發揮創新精神，製作與販售歐洲第一份「氮氣」冰淇淋。顧客選購冰淇淋之後，可親眼看到冰淇淋在冒著煙的液態氮中製作。這樣做出來的冰淇淋會很快結凍，而形成的結晶體非常小，口感特別綿密。

凱蒂．崔沃斯（Kitty Travers）對自己想要做什麼樣的冰淇淋有很明確的想法。她在二十出頭的年紀住在南法時迷上了冰淇淋，花了數年時間研究與嘗試製作義式冰淇淋。二〇〇七年，崔沃斯成立了洞穴冰品（La Grotta Ices），贏得一批忠誠顧客。她不做含奶量高的濃郁冰淇淋，而是優雅可口的冰品與雪酪。她的冰淇淋口味細膩又充滿趣味，例如甜桃與檸檬馬鞭草、杏桃與杏子（杏桃果核）、無花果葉與覆盆莓。她做的冰品質地細、口味清爽，吃起來沒有負擔。

我來到倫敦南區的肯寧頓（Kennington），造訪崔沃斯小小的「冰淇淋小屋」，瞭解她如何製作冰淇淋。她為自己訂下的挑戰是，做出的冰淇淋口感要受歡迎，同時要使用天然材料。崔沃斯使用未精製的糖，而不是葡萄糖漿，也使用天然牛乳和奶油，而不是冰淇淋製造業常用的做法，採取乳糖含量高的奶粉。「我希望我的冰淇淋口感像霜淇淋，是美妙、虛幻、神奇的口感，」她說，「但一定要天然、新鮮，有水果味」。崔沃斯的冰品口味主要是季節性水果。她做了七年的冰品與雪酪，覺得最近三年是在「琢磨」食譜。「若有東西不對勁，」她主張，「一定是因為想在某個環節取巧所致」。崔沃斯忙著做實驗性的紅葡萄柚、月桂葉與白酒雪酪，一邊訴說如何仔細選購原料、新鮮刨下的葡萄柚皮香氣多麼鮮明，同時臉上洋溢著欣喜的微笑，不難看出她處理水果時多麼樂在其中。她的製作排程是以週為單位，小批量製作與販售。她以義式冰淇淋的型態來捕捉水果的特色，把佳麗格特草莓（Gariguette）、桑椹或木瓜等水果風味，與冰淇淋的誘人口感結合起來。她的靈感來源來自內心深處：「我小時候讀《飛天巨桃歷險記》〔*James and the Giant Peach*，童書作家羅德．達爾的作品〕時，看到主角詹姆斯從桃子裡爬出來，大口吃著純粹美好的桃子。我在做冰淇淋時，腦海總是想著這畫面。」

崔沃斯製作每批冰淇淋的過程都一絲不苟。為了追求風味特性，她運用不同時間做出想要的效果。例如在製作糖漿時，她會先考慮原料特性與影響。我看她在煮芬芳的月桂葉糖漿——她說，冷凍過程會讓月桂葉的風味損失約百分之十五——再加入葡萄柚皮絲，但只讓柚皮與糖漿短時間接觸，否則葡萄柚的天然苦味會太明顯。雖然月桂葉糖漿是煮製的，但她有許多糖漿是冷泡幾天而成。例如接骨木花就是冷泡，這樣比熱糖漿的風味更好，「否則會有煮貓尿的味道，」她生動地說。在準備水果及當作冰品基底的奶蛋凍時，時間顯然很重要。水果要以糖和酸性物質（例如檸檬汁）浸泡，在冰箱靜置一夜。同樣地，運用蛋黃、牛奶、奶油與未精製糖手工製作的奶蛋凍，會在冰箱裡「熟成」至少八小時，這個過程稱為「讓混合物熟成」，她建議每個製作冰淇淋的人都別跳過這道步驟。以這方式讓奶蛋凍熟成，「會大幅改變冰淇淋口感，冰淇淋會更扎實，更容易挖起，放上甜筒時也會比較容易塑形」。她在諾丁罕郡享有聲望的手工食物學院（School of Artisan Food）開設冰淇淋製作課程，相當受歡迎。在課堂上，她讓學生以剛做好的奶蛋凍與熟成過的奶蛋凍來製作冰淇淋，讓他們比較，親身感受其中差異。浸漬過的水果之後會打成泥，過濾，和熟成過的奶蛋凍混合起來打，之後冷凍。在這個階段由於沒有空氣跑進去，因此冰淇淋混合塊可以放好幾個星期，風味不會流失。

最後一個階段就是攪拌。崔沃斯在這階段會使用 Pacojet 食物調理機。這和她的不鏽鋼桶、漏勺與勺子形成對比，是許多餐廳都採用的精密設備，能把冷凍的混合物削得很細，做出柔軟滑順的質地。每公升冰淇淋攪拌四分鐘，之後就裝桶銷售。崔沃斯從冷凍庫拿出堅硬的冷凍冰淇淋混合物，說明如何製作。Pacojet 轟隆隆把頂層變成一份柔軟的冰淇淋，於是我得天獨厚，享受剛打好的冰淇淋。崔沃斯說：「這是最好吃的冰淇淋。」我開懷品嚐許多口味，有清爽的草莓沙拉口味（以草莓、血橙和檸檬製作），也嚐到口感濃郁的瑞可塔水牛乳酪口味佐開心果與糖漬橙皮，宛若西西里的奶油甜煎餅捲（cannoli）。雖然顏色粉嫩，但風味卻清晰可辨，連綜合口味也分得出每一種食材的滋味。冷凍竟能捕捉風味，使之凝固在時光裡，實在令我大開眼界。

最好的牛肉

若請英國人列出心目中傳統的英國菜，烤牛肉想必榜上有名。這是星期天午餐吃的肉：一塊中間仍是粉紅色的美味烤牛肉，搭配烤馬鈴薯、約克夏布丁、肉汁與辛辣刺激的辣根醬。幾個世紀以來，牛肉與英國特質可說是難分難捨。英國的氣候與蒼翠草原適合養牛，英國人也養成愛吃牛肉、靠牛肉維生的偏好。在畜牧業中，會以飼料轉換率衡量家畜把飼料轉換成理想產出的效率。牛肉的飼料轉換率為八比一，豬肉為三．五比一，無怪乎牛肉向來據有奢侈美食的地位。僅占整個屠體一小部分的頂級肉特別受到重視，例如牛肋、菲力與沙朗。人們重視牛肉，還發展出熟成法，把屠體吊掛在陰涼環境以提升風味。若與肉舖老闆或主廚聊聊好牛肉的要件是什麼，他們很快就會談到活的家畜及飼養環境。

為了更瞭解牛的飼養環境，我來到了柴郡，在克魯（Crewe）火車站等凱斯．席多恩（Keith Siddorn）來接我。他是個魁梧的牛農，經過四十分鐘車程，他把我帶到他的牧場。在開車途中，我們聊到他的生活、農場事務，以及柴郡土壤肥沃，這時我明白了：他和世界上的這個角落的淵源甚是深厚。他家族世代飼養牲畜，在米多班克（Meadow Bank）擁有兩百畝的混合農場，他已是第四代。「如果你去查電話簿，上面有列出大約十三個姓席多恩的人，我們全都務農，也住在方圓五哩之內」。

到了農場，我們喝杯茶恢復精力，隨後前去看席多恩的牛。在這清朗的十月天，牛在綠油油的草原上平靜地吃草與反芻，這景象呈顯出一派田園風情，和周圍的環境呵成一氣。看似日常的景色，其實有其特殊之處。這些牛個子較小，有深紅色的毛皮與獨特的白斑，是稀有的傳統海弗牛（Hereford），為英國最古老的本土牛種之一，起源於十八世紀中期的赫里福德郡。如今這種牛已是瀕危物種，世上僅存七百頭傳統海弗牛（也稱為原始群體海弗牛〔Original Population Hereford〕）的育種母牛，而席多恩的牛群就占了百分之一。這裡的每一隻動物都可以追溯到一八四六年的登錄簿，也就是第一次出現海弗牛的登錄簿。在過去，海弗牛能在草地上繁盛生長，是很受歡迎的品種，在十九與二十世紀期間從英國輸出到世界各地，包括澳洲、北美、南美與南非。牛隻在世界各地分布之後也開始混種，因此原種基因庫變得很小。

席多恩在二〇〇一年為家族農場選定牛群時會看中傳統海弗牛，是出於幾個原因。他對於遺傳和育種很有興趣，願為保留瀕危品種付出一己之力。自從他剛開始豢養牲口群，米多班克有五百零七頭傳統海弗牛誕生。他與珍稀品種保護信託（Rare Breeds Survival Trust）合作育種，設法改善牛的性狀，例如母性本能、強壯度，牛肉也有更多內脂肪與大理石油花，讓品種更具商業價值。他談到傳統海弗牛的優點時，顯然相當推崇這種牛。他起初是養利木贊牛（Limousin）和夏洛來牛（Charolais），但這類現代品種的牛不喜歡在戶外生活，需要在飼料中添加玉米中補充，因此他想找更強壯的牛。「我們希望牛一年三百六十五天在戶外生活。動物一輩子住在棚裡，以高蛋白飲食餵養並不自然。冬天由於土地太濕，因此我們把牛帶到耕地上，以夏天儲存的青貯飼料與乾草餵養。到了四月，牠們就會回到草地上」。今天在大型飼養場室內餵養的肉牛，在十六個月齡就屠宰，席多恩的傳統海弗牛體重增加較慢，要在二十四到三十個月才送進屠宰場。雖然典型利木贊牛在十六個月時的屠體重量是三百三十公斤，但是他的牛則是兩百三十五公斤；「少了一百公斤，脂肪含量（肉裡的大理石油花）比例就高得多」。席多恩認為後者是一大優勢。海弗牛和乳牛不同，是專門當成肉牛的。現代品種缺乏脂肪，只有瘦肉，因此吃起來「又乾又硬，沒有什麼滋味」。

從畜牧觀點來看，傳統海弗牛的另一項優點在於性情溫和、母性本能佳。凱斯與父親約翰．席多恩剛開始接手農場時，需要的牛隻得要是安全無害的，不能魯莽神經質。我和凱斯走過草原，親眼目睹這些牛多平靜。雖然我們很接近帶著小牛的母牛——而且席多恩的小狗很興奮，急著追逐牛——但牛群只是靜靜看著我們，即使有人闖入也不為所動。

席多恩很重視農場的牛群福利。他會等母牛三歲、已經完全成熟時，才讓牠們生小牛。小牛會在母親身邊八、九個月。一般母牛會在八、九歲時淘汰，但如果這些牛還在繁殖，他會讓牛留在畜群中，直到自然死亡，或是罹病必須撲殺。「牠是隻很奇妙的牛，」席多恩指著一頭牛說，言語間流露出情感。「牠十七歲，很能生，也是個好媽媽，我們從來不需要幫忙照顧小牛。到時候牠會在這個牧場上死去，屆時我會花一百五十英鎊，請屠宰者把牠載走」。

席多恩不止在乎自家的牛，也很關心環境，種植了無數的樹木、好幾哩的籬笆與挖水塘。其實他是在復原一九七〇年代，父親把牧場變成耕地時所做的變動。他對於動物福利與環境的關注很少見；「不少人農人認為我太扯了，」席多恩若無其事地告訴我。但他也說，附近農場十二個和他一起上學的朋友，如今只剩下他靠經營農場維生。

就和任何農人一樣，席多恩並不濫情。在農場巡禮時，他告訴我：「我對我的牛群很自豪，一看到牠們，我就口水直流。」米德班克的收入之一來自他的海弗牛牛肉，這些牛肉來自於公牛，在兩歲時屠宰，因為牛海綿狀腦病的防治法令規定，超過三十個月齡的牛不可以帶骨出售，這表示若牛更老，最賺錢的肉塊（牛肋骨或丁骨牛排）就無法銷售。我們走在畜群間，席多恩指出他想要透過育種，讓牛產生何種身形。肉牛最重要的是後背部。「最有價值的來自牛肋背部。因此我們希望牛有優質渾圓的後背部，」席多恩說，為了養家餬口，稀有品種需要符合商業考量。他的牛隻是卡倫．艾吉（Callum Edge）以高明的技巧屠宰分切。他是第六代的屠宰者，在伯肯赫德（Birkenhead）經營肉舖與屠宰場。席多恩和艾吉必須合作無間，「我所有的努力——從選擇適當品種、多年飼養牛隻、等待牛生小牛，以及小牛長大——一切都可能在最後幾週功虧一簣。如果屠宰過程不理想，沒有正確吊掛，也沒有適當分切，好肉就會毀於一旦」。

艾吉的肉品切割技術之佳，可以從他是把皮切掉，而不是用拉除的看出。這麼一來，肉上的皮下脂肪層就可以保留。切割好的牛肉會送回席多恩的農場，因為他家肉品只在這裡銷售。他沒有在高檔肉舖鋪貨，而是在農舍旁的活動式小屋販售。這些以保鮮膜包好的肉從絞肉到肋骨一應俱全，會冷藏或冷凍分類收藏。幾年下來，即使不靠網站或社交媒體，他家的牛肉也累積了一批忠實顧客群。雖然店面看起來不起眼，但是席多恩對牧場與肉品的堅定信念，已經清楚寫在商店的告示牌上：「買下這塊鮮嫩多汁的牛肉，你不僅能享受到鮮嫩美味的牛肉，同時也幫助保育最稀有而重要的牛種。」

年

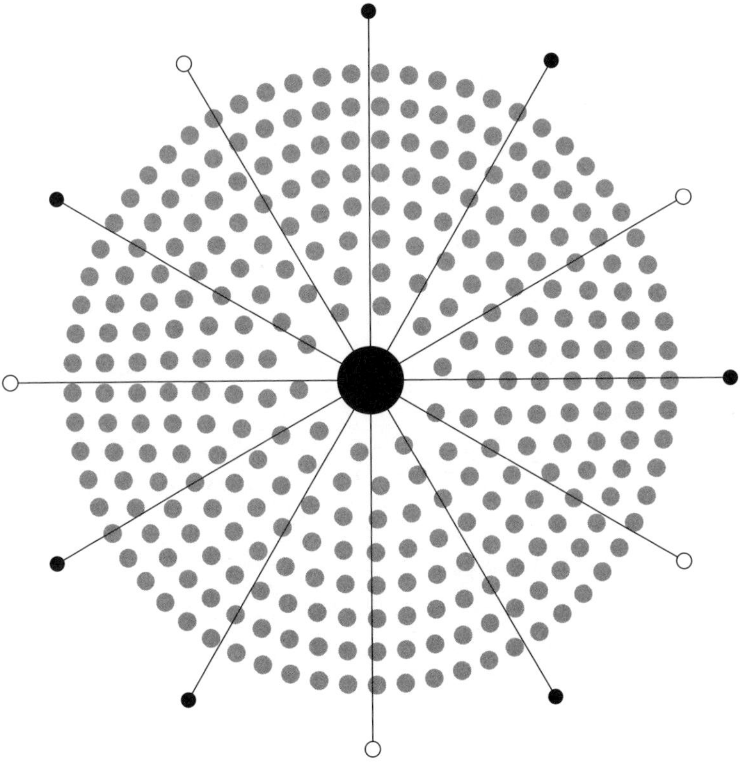

年

年

能經得起長年熟成的食物種類，比幾個月即熟成的食物少了許多。但諸如西班牙伊比利火腿或義大利帕瑪乾酪等美食，都靠著長年熟成而獨具魅力，值得細細探索品味。這些食物在製作過程中需要技巧，也投入漫長時間，因而價格高。酒也有越陳越香的特性，經長時間醞釀後，更能凸顯出優點。時間具有為食物賦予甘醇味的獨特能力，例如把刺激的烈酒化為甘美的金色威士忌，或青嫩的強化葡萄酒變成充滿果香的醉人波特酒；這效果是其他做法模仿不來的。陳年的概念可透過烈酒與佳釀具體呈現。以三十年的佩德羅・希梅內斯（Pedro Ximénez）葡萄酒為例，釀酒人能掌握超長時間釀酒的知識，更是值得尊敬與關注。

完美的帕瑪乾酪

一整個帕瑪乾酪的視覺效果頗令人震撼。這麼大的鼓狀乳酪至少有三十公斤重，看起來扎實極了。帕瑪乾酪有金色的堅硬外皮，上面蓋的戳印寫著相關訊息：乳酪名稱、製造日期、品質等級，證明正宗地位。「最大的義大利乳酪就是完整的帕瑪乾酪。世界上熟成最久的乳酪，也是帕瑪乾酪，」義大利飲食作家德．康特在權威著作《義大利美食》如此寫道。帕瑪乾酪是世界上最大的乳酪之一，產地位於義大利綠意盎然的帕瑪—雷焦地區（Parmigiano-Reggiano），這一帶製造帕瑪乾酪已至少有八百年的歷史。一三四八年，義大利知名詩人薄伽丘在《十日談》中，曾以趣味的方式描述一個稱為「好命村」的地方，這地方相當豐饒，香腸捆在葡萄藤上，一隻大鵝和一隻小鵝只要幾毛錢就能買到，居民住的地方有堆成山的帕瑪乾酪粉。這種乳酪在義大利人的心中向來占有特殊地位，就連移民無論是到了美國或哪裡，都不忘將它也帶去。

如今帕瑪乾酪的製作有相當嚴格的規範。一九五四年，乳酪製造者組成帕馬森乾酪同業公會（Consorzio del Formaggio Parmigiano-Reggiano），對於製造乾酪的所有層面訂下嚴格規定，以保護傳統製法。這些規定包括只能在哪個地區製作、應給予牛隻何種食物、生乳運用、如何製作、不同等級的熟成時間。在熟成十二個月之後，乳酪會經過檢查，硬皮打上所屬的等級。最年輕的是梅札諾帕瑪乾酪（Parmigiano-Reggiano Mezzano），熟成時間符合最低限度，經十二個月即可食用。之後的熟成階段又分成十八個月、二十二個月與三十個月。

每個圓輪狀的帕瑪乾酪需要約五百五十公升的牛奶來製作。由於大小非常可觀，熟成時間也跟著拉得很長。帕瑪乾酪最少要熟成一年，其製作原料是將前一晚擠出的脫脂牛奶（靜置隔夜，使奶油浮到表面，隔天早上撇去），與當天早上擠出的全脂牛奶混合。由於整體脂肪含量低，因此帕瑪乾酪明顯偏乾，質地有顆粒狀。帕瑪乾酪特別講究熟成。義大利主廚馬西莫・博圖拉（Massimo Bottura）創辦了舉世聞名的法蘭契斯卡酒館（Osteria Francescana），是富有創新精神的主廚，常以有意思的料理方式，探索家鄉艾米利雅羅馬涅（Emilia-Romagna）的飲食傳統。他其中一項創舉把不同熟成時間的帕瑪乾酪，以不同型態呈現出來：半舒芙蕾（demi-soufflé）、派餅（galette）、醬料、「香氣」與泡沫。他稱之為帕瑪乾酪的五個熟成表現。

如今約有三百五十家乳酪廠製作帕瑪乳酪，有的是小規模的手作坊，也有大規模廠商。雖然帕瑪乳酪在製作時有許多規範，但風味與口感其實並不統一，反而豐富多樣，令人驚奇。約翰・艾李歐特（John Elliot）與艾莉森・克羅奇（Alison Crouch）在英國經營的火腿乳酪公司（The Ham and Cheese Company）是義大利乳酪與熟食冷肉的進口商，即可證明這一點。他們曾花兩年時間造訪七十多家乳酪廠，尋找理想中的乳酪。我前往位於南倫敦的倉庫時，艾李歐特意味深長地說：「我們甚至不知道想找的東西存不存在。」七年來，他們進口的帕瑪乾酪是來自規模很小的製造者，以自家牛隻擠的牛乳來製作乾酪。「我們向安伯托購買，他一天只做三個圓輪狀乾酪，才能掌控所做的乳酪，牛奶的品質有變化時也不擔心。有些大型的乳酪廠一天就能做一百五十個」。

對於一般人認為帕瑪乾酪越陳年越美味的觀念，艾李歐特相當保留。「在波隆納，有間商店販售十年的乳酪，但那其實像博物館；誰會買已放了十年的乳酪？」他賣的乳酪熟成二十四個月，「我們想要的帕瑪乾酪可單吃，也可在烹飪時使用，就像艾米利雅產區的習慣，」他指出，如今的帕瑪乾酪多以荷蘭乳牛奶來做，而非幾十年前的傳統牛種。艾李歐特認為，這會直接關係到熟成是否成功；「我認為把荷蘭乳牛奶熟成很長一段時間是錯的，因為那是依據過去越老越好的想法而來」。我帶了各式各樣的帕瑪乾酪，有的是從超市買的，有的則是來自乳酪鋪，好比較各種滋味。結果發現，每種乳酪的香氣、口感與滋味上差異很大。「這一個就有那種代表性的氣味——嘔吐味，」艾李歐特認真地說。最後，我吃了一塊他們公司進口的帕瑪乳酪。那氣味是宜人的奶香，相當溫和，和其他乳酪都不一樣。這香氣一開始很甜，但之後則有鮮美的鹹味，還拉出長長的尾韻。在熟成過程中，乳酪裡會出現結晶白點，脆的口感恰好與柔軟的膏狀形成對比。「這就是我們要找的帕瑪乾酪，」艾李歐特滿意說道。

乳酪的鮮美滋味是來自於生乳、製作者的技巧，以及漫長的熟成時間。長時間醞釀出的深層風味，正是帕瑪乾酪備受推崇的原因。帕瑪乳酪是義大利料理的要角，磨碎食用最好，但「一定要明智使用，」德．康特這麼告誡。值得注意的是，從整塊乳酪現磨，會比買預先磨好的包裝起司粉風味豐富。撒點新鮮的帕瑪乾酪粉在肉醬麵或燉飯上，味道會更加豐美。艾李歐特說：「帕瑪乾酪的優點，就是能為一道菜加分。」

威士忌的傳承

單一麥芽蘇格蘭威士忌的製作與宣傳上，很重視年紀與熟成。這種烈酒的名稱源自蓋爾語的「生命之水」（uisce beatha）。關於這種威士忌的第一份書面紀錄，是一四九五年國王詹姆士四世的諭令。威士忌在世界各地培養出愛好者，而蘇格蘭威士忌對蘇格蘭與英國的經濟可說舉足輕重。單一麥芽威士忌和調和威士忌不同，前者在一九八〇年代，在蘇格蘭以外的地區開始風靡，維持威士忌的品質也成了重要課題。二〇〇九年，法令開始將蘇格蘭威士忌分成五類：單一麥芽蘇格蘭威士忌、單一穀類蘇格蘭威士忌、調和蘇格蘭威士忌、調和麥芽蘇格蘭威士忌、調和穀類蘇格蘭威士忌。法律規定，蘇格蘭威士忌一定要裝在橡木桶，在蘇格蘭熟成至少三年。如果在木桶熟成，酒精含量就會變少，而揮發的部分稱為「天使份額」（angel's share）。在橡木桶陳年時，烈酒會染上木頭的顏色與滋味，產生威士忌經典的金棕色的色調。烈酒焦糖（E150a）是合法添加物，製酒者可用它來模仿陳年的顏色效果。瓶子上的年份代表裡面裝的酒至少已陳年的時間，因此一瓶十二年威士忌，代表裡面的威士忌已至少陳年十二年。

如今威士忌市場熱絡，二十五年以上的特陳威士忌有特殊地位。物以稀為貴，這麼老的威士忌是炙手可熱的收藏品。只要看看眾多威士忌拍賣網站，就知道特陳威士忌價值連城；舉例來說，日本最古老的威士忌蒸餾廠是山崎蒸餾廠，其所生產的五十年威士忌要價六萬兩千六百英鎊，令人咋舌。即使不那麼誇張，年份說明——十年、十二年——仍能吸引顧客目光。不過，威士忌販賣網站「威士忌交易所」（The Whisky Exchange）的創辦人與擁有人蘇克辛德・辛格（Sukhinder Singh）提醒，別認為威士忌一定越陳越佳。辛格說，許多威士忌行家給予高度評價的酒是很年輕的，介於十年到十八年。「威士忌好不好，要靠自己的判斷，」他堅定地說，「比較老的威士忌在木桶中存放較久，因此受到木頭的影響也較大。如果喜歡較溫和、乾淨、清爽的調性，恐怕不適合較老的威士忌」。由於市場需求日益增加，蒸餾廠面臨壓力，必須生產足夠的威士忌，促成了「無年份威士忌」（No Age Statement，簡稱NAS）的興起，亦即瓶身上沒有標示年份的威士忌。以單一麥芽聞名的蘇格蘭酒廠麥卡倫（Macallan）就提供不少無年份威士忌。

蘇格蘭蒸餾廠布萊迪（Bruichladdich）的故事，具體而微呈現出在單一麥芽威士忌的釀造過程中，時間所扮演的角色。這間酒廠的故事，呼應蘇格蘭威士忌蒸餾廠搭雲霄飛車般的歷程。布萊迪酒廠一八八一年成立於艾雷島（Islay），在收購潮中賣出，一九九四年的主人關閉這間酒廠。二〇〇〇年，威士忌愛好者買回這間酒廠，重新營運，如今以心胸開放的創新製酒法聞名。「我們對於越陳越好的觀念沒什麼興趣，」蒸餾大師亞當・漢內特（Adam Hannett）說，他也是艾雷島的居民。雖然如此，布萊迪釀製威士忌時的用心卻很明顯。「我們蒸餾得很緩慢，才能保留住油脂，得到更好的質地」。慢速蒸餾的優點在於，酒和銅蒸餾器有足夠的接觸，只要不「太過催促」，蒸氣到了溫度較低蒸餾器瓶頸時，就會凝結滑下，做出含有油脂且富含風味的烈酒。酒經過第一道蒸餾之後，會在蒸餾器中再次蒸餾，這過程很講究時間。二次蒸餾的第一階段會產生富含酒精、刺激的酒頭（foreshots），中間階段稱為「酒心」（heart），最後階段稱為酒尾（feint）。中間階段產生的酒才做威士忌。每間蒸餾廠釀出酒頭的時間並不一樣。布萊迪會過三十五分鐘才萃取酒心，「這樣可避免酒中出現任何無法賦予好風味的揮發物」。談到威士忌在木桶中熟成的關鍵階段，漢內特正好在做實驗。雖然威士忌產業向來使用波本酒桶，但是布萊迪最近以瑪薩拉酒的木桶來嘗試。「我們以前沒用過，但現在躍躍欲試，看看效果如何。沒錯，是賭注，」漢內特欣然承認。他認為布萊迪能審慎蒸餾、專注酒的品質，因此可能比傳統方式更快釀出優質威士忌。威士忌的世界似乎洋溢著青春活力，品質不再跟陳年畫上等號。

回歸本土品種

對於關注生物多樣性的人而言，珍稀品種保護信託的網站無疑很有啟發性。在二十世紀，從一九〇〇年到信託成立的一九七三年之間，英國一百四十種本土品種消失了二十六種。由於畜牧走向更為集約、工業化的模式，畜養者也紛紛轉向現代品種（或稱歐陸品種），飼育能更快增重的品種，而生長緩慢的本土品種漸漸不受青睞。本土品種是我們的文化遺產，卻面臨絕種危機，因此珍稀品種保護信託應運而生，以保護這些品種為宗旨。

舉例來說，乳酪製作者查爾斯·馬泰爾（Charles Martell）回憶起格洛斯特牛（Gloucester cattle）的情況，這是單倍格洛斯特乳酪（single Gloucester cheese）與雙倍（Double Gloucester cheese）的乳源。「一九七二年，世上僅存六十八頭格洛斯特牛，猶如風中殘燭，隨時會消失。不過現在有七百頭母牛了，雖然還稱不上多，」他說。雖然有些品種的情況已經獲得改善，但從信託的觀察名單來看，許多動物仍面臨嚴峻考驗。

若與每天處理肉品的優秀肉販與主廚聊，會發現英雄所見略同：傳統的本土肉品較好吃。這不是感情用事或懷舊，而是有生物學的現實根據。出生於坎布里亞郡的肉販安德魯・夏普（Andrew Sharp）是活力十足、說話坦率的人，也是「羊肉復興運動」（Mutton Renaissance）的推手。他告訴我過去與現代畜牧品種的差異。過去作為肉牛的短角牛會飼養至少四年，到兩百八十公斤才屠宰。相對地，現代的比利時藍牛（Belgium Blue，綽號是「牛界的阿諾史瓦辛格」）十八個月就能達到兩百八十公斤。羊的情況也差不多。傳統的赫德威克羊（Herdwick，是「原始」品種之一）要養十八個月才會屠宰販售，但是特克賽羊（Texel，原產於荷蘭）只要六個月。「差異在於速度，」夏普直接了當地說，「但在農牧業，無論是畜牧或農耕，如果生產速度快，含水量就會高，味道會被稀釋而變差」。當然，牲口若生長緩慢，飼主就需要花更長時間飼養，也需要付出驅蟲、買飼料等各種開銷。好處在於，本土品種更健壯，即使在高地荒原等較嚴苛的環境也能飼養，但現代品種就需要投入更多，例如室內飼養、以穀類飼料餵養。脂肪是另一個關乎肉的風味的因素，但夏普指出，脂肪必須是「自然得到的」。以玉米飼養的牛隻在風味口感上都不如草飼牛，後者的 omega-3 脂肪也較高。「以適當方式取得適當脂肪，遠比只是胖的動物要好」。

由於消費者更瞭解、重視本土稀有品種，願意多花點錢買品質好的肉，如今畜牧者與肉品業者也對這類牲口越來越有興趣，夏普因而得到鼓舞。他比較了特克賽羊與赫德威克羊的口感。前者在六個月就可以屠宰，「很軟，但吃起來水水的；在盲測時可能會以為是有骨頭的豆腐」。相對地，赫德威克羊要多養十二個月才能吃，夏普喜孜孜談到肉質：「吃起來扎實，脂肪沒有騷味，烹調三分熟即可，吃起來會更鮮美。」

雪利酒的釀造技藝

釀造雪利酒時的時間運用也值得探索。這種西班牙強化葡萄酒依然採用十八世紀發展出來的索雷拉（solera）系統，也就是酒在陳年過程中，會不斷移到不同木桶，且是個不斷循環的過程。要瞭解這個方式，先想像有四層酒桶。裝瓶時是取最底層已完成陳年的酒，而最底層的酒小心汲取出來之後，會以上一層沒那麼老的酒遞補，以此類推，每一桶的酒會層層往下遞補。最後一層（也就是頂層）會加入新釀的酒（sobretabla）。這種釀酒方式稱為「分級混合」（fractional blending）。從層層堆疊的木桶可看出這過程頗為複雜。事實上，較大型的索雷拉系統是大規模運作，一整區的木桶其實皆視為「一層」。如今的法律規定，一次至多可以提取百分之三十五的酒，但通常會提取比較少一點。運用索雷拉系統釀出的雪利酒，代表其中包含許多時期的酒，並以高明的技巧混合，創造出各種不同雪利酒各自的獨特風格。

雪利酒的種類是在熟成階段創造出來的，且有兩種陳年法。在釀製雪利酒的過程中，要使用一層「酒花」（flor）酵母。這層酵母酒花在雪利酒的製造過程中很重要，會應用在「生物陳年」法（指在酒花層下熟成的雪利酒）。為產生酒花，巨大的木造酒桶會刻意不裝滿，留點空間給氧氣，使自然存在於空氣中的酵母生長。不僅如此，強化葡萄酒的酒精濃度會設定在可讓酒花生長的條件下。理想情況是，桶中的酵母會開始生長，三週內會覆滿葡萄酒的表面。此酵母層會阻擋氧化發生，因此酒的顏色明顯較淡，例如菲諾酒（fino）在木桶陳年四年，顏色依然不會變深。酵母死去之後，會沉澱到木桶底部分解，釋放出養分給新一代的酵母生長，產生更新循環。如此釀出的雪利酒味道細緻，沒有甜味，通常會冰涼飲用，最適合搭配鮮美的西班牙火腿與橄欖。

另一種陳年方式是氧化。過程同樣發生在木桶內，但酒會以濃度較高的烈酒強化，酵母無法生長，因此不會有酒花產生。酒在木桶中陳年的過程中會氧化，顏色越來越深。奧羅若索雪利酒（Oloroso）就是一例，其顏色較深，富有堅果味。

雪利酒廠運用這些方式，推出各式各樣的雪利酒，例如阿蒙提亞多（Amontillado）雪利酒，就運用了生物與氧化陳年。由於雪利酒廠是運用索雷拉系統，通常不會標示葡萄採收年份，因此要找陳年雪利酒並不容易。如果某種雪利酒有年份，那是經過計算系統中有多少「階」（亦即多少層木桶組）、汲取的頻率與酒量，最後得出的數字。

走訪西班牙南部的赫雷斯—德拉弗龍特拉（Jerez de la Frontera），便能明白雪利酒在這裡的歷史與經濟中所扮演的要角。這裡屬於知名的雪利酒金三角，雪利酒的西班牙文名稱（Jerez）正是來自於此。城市中有許多大型雪利廠的古老酒窖，不難看出製酒過程中陳年階段的重要性。來到城市之外，山丘起伏的鄉間布滿葡萄園，白色石灰土（albariza）在強烈的陽光下亮得刺眼。雪利酒最重要的釀酒葡萄品種「帕羅米諾」（Palomino）就是在此生長（另外兩種葡萄是佩德羅·希梅內斯與麝香葡萄〔Moscatel〕，用來製作甜雪利酒）。這些葡萄會轉變成雪利酒。在英國，雪利酒具有文雅形象，但在原產地，雪利酒是國民酒，酒館或餐廳會以平凡卻自豪的姿態端出。來到擠滿西班牙佬的狹窄酒館，會發現大家聚精會神聆聽坐在聽幾呎外的魁梧佛朗明哥歌手唱歌，喝一小杯冰涼清爽的菲諾雪利酒，於是我漸漸明白雪利酒有多麼深植於赫雷斯的日常生活中。

一八三五年成立的岡薩雷比亞斯酒莊（Gonzalez Byass）散發著古樸氣氛。這座挑高的古老石造倉庫裡堆滿巨大的酒桶，是個舒適的地方，寧靜的氣氛掩蓋了釀製雪利酒的過程，需控管龐雜的幕後工作的事實。好幾個木桶上有幾十年來造訪酒莊的知名人士簽名，宛若有趣的訪客留言本。我看到的包括奧森·威爾斯（Orson Welles，*1915—1985*，美國導演與演員）、馬利歐·巴爾加斯·尤薩（Mario Vargas Llosa，秘魯作家，*2010* 年諾貝爾文學獎得主）、艾爾頓．洗拿（Ayrton Senna，*1960—1994*，巴西傳奇賽車手）、史蒂芬．史匹柏（Steven Spielberg，美國知名導演）。我在這裡與釀酒師安東尼奧．弗洛里（Antonio Flores）見面，這位彬彬有禮的男子，將製造雪利酒的細膩過程清楚地娓娓道來。他和岡薩雷比亞斯的淵源很深，因為他是在最老的一間雪利酒窖中出生。提奧．皮畢（Tio Pepe，與雪利酒知名品牌同名，因品牌創辦人為其甥姪）就在這裡開店。我站在這小小的酒窖，著迷地看著弗洛里熟稔地把雪利酒倒進酒杯中；他用一支長柄小勺子（venencia）從酒桶中舀出雪利酒，同時不會翻攪到酒花。我品飲了未經過濾的雪利酒（en rama，意為「從酒桶中取出」）。那滋味帶點鹹，有酵母味，新鮮、充滿生命力；弗羅雷斯說是「狂野的提奧．皮畢」。過去想品嚐未過濾的雪利酒，只能親自到酒莊一趟，但是近年來，岡薩雷比亞斯酒莊每年會推出限量的未過濾菲諾酒。弗羅里解釋，從兩萬兩千個酒桶中選擇從哪些桶中製作未過濾雪利酒的過程，是在夏天之後展開，到春天結束。岡薩雷比亞斯酒莊裝瓶後，在這個季節推出，因為這時酒花特別活躍。剛裝瓶的酒最好喝，仍保留著酒充滿生命力的特色。

我悠閒地和弗洛里邊品酒邊學習，這個過程讓我深入瞭解到更多知識。「這套熟成系統的特殊之處，在於可長年做出品質一致的酒，」弗羅里解釋。雖然整體有一致性，雪利酒又有豐富的種類。我們先從淡色提奧．皮畢酒喝起，這種經過濾的菲諾雪利酒在酒花下至少熟成了四年，口感清爽優雅，裝瓶後一年內的風味最佳。接下來則是喝十二年的阿蒙提亞多，這是把四年份的菲諾老酒再陳放八年，這段期間酒花因缺乏養分而死亡，因此酒會氧化，產生較深的顏色。同時品飲這兩支酒，我有機會感受到陳年會如何影響風味。我們先喝了以佩德羅．希梅內斯葡萄釀製，在橡木桶平均陳年八年的「花蜜」（Nectar），接著是同樣的酒，但平均陳年三十年的諾伊（Noe），從中感受到的差異尤為明顯。後者幾乎是黑色的，有繁複豐厚的風味，又帶有香料、巧克力的調性，可說是液體型態的甜點。「我想和雪利酒一樣優雅老去，」弗羅里露出迷人的笑容對我說。

口齒留香的西班牙火腿

在熟食冷肉這個領域，乾醃肉品向來備受推崇。諸如帕瑪火腿（Parma ham）或薩拉諾火腿（Serrano ham）都很需要時間與技術才製作得出來，口感與風味也很受喜愛。西班牙是全球首屈一指的乾醃火腿製造國，以詳細的法律來規範火腿生產方式，保留傳統製法。伊比利火腿（jamon Iberico）的美味舉世聞名，只在西班牙伊比利豬的產區製造。伊比利豬是黑豬，有長長的鼻口部與修長的腿，是古老品種，其起源據信可追溯回新石器時代。相較於可用來製作薩拉諾火腿的現代白毛豬，伊比利豬的小豬較小，肉較少，成熟得也比較慢。

一九八八年在英國成立的布林迪薩公司（Brindisa）專門進口西班牙食品，率先在英國致力推廣高品質西班牙火腿。我去了一趟波羅市場的門市，拜訪切肉大師聖蒂牙哥・馬蒂尼茲（Santiago Martinez），一窺伊比利火腿之堂奧。「伊比利火腿講究四大要素：品種、飲食、環境與熟成，」他告訴我。伊比利火腿在西班牙西部與南部製造，這裡有廣大的橡樹牧場（dehesa），主要是草地，並有稀疏的聖櫟（encina）。要做出上好的伊比利火腿，這種天然環境扮演重要角色，因為豬的食物中有不少是來自聖櫟的橡實。在伊比利火腿中，最受推崇的是橡實伊比利火腿（Jamon Iberico de bellota）；羅登曾稱之為「世上最好的食物之一」。要製作成火腿的伊比利豬會在十月與二月底之間在牧場上放養長肥，這段期間稱為放養期（montanera），讓豬隻大吃橡實（bellota），體重增加一倍。橡實富含油酸，這是天然的單一不飽和脂肪酸，會出現在橡實伊比利火腿的脂肪中，使肉質產生入口即化的特殊口感，以及繁複、有堅果味的鮮甜感。這些靠著橡實而產生的脂肪質量均佳，使得火腿可以長期醃製。

要製作伊比利火腿的豬至少要長到十四個月大才會屠宰，通常是在兩歲時屠宰。在醃製過程中，豬腿（製作火腿的部分）要先鹽漬，靜置一段時間。這段時間，滲透作用會把肉裡的水吸出，以鹽替代，這過程能預防有害的細菌滋生。之後火腿上的鹽要洗掉，在涼爽且濕度高的地方靜置一兩個月，讓鹽能徹底滲透到肉裡。之後要吊掛在乾燥空間（secaderos），在室溫下自然乾燥幾個月。風乾伊比利火腿的香氣與風味來源之一，就是接觸到各種溫度，包括夏日暑氣與冬季寒氣。天氣變熱時，火腿會出水，失去大量脂肪，肉就會在這過程中變乾。「冬季鹽醃、春天靜置、夏天出水，」馬蒂尼茲解釋。他清楚說明伊比利火腿是季節性產物，生產模式深受大自然橡實收穫的影響。在橡實油酸特別高的年份，火腿的滋味會格外豐潤。火腿會從乾燥熟成室送到地窖，在受控的環境中進一步熟成，總熟成時間為四年。雖然這個過程受到嚴格規定，但在醃製過程中仍有區域差異，火腿的種類因而繁多豐富，例如南方天氣較熱，會用較多的鹽，越北邊所生產的火腿越甘甜。

站在布林迪薩的火腿櫃檯，香氣濃郁得彷彿觸手可及。火腿掛在特別的檯子上，交給技巧高明的切肉師悉心處理。「你花了大把時間，整整等待六年，可不能讓一台機器毀了口感，或切得太厚，」馬蒂尼茲堅定地說，「我們很小心切割，切得均勻細緻，確保你能吃到脂肪與肉。一片火腿就是一口的量，讓火腿在你口中融化，享用到各種風味」。

我在品嚐不同火腿時，清楚感受到馬蒂尼茲方才描述的風味與口感變化。薩拉諾火腿很可口，味道清淡卻相當直接，有耐嚼的甜味。伊比利火腿的特色從修長優雅的形狀即可判別，而肉看起來有獨特的大理石油花，反映出伊比利火腿儲存的肌內脂肪。伊比利火腿的熟成時間從二十六個月到四年不等，香氣明顯較足，風味在口齒縈繞。我最後品嚐了馬蒂尼茲最愛的橡果伊比利火腿，這是用純種伊比利豬所製成。我拿起一片火腿，脂肪就在指尖融化。小小一片火腿竟然蘊含如此渾厚的滋味：鹹中帶甜，繁複的鮮味留在口中不去。馬蒂尼茲驕傲地說：「那會停留在口中，久久不散。」

波特酒的飲酒之樂

波特酒和英國與葡萄牙在歷史上的關係有很深的淵源，兩國在中世紀是同盟。十七世紀晚期與十八世紀初，英國與法國交戰，法國酒無法進口，因此英國商人轉而向貿易老夥伴葡萄牙進口。由於兩國的歷史貿易連結很強，許多英國商人早已住在葡萄牙，是波特酒的重要興起因素。擁有悠久葡萄栽種歷史的杜羅河谷（Douro），開始把酒送往英國。波特酒的名稱是源自此酒從波爾圖（Oporto）出口，起初並非強化葡萄酒，但英國人喜歡濃烈的甜葡萄酒，因此葡萄酒越來越常加入蒸餾烈酒強化，而在十九世紀，波特酒釀造者漸漸廣泛採用這種做法。

葡萄牙的諾瓦酒莊（Quinta do Noval）仍依循代代相傳的古法生產波特酒。每當葡萄採收季節到來，剛採收的葡萄放在巨大的花崗岩釀酒槽（lagares），以腳踩成葡萄漿（指剛榨好的葡萄汁）。葡萄漿之後要發酵幾個小時，這是靠葡萄皮上的野生酵母自然啟動的。

然而諾瓦酒莊總經理克里斯提安·席利（Christian Seely）說，發酵過程只能抵達某個階段。這個過程會用到一種「折光計」（refractometer）的儀器來追蹤，記錄葡萄漿裡的含糖量（以「白利糖度」〔Brix〕為單位）。等到有半數的糖已發酵，葡萄漿就要抽出，並與百分之七十七的葡萄蒸餾烈酒（eau de vie de raisin）混合。這會使得發酵階段停止，因為在這種酒精濃度下，酵母無法活動。「波特酒加入了蒸餾烈酒，因此很烈。波特酒之所以甜，是因為半數的天然糖沒有發酵。這是酒類中很特殊的情況，保留著葡萄的香氣與風味」。

寶石紅波特、茶色波特、遲裝年份波特（Late Bottled Vintage，簡稱LBV）、酒垢波特（Crusted）……這些引人產生聯想的名稱，訴說著波特酒的風情萬種。「酒垢」是指酒在陳年時自然產生的沉澱，波特酒在醒酒之前，通常要先濾掉某些波特酒的沉澱物，使之澄清。波特酒種類琳琅滿目，在製作時主要依循兩種陳年法：桶陳波特與瓶陳波特。

優質波特酒能在陳年之後呈現極佳的風味。最受推崇的波特酒是年份波特（vintage port），只占整體波特酒產量的一小部分。只有在釀酒者認為該年度的酒會特別好的時候，才能稱那一年的波特酒是年份波特。要判斷年份波特需要相當謹慎，因為年份波特的品質攸關釀酒者的名聲。席利認為，一支酒能不能成為年份波特，在釀酒過程的初期就能感覺到：「葡萄送來釀酒時，差不多就能看出個大概了，而在釀酒槽時，可從葡萄漿的移動狀態看出。」席利以老練眼光觀察的指標包括：代表發酵狀況良好的氣泡、顏色萃取速度，及果汁與固形物的比例。不過，是否真正為年份波特，還得等酒放到桶中陳年才能決定，並在兩年內宣布。

席利對於波特酒的興致溢於言表，且感染力十足，他滔滔不絕地說自己樂於比較諾瓦酒莊在同一年以不同方式釀製的波特酒。優質精釀波特（Colheita）會在木桶中陳年，法令規定至少要陳年七年，諾瓦酒莊則是陳年十二年。年份波特則是在瓶中陳年。席利認為年份波特總會保有些許葡萄味。但是優質精釀波特不僅有在木桶中陳年的茶色，更有果乾、堅果與甘草糖的味道。「這就是波特酒有意思的地方；非常多采多姿」。優質精釀波特與年份波特都能留存百年左右，而這麼長的年份使波特酒更具魅力與神祕色彩。

波特酒行家知道，諾瓦酒莊以釀造獨一無二且具歷史意義的老年份波特酒而聞名。諾瓦酒莊的葡萄園重心在於兩公頃很特別的葡萄藤：未嫁接的國家園葡萄（Nacional），這品種並未受到根瘤蚜蟲（phylloxera）感染——根瘤蚜蟲在十九世紀肆虐歐洲葡萄園，導致當時許多葡萄植株必須靠著嫁接新大陸品種的接枝，才得以存活。由於這種葡萄相當稀有，以這些葡萄釀製的波特酒必定是年份波特，是相當受到推崇的熱門波特酒。席利告訴我，國家園葡萄所釀製的酒有自己的模式，「照自己的步調前進」。諾瓦酒莊年份波特酒未必與國家園年份波特酒在同一年，但有時候兩者會是同一年。雖然國家園年份波特與諾瓦波特的釀製法相同，但國家園波特酒一向有有自己的個性。席利說，國家園年份波特的其中一項特色在於它「很特別，和同年的年份波特久相比顯得永遠年輕」。他品飲同一年的諾瓦莊園與國家園年份波特酒，能把兩者加以比較。「國家園年份波特向來顏色較深，喝起來比較年輕，有比較多單寧，帶有狂野的滋味。杜羅河是個荒野之地，而國家園年份波特是諾瓦莊園最好的酒，能傳達出這項特色」。

陳年巴薩米可醋

義大利摩德納（Modena）生產的傳統巴薩米可醋是珍貴的調味品，製作相當耗時，和頂級香水一樣裝在小巧精緻的瓶子裡，價格可不親民。巴薩米可醋的起源相當古老，最早的書面紀錄可追溯到十一世紀，當時有一小桶醋被當作獻給皇室的贈禮。巴薩米可醋長期以來帶有貴族色彩，數個世紀以來，摩德納公爵以之餽贈其他達官貴人。醋向來被認為有藥效，可敷在傷口上，而巴薩米可醋的養生特質也備受重視，據信可預防瘟疫、強身補體。這種醋和產地的釀酒歷史關係密切，用的是煮過的葡萄漿（saba）——一種摩德納傳統食材。

傳統摩德納巴薩米可醋的釀造過程相當繁複，以前是在家庭釀製，存放在閣樓中，在特殊場合才取出使用。有些民族會在新生兒出生時釀製葡萄酒，傳統巴薩米可醋也會在寶寶誕生時釀造。如今為了維護傳統，這種醋的釀造有嚴格的法令限制，不僅獲得原產地命名保護（Protected Designation of Origin），也受到摩德納傳統巴薩米可醋保護協會（Consorzio Tutela Aceto Balsamico Tradizionale di Modena）控管。協會規定了產地、運用當地栽培的特定品種葡萄漿，以及釀製和陳年過程。只有兩種陳年階段的傳統巴薩米可以販售，一種是陳年十二年以上的優質醋（Affinato），另一種是二十五年以上的特級老醋（Extra Vecchio）。傳統巴薩米可醋必須在尺寸不一的小型木桶中陳年，和雪利酒一樣採用「索雷拉」系統。最小桶的少量陳年醋汲取出來之後，會再加點上一層的醋，而最頂端、最大桶的醋則會加進當年煮過的葡萄漿。葡萄漿在陳年時會發酵酸化，顏色會變深，風味更加繁複。由於木桶會呼吸，因此醋會很緩慢揮發，質地逐年變稠，最後類似糖漿。

數百年來，傳統巴薩米可醋在產地備受珍視，但是在義大利之外卻鮮為人知。直到二十世紀下半葉，外國人才「發現」這種醋，全球高檔餐廳的主廚紛紛採用這美食，促成傳統巴薩米可醋的名氣在全球扶搖直上。隨著巴薩米可醋的新市場興起，「摩德納巴薩米可醋」也跟著出現。這是用煮過的葡萄漿和酒醋製作，是量產的產品，受到前述協會的規範，有法定地理區域產品保護制度認證（PGI）。這種醋依規定要在木桶中存放六十天，只是這期間太短，無法產生顏色與口感。為了要使之具備傳統巴薩米可醋的顏色與甜味，添加焦糖是允許的。近年另一種量產的巴薩米可醋是醋膏（balsamic glaze），加入玉米澱粉，模仿傳統巴薩米可醋的質地。PGI的摩德納巴薩米可醋產品涵蓋範圍廣，品質參差不齊，通常要判斷品質時，除了可以價格為指標，也可觀察材料列表；最優質的產品只含有煮過的葡萄漿和酒醋。有些摩德納巴薩米可醋的製造者比較仔細，會放置六十天以上，這麼一來可成為替代傳統巴薩米可醋的平價產品。

摩德納尼諾農莊（Nero Modena）是位於摩德納的巴薩米可醋釀製廠。我一來到這裡，就注意到這裡十分宏偉整齊，寧靜的氣氛似乎呼應著陳年老醋的釀製。我進入農莊時，經過特雷比亞諾（Trebbiano）與蘭布斯柯（Lambrusco）葡萄園，這些葡萄之後要用來做葡萄漿；這裡有濃濃的地方感，令我印象深刻。農場的專業釀醋師帶我看看釀醋廠，裡頭有層層木桶堆疊，這些大小不一的木桶裡頭裝著珍貴的醋。醋的熟成過程中很講究存放的適當環境。「木桶必須直接感受到外面的氣候，夏天要熱、冬天要冷。閣樓是最好的位置」。隨著醋熟成，原本煮過的甜葡萄漿會慢慢發展出酸性。

與木桶接觸的時間，是傳統巴薩米可醋特殊風味的關鍵所在。依據規定，這種醋要接觸三種木頭，但摩德納尼諾農莊會採用五種木頭，以達到理想的繁複風味。每種木頭各有各的角色：含有單寧的橡木不可或缺，這位專家稱之為「木中之王」；杜松可增加辛辣與甜味；栗木則可賦予深棕色，而桑木與櫻桃木也同樣能帶來甜味。她指著眼前的木桶，生動地聊起這些木桶，言語間洋溢親暱的情感，彷彿木桶是家裡的成員。「櫻桃木很棒，但是木桶總是滲漏，」她苦笑。她覺得醋在木桶中熟成就和鍊金術一樣奇妙。她認為，特級老醋比十二年的優質陳醋更能展現出陳年過程。「你可以在二十五年老醋中真正嚐到不同的木頭滋味，品味所有的香氣，」她肯定地說，「那風味真是獨特繁複，甜與酸平衡得恰到好處」。我說，釀製需要漫長年歲才能完成的東西，需要全心投入。她露出贊同的微笑：「因為只有一種原料，加上時間又如此漫長，一定要很有熱情才行。」

體驗老酒的魅力

酒商貝瑞兄弟與路德（Berry Bros & Rudd，常簡稱ＢＢＲ）位於聖詹姆斯街三號的門市，是倫敦西區的黃金地段，一走進來，彷彿步入了時光隧道。貝瑞兄弟與路德成立於一六九八年，是英國最古老的酒商，聖詹姆士宮與白金漢宮近在咫尺，皇室也是他們的顧客。店面結構從成立以來沒什麼改變，外觀也和當初差不多，門口招牌上有鍍金咖啡研磨機，說明這間商店原本曾販售咖啡（在當時也是新奇的異國商品）。我站在鋪著木牆板的簡樸前廳，立刻注意到巨大的秤子，那原本是用來秤麻袋裡的咖啡豆，而十八世紀晚期之後，許多知名顧客也站上這秤子，使其聲名大噪。這些顧客包括詩人拜倫（Lord Byron）、布魯梅爾（Beau Brummel，*1778—1840*，本名喬治・布魯梅爾〔George

Bryan "Beau" Brummell」，是當時引領時尚風潮的貴公子）等等，而他們的體重還煞有其事地寫在紀錄冊上。商店底下陰涼的大型地窖如今仍存放著酒，而法國拿破崙三世在流亡期間，曾在這悄悄進行會議。活動與教育主任李察．維爾（Richard Veal）文質彬彬、衣著無可挑剔，帶領我到一間散發古樸氣息的酒窖。桌上有幾瓶萬中選一的陳年酒款，從一八七〇年的瑪歌酒莊（Chateau Margaux）到二〇〇〇年的拉菲酒莊（Chateau Lafite Rothschild）都有，要價從數百到數千英鎊不等。

酒未必越陳越香。酒要能熟成得好，幾項成功條件不可或缺：酒精含量、酸、果味，而紅酒還需講究單寧。「有了這些要件，酒才能熟成，」維爾說，「說得清楚些，除了平衡，還要豐富。如果酒含有的這些元素越多，就越有陳年價值——酸、酒精與單寧都具有防腐效果，可讓酒保存很長的時間」。整體而言，紅酒的陳年效果特別好，不過麗絲玲（Riesling）白酒與馬德拉酒（Madeira）也是佼佼者。要釀造出優質的陳年酒，得仰賴大自然與製酒者的能力。在某些年份，若生長季早期受到天候不佳的影響，就會減少葡萄藤開花結果的數量。但好處是，這些葡萄的品質會很好。我們面前一九四五與一九六一年的兩瓶精選酒，就是在那些年那樣的環境下釀造的。環境壓力會提升葡萄品質的另一個例子，則是極度乾燥的氣候。「就像人生一樣，歷經寒徹骨，才得撲鼻香，」維爾說。

在陳年過程中，紅酒會失去顏色，有色素的單寧會形成沉積物，而白酒的顏色會因為氧化而加深（就像蘋果切片會從淺色變棕色一樣）。隨著時間流逝，酒的滋味會柔和，不同元素會開始整合。雖然在酒生命的早期階段，酒的各種組成層面會顯得相當明顯而分明，但久了之後就能融合起來。維爾以撞球來比喻：「過了幾十年，酒會成為結構良好且和諧的整體，每個元素適得其所。」酒要陳年得好，必須減少搬移擾動。一瓶酒最好只有一兩個家。「若我們知道某瓶酒確實是來自波爾多的商人，且在一百年前就放在我們的酒窖，那這瓶酒打開時狀態可能還很好」。但如果一瓶酒經常移動，喝起來就沒那麼好，因此許多酒在交易時並未在實際空間移動——雖然所有權已易主，實際上仍在收藏在同一個地方。然而要這麼長期存放酒也有風險。若環境的隔絕性不佳，即使好好儲藏的酒也可能品質劣化。

貝瑞兄弟與路德的採購者會採用專業手法，確保酒的品質，其中一項就是品飲新酒，判斷陳年效果好不好。他們每年派一組人去波爾多，品飲木桶中的酒並評斷。「我們能判斷這會不會是好的陳年佳釀，」維爾告訴我，他們評斷的基準是酒的各個元素平衡得好不好。顯然貝瑞兄弟與路德是放眼長期，著重酒數十年後的滋味，每五年評估一次。優質的酒需要好幾年發展，才能完全熟成。「或許某瓶酒已二、三十年了，我們仍覺得太新鮮。它可能各個元素都還太濃縮，我們想多花點時間，繼續熟成。一流的陳年葡萄酒需要更長的時間才會圓潤。但在此同時，有些較年輕的佳釀風味已經達到巔峰，可以好好享用」。

酒在瓶中陳年，透過試飲與評估的過程，酒的社群會對哪一年的酒是陳年佳釀形成共識。「逐漸對品質達成共識」這件事，似乎是很文明的一段過程。

眼前的陳年老酒像時空膠囊，以酒的形式，具體連結到過往的年代。例如一八七〇年瑪歌酒莊釀製的酒，是在法國對普魯士宣戰那年釀製。它是在葡萄園爆發根瘤蚜疫情之前即已釀造。十九世紀後半葉，法國葡萄園飽受根瘤蚜疫情肆虐，毀滅性十足，後來是引進能抗根瘤蚜的美洲葡萄藤砧木嫁接，才化解這場浩劫。漢維紐酒莊（Chateau de Rayne Vigneau）的老酒是在一九一三年釀製，是在第一次世界大戰爆發前。半瓶容量的凱歌香檳（Veuve Clicquot）於一九二一年釀製，維爾告訴我，在經過陳年之後，它的滋味會更像雪利酒，而不是香檳，但仍具有酸度。

我坐在貝瑞兄弟與路德寧靜的酒窖，周圍有一瓶瓶酒排在架上。釀酒時需要耐心、投入時間；要有歷史意識，又要放眼未來，等待酒風味達到巔峰的年份到來……這一切讓我大開眼界。我在想，品飲這些珍藏的偉大佳釀是什麼感覺？維爾給了生動的答案，讓我彷彿身歷其境。第一口嚐起來口感絲滑，風味濃郁集中。吞下這口酒的時候，更多風味開始湧現。「關鍵在於繁複的程度，即使才剛吞下也會綻放出來，令人振奮，」維爾清楚說明了經年累月的時光創造出的那種獨特，「這是無法以其他方式複製出來的，唯一的辦法就是長時間將一瓶酒保存得非常、非常好。這麼一來，你能創造出一生中難得幾回的美妙經驗」。

時光旅行

食物可以喚醒記憶、讓我們感覺時光倒流，我們也因此迷戀食物。雖然飲食是維持生命所必須，但食物絕非僅是燃料。食物滿載回憶、情感與依戀，能引發共鳴，栩栩如生召喚起其他時空。法國小說家馬塞爾．普魯斯特（Marcel Proust）曾寫下感官性的篇章，描述瑪德蓮浸在一杯茶裡，堪稱文學作品中最知名的例子：「沾著溫暖茶水的糕餅一碰到我的味蕾，登時一陣顫動通過我。於是我停下來，專注於發生在身上的奇妙現象。那種細膩的喜悅入侵我的感知，那是一種疏遠、脫離的東西，起源無以名狀。」

食物能讓我們穿越時空，是有生物性因素。品嚐食物風味時得仰賴嗅覺，而處理氣味的嗅覺神經會連結到杏仁核，亦即大腦中和喜怒哀樂等情感反應有關的區域。杏仁核是神經邊緣系統與大腦網絡的一部分，掌控情感與衝動，且相當接近海馬迴（hippocampus），亦即主管從經驗中獲取記憶的區域。

在所有食物中，年幼時所接觸的食物特別有力量。我們似乎天生就愛吃糖，孩提時喜愛的甜食有神奇的共鳴能力，即使到了成年依然喜歡享用，原因不僅是我們愛吃，更因為這些甜食能帶來快樂的聯想。對許多備受喜愛的品牌而言，「搏感情」能帶來商業利益。成年人往往會購買童年時吃過的相同糖果，一輩子都是忠實顧客。如果某品牌魯莽改變產品做法，往往引來顧客嚴重反彈，這也恰好說明顧客放了多少的情感進去。舉例而言，二〇一五年吉百利公司決定把巧克力奶油蛋（Cadbury's Crème Eggs）所使用的牛奶巧克力蛋殼，以普通的可可混合物替代，卻引來軒然大波。顧客念舊的力量多龐大，可從一九八五年可口可樂政策大轉彎的情況看出；當年可口可樂引進「新」配方，卻面臨強烈抗議聲浪，公司只好承認犯下大錯，改回舊配方。

當代小說家埃莉諾・戴莫特（Elanor Dymott）很喜愛記憶與食物這兩種題材，經常在書籍與故事中提及。她善於感受食物喚起過往記憶的能力。她祖母與母親做的百果餡餅在她心中就占有特別的地位。戴莫特因為父親工作的關係，童年住在國外；她在英國過聖誕節的記憶不多，卻很鮮明。「我們會從倫敦開車到多塞特郡（Dorset）的祖父母家。他們總是準備好一盤剛好烤好的百果餡餅」。後來戴莫特的父母如法炮製，祖父母在耶誕節造訪她家時，父母也會烤百果餡餅招待。「我們家的儀式不多，但這是其中之一，在我心中留下深深的烙印。那代表舟車勞頓之後終於抵達，百果餡餅的溫暖香氣就會包覆著我，也表示旅程結束，回到家，享受家人的擁抱」。去年聖誕節，戴莫特第一次自己做百果餡餅，用的是母親寄給她的蒂莉亞・史密斯食譜、老舊的麵團攪拌機及百果餡餅模。她在做餡餅的時候，想起童年時如何當母親的小幫手。她用相同的手持工具，把豬油和奶油混合到麵粉時，「那製作過程更像在一段記憶中旅行，帶我回到過去」。把餅皮桿平時，她又想起母親桿餅皮的畫面。「媽媽的動作好快，桿平、翻面、拿起、翻面的動作行雲流水。之後把餅皮切割拿起來，在麵團上留下一個個的小圈圈，實在很美好」。她邊做餡餅，「每做一批，又有另一層記憶浮現」。她想起母親與祖母曾小心翼翼，用盡最後一丁點的麵糰。「她們很愛從一大球餅皮麵糰，盡量多做些小百果餡餅」。最鮮明的記憶則是關於祖父的，他有一回來過耶誕節的途中，在車上發生了一點小意外，整個人氣呼呼的。「他在餐桌前生氣，但給了他一杯熱騰騰的咖啡與一盤熱熱的百果餡餅之後，氣就消了。這食物的療癒能力最令我難忘」。做百果餡餅與吃百果餡餅，都讓戴莫特回到過往。「食物很能讓時光倒流，」她思索道，「藉由製作食物而重現過去，實在奇妙」。

當代不少主廚都在探索食物中的情感力量，他們發揮想像力，力圖提升用餐者的經驗。西班牙赫羅納（Girona）的羅卡兄弟餐廳（El Cellar de Can Roca），主廚喬提・羅卡（Jordi Roca）善於推出吸引人的趣味甜點，許多甜點都是以運用「嗅覺記憶」為出發點。英國主廚布魯門索也喜於探索食物透過香氣、口感與滋味引起回憶湧現的能力，即使他的料理十分創新，講究多重感官感受，卻以懷舊感貫穿。布魯門索受託製作太空食物給英國太空人提姆・皮克（Tim Peake），讓他在國際太空站執勤六個月時吃。布魯門索先找出皮克有何關於食物的特殊記憶，以此為靈感，製作餐點。為了讓太空人能在太空安全享用食物，英國與歐洲太空總署及美國航太總署設下許多實際與後勤支援的重重關卡，不過布魯門索不屈不撓，還是送上許多罐頭餐點。皮克最愛吃的是以煙燻油脂來調味的鮭魚。他從外太空回報，說吃這罐頭時「我一下子就回到十九歲，當時在阿拉斯加的威廉王子灣（Prince William Sound）附近划船、捕鮭魚，再把魚放在火上烤」。布魯門索的構想是做出把皮克與地球連結起來的食物，把他送到另一個時空；奇妙的是，他成功了。

傳承

將數千年的飲食延續下去

人與烹飪的關係悠遠深刻。懂得以火烹煮食物，為智人（*Homo sapiens*）的發展特色。有能力種植作物，是人類社會的重要進程。農業約在一萬兩千年前興起，取代漁獵採集，成為人類賴以維生的方式。在「新石器革命」期間，人類開始種植作物、馴化動物。定居的生活方式加上有食物來源供給人口，促成文明興起。數個世紀以來，隨著國族發展，料理（包括烹飪習俗、以特定方式使用特定食材以及做法）也出現推進。我們的身分認同與食物緊緊相繫。在全球化的年代，國家與區域料理依然受到重視，是很令人驚奇的現象。這些料理受到數千年來環境、歷史與社會力量形塑，營造出我們視為理所當然的豐富性。正如本書所言，飲食以及為食物匱乏期間做準備的需求，使得人類發明許多食物保存法。將食材乾燥、煙燻、鹽漬、發酵等做法，已沿用千年。無論是麵包、優格或乳酪，每一種我們不假思索就吃下肚的食物，都有古老精采的歷史。發酵復興主義者卡茲認為，「文化」滿載著意義——「我們有無比豐富的文化遺產，飲食方式都屬於所繼承的文化傳統」。

若從與個人關係較為密切的層面來看，食物會透過食譜、料理習慣、特殊記憶與聯想等方式，在家族代代相傳。幾年前我到澳洲一趟，慈愛的黛芬尼姑媽把我拉到一旁，教我怎麼製作鳳梨塔。這是一道葡萄牙歐亞料理的傳統節慶美食。黛芬尼姑媽的好手藝在家族中是出了名的，她不需要任何量匙量杯之類的東西，完全憑靠觸感，把豬油和牛油揉進麵粉，之後再打個蛋，做成柔軟的麵團。這麵團實在很軟，因此要做出直徑只有四公分的小塔殼時，得使用特殊木模。每個小塔殼裡面會填滿自製鳳梨醬，接下來是最難學的部分：邊緣要用小巧的鋸齒狀夾子，靈巧夾出羽狀。最後則是裁出小小的麵團做裝飾，放到塔的中央，她說代表棕櫚葉。黛芬尼姑媽承認，這很花時間。「別人問，為什麼我要這麼大費周章？但我不介意大費周章」。她仔細與我分享這道食譜，甚至給我小模具和夾子，讓我之後使用。這麼一來，姑媽便把她的獨門知識傳授給我，希望她帶著愛來實踐料理的習慣能夠延續下去。遺憾的是，她在二〇一三年過世了，許多烹調非熱門菜色的知識就這樣失傳，例如古老的內臟咖哩（feng）。我兒子十八歲時，我把他最愛的食譜集結成冊，印成小書當禮物。裡頭有些食譜是我的，有些是來自我們喜歡的烹飪書，還有些是來自父親、外婆與奶奶，以及好朋友。他常常做這小書裡的菜，讓我感到很欣慰。

然而我們務必體認到，世界各地有許多傳統食物與烹飪傳統面臨壓力，甚至有失傳的危機。聯合國教科文組織的無形文化資產列表著重於文化層面，期盼保護與推廣這些資產。其中許多項目都與食物有關，例如韓國泡菜製作、傳統墨西哥料理、地中海飲食、北克羅埃西亞的薑餅製作、香港蛋撻……等。全球化、工業化、環境劣化、經濟與社會壓力，都深深影響全球的飲食文化。有鑑於飲食文化遺產可能消失，引發許多運動、慈善機構與組織興起，設法保存這些資產。有些活動為國際性的，例如慢食運動組織兩年一度的大地之母（Tierra Madre）博覽會，集結來自一百五十國、成千上萬的農人與食物生產者。其他運動則屬於本國性質，例如英國的有機花園種子遺產圖書館（Garden Organic Heritage Seed Library）、布羅格戴爾果樹收藏園（Brogdale Colllections，有數千種稀有果樹）或珍稀品種保護信託。歐洲有原產地命名保護或法定地理區域產品保護制度認證等制度，對於保存歷史食品與傳統生產方式產生了效果，然而，仍有許多東西已失傳。「在世界上，只要是有人類馴化動物的地方，就會發展出發酵乳品的獨特方式，可惜這些做法多已消失，」卡茲悲憤地說。

為了保存食物傳統而努力的，不止慈善機構而已。創建於一九七九年的倫敦尼爾庭院乳酪舖，在維持英國農家乳酪傳統上也舉足輕重，直接給予乳酪製造者經濟上的支援，也創造出具商業性的市場，讓乳酪製造者能賴以維生。不過，尼爾庭院的採購者波希薇卻提出警告，「雖然英國有乳酪復興的風潮，但仔細了解的話，仍會發現許多最經典的英國乳酪確實面臨危機，只剩下一個生產者」。她以柯克姆的蘭開夏乳酪為例：「柯克姆家是奇特的連結，將今日與一百五十年前的乳酪製做法聯繫起來。他們具體展現以前的乳酪製造過程，也以相同方式來控制成品，因而創造出獨一無二的成果。但如果哪天他們不做了，那這裡就完全沒有和真正的蘭開夏傳統農家乳酪一樣的東西了。」波希薇以令人印象深刻的語句說明她想創造的東西：「乳酪製造者的生態系統。」她說，生產者社群不可或缺，

「不能像動物園的熊貓那樣，孤零零的獨自一人」。

過去二十年來，英國新人輩出，加入傳統食物生產行列。許多人沿用傳統技法，常做出有個性的新產品，無論是現代乳酪或是創新的保久食物。同樣地，許多人開始養酸種麵團、做優格、把藍莓做成果醬，發現自己在家動手做食物多有成就感。卡茲認為，教導民眾如何自己發酵食物，是維持古老做法的關鍵。「這些食物都需要有人去做；它們無法自己生產，」他簡單說道。買一塊悉心製作的傳統乳酪或國產肉品、種植傳統品種的蔬果、嘗試自己醃漬泡菜、花果釀或酸甜醬……這些舉動都有助於維護飲食傳統。在這微波與即食品當道的年代，即使只是花點時間，從生食材開始烹煮，都是數個世紀食物文化的重要傳承方式——這可不是玩笑話！

參考書目

DAVIDSON, ALAN, *The Oxford Companion to Food,* Oxford, Oxford University Press, 1999.

DEL CONTE, ANNA, *Gastronomy of Italy,* London, Pavilion Books, 2013.

DONNELLY, CATHERINE (ed.), *The Oxford Companion to Cheese,* Oxford, Oxford University Press, 2016.

FEARNLEY-WHITTINGSTALL, HUGH, *The River Cottage Meat Book,* London, Hodder & Stoughton, 2004.

GRIGSON, JANE, *Charcuterie and French Pork Cookery,* London, Grub Street, 2001.

HENRY, DIANA, *Salt Sugar Smoke,* London, Mitchell Beazley, 2012.

HOFFMANN, JAMES, *The World Atlas of Coffee,* London, Mitchell Beazley, 2014.

KATZ, SANDOR, *The Art of fermentation,* Vermont, Chelsea Green Publishing, 2012.

LIDDELL, CAROLINE, *and WEIR, ROBIN, Ices*, London, Grub Street, 1995.

LOCATELLI, GIORGIO, *Made in Italy,* London, Fourth Estate, 2006.

LÓPEZ-ALT, J. KENJI, *The Food Lab,* New York, W. W.

Norton, 2015.

MCGEE, HAROLD, *McGee on Food & Cooking,* London, Hodder & Stoughton, 2004.

MAIR, VICTOR H., AND HOH, ERLING, *The True History of Tea,* London, Thames & Hudson, 2009.

MIODOWNIK, MARK, *Stuff Matters,* London, Penguin Books, 2014.

RANCE, PATRICK, *The Great British Cheese Book*, London, Macmillan, 1983.

ROVELLI, CARLO, *Seven Brief Lessons on Physics,* London, Penguin Books, 2014.

SMITH, ANDREW F. (Editor), *The Oxford Companion to Food and Drink,* Oxford University Press, 2007.

UMAMI INFORMATION CENTRE, UMAMI, Tokyo, 2014.

WEINZBERG, ARI, *Zingerman's Guide to Good Eatings,* Boston, Houghton Mifflin, 2003.

WHITLEY, ANDREW, *Bread Matters,* London, Fourth Estate, 2006.

WHITLEY, ANDREW, *Do Sourdough,* London, The Do Book Company, 2014.

WILSON, BEE, *First Bite,* London, Fourth Estate, 2015.

WRANGHAM, RICHARD, *Catching Fire,* London, Profile Books, 2009.

食物生產者名錄

奶油漬蝦
巴克斯特公司 Baxters
www.baxterspottedshrimps.co.uk

酒
貝瑞兄弟與路德 Berry Bros & Rudd
www.bbr.com

魚類烹飪
比林斯蓋特海鮮訓練學校 Billingsgate Seafood Training School
www.seafoodtraining.org

西班牙火腿
布林迪薩公司 Brindisa
www.brindisa.com

單一麥芽蘇格蘭威士忌
布萊迪 Bruichladdich
www.bruichladdich.com

肉品
布切里肉舖 The Butchery Ltd
www.thebutcheryltd.com

麵包
蛋糕店烘焙坊 Cake Shop Bakery
www.cakeshopbakery.co.uk

檸汁醃生魚餐廳
奇維希 Ceviche
www.cevicheuk.com

供應採集食材的餐廳
野菇餐廳 Le Champignon Sauvage
www.lechampignonsauvage.co.uk

冷肉
夏庫提爾公司 Charcutier Ltd
www.charcutier.co.uk

魚類
赤爾夕魚舖 Chelsea Fishmonger
www.thechelseafishmonger.co.uk

豆餅
畢波家 Chez Pipo
www.chezpipo.fr

巧克力
可可經營者 Cocoa Runners
www.cocoarunners.com

廚具
大衛・梅洛 David Mellor
www.davidmellordesign.com

果醬
英國果醬 England Preserves
www.englandpreserves.co.uk

巧克力
弗里斯—霍姆 Friis-Holm
www.friis-holm.dk

芒果
鮮果公司 Fruity Fresh
www.fruityfresh.com

雪利酒
岡薩雷比亞斯酒莊 Gonzalez Byass
www.gonzalezbyass.com

海鹽
海藍盟 Halen Môn
www.halenmon.com

帕瑪乾酪
火腿乳酪公司 The Ham and Cheese Company
www. thehamandcheeseco.com

牛排館
霍克斯穆爾集團 Hawksmoor
www.thehawksmoor.com

藥草與苦精
赫伯 Herball
www.theherball.com

豆類
哈米豆 Hodmedod
www.hodmedods.co.uk

巧克力

國際巧克力與可可品鑑協會
International Institute of Chocolate and Cacao Tasting
www.chocolatetastinginstitute.org

橄欖油課程

茱蒂・李奇維 Judy Ridgway
www.oliveoil.org.uk

海弗牛肉

凱斯・席多恩 Keith Siddorn
Meadow Bank Farm
Whitchurch Road
Broxton
Cheshire CH3 9JS

火雞

凱利青銅火雞場 Kelly Bronze Turkeys
www.kellybronze.co.uk

冰品

洞穴冰品 La Grotta Ices
www.lagrottaices.tumblr.com

肉品

利德蓋特肉品公司 C. Lidgate Butcher
www.lidgates.com

新鮮農產品

納圖拉 Natoora
www.natoora.co.uk

乳酪

尼爾庭院乳酪舖 Neal’s Yard Dairy
www.nealsyarddairy.co.uk

巴薩米可醋

摩德納尼諾農莊 Nero Modena
neromodena.it

布朗尼

異鄉人之塔 Outsider Tart
outsidertart.com

雞肉

派柏斯農場 Pipers Farm
www.pipersfarm.com

茶
明信片茶館 Postcard Teas
www.postcardteas.com

克萊兒・克拉克的糕點
非常甜點 Pretty Sweet
www.prettysweet.london

波特酒
諾瓦酒莊 Quinta do Noval
www.quintadonoval.com

蜂蜜
攝政公園蜂蜜 Regent Park Honey
www.purefood.co.uk

漬物
玫瑰花蕾漬物坊 Rosebud Preserves
rosebudpreserves.co.uk

義大利麵
魯斯提切拉製麵廠 Rustichella d'Abruzzo
www.rustichella.it

煙燻鮭魚
塞文與威河 Severn & Wye
severnandwye.co.uk

咖啡
平方英里咖啡烘焙坊 Square Mile Coffee Roasters
shop.squaremilecoffee.com

燒烤餐廳
坦波餐廳 Temper
temperrestaurant.com

新鮮山葵
山葵公司 The Wasabi Company
www.thewasabicompany.co.uk

啤酒
維爾貝克修道院啤酒廠 Welbeck Abbey Brewery
www.welbeckabbeybrewery.co.uk

提供自製酸種麵包的餐廳

西屋餐廳 The West House

www.thewesthouserestaurant.co.uk

威士忌

威士忌交易所 The Whisky Exchange

www.thewhiskyexchange.com

蘆筍

懷克姆公園農場 Wykham Park Farm

www.wykhampark.co.uk

謝詞

這本書是我長期以來珍愛的作品，耗時多年才得以開花結果。然而，所有的書都是匯集各方努力才得以完成。在此特別對下列人士致上謝意。

感謝經紀人 Suresh Ariaratnam 對這本書的點子有信心，在我寫作期間持續給予明智的支持。非常感謝奇特出版社（Particular Books）所有團隊成員，包括 Claire Mason、Shoaib Rokadiya。特別感謝我的編輯 Cecilia Stein 與 Helen Conford 的仔細與審慎，能與如此認真的編輯合作，是我的榮幸。也謝謝一絲不苟的文稿編輯 Annie Lee、主編 Rebecca Lee 為本書付出，慷慨協助。很感謝設計團隊，讓本書這般優雅。謝謝公關副主任 Pen Vogler 與行銷部門的 Olivia Anderson。

為這本書做研究是豐富人生的精采過程。感謝為這本書而與我會面、談話與聯絡的人，謝謝他們慷慨分享時間與精深博大的學問。

許多人提供各種實際幫助、建議與引導。感謝 Angela 與 Gerry Aroozoo、Russ Carrington、Callum Edge、Helene Cuff、Jessica Goodman、Toby Hampton、Charlie Hicks、Jason Hinds、Mark Lewis、Pam Lloyd、Liz Lock、Polly Robinson、Luisa Welch、Patti Wheelan 與我的兒子 Ben Windsor。謝謝 Gonzalez Byass 與 Rustichella d'Abruzzo 的熱情款待。

在個人層面，感謝好友自始至終的支持與關懷，給了我力量。特別感謝 Cat Black、Tim d'Offay、Geoff Duffield、Joanna Everard、Zoe Hewetson、Nicola Lando、Polly Russell、Helen Smith、Helen Wallace 與 Lola Wiehahn。非常感謝母親 Lydia Linford 明察秋毫與溫暖鼓勵。最後也最重要的，衷心感謝我親愛的丈夫 Chris Windsor，謝謝他長久以來對身為飲食作家的我，給予愛與支持。

〔國家圖書館出版品預行編目(CIP)資料〕

食與時：透過秒、分、時、日、週、月、年，看時間的鬼斧神工如何成就美味/ 珍妮.林弗特(Jenny Linford)著；呂奕欣譯. -- 一版. -- 臺北市：臉譜，城邦文化出版：家庭傳媒城邦分公司發行，2019.06
面；14.8 X 21公分
譯自：The missing ingredient : the curious role of time in food and flavour
ISBN 978-986-235-742-2(平裝)

1.烹飪 2.食物 3.時間
427 108004065

臉譜書房 FS0103

食與時

透過秒、分、時、日、週、月、年，看時間的鬼斧神工如何成就美味
The Missing Ingredient: The Curious Role of Time in Food and Flavour

作　　者　珍妮・林弗特（Jenny Linford）
譯　　者　呂奕欣
編輯總監　劉麗真
責任編輯　許舒涵
行銷企劃　陳彩玉、陳紫晴、藍偉貞

發 行 人　涂玉雲
總 經 理　陳逸瑛
出　　版　臉譜出版
城邦文化事業股份有限公司
臺北市中山區民生東路二段一四一號五樓
電話：886-2-25007696　傳真：886-2-25001952

發　　行　英屬蓋曼群島商家庭傳媒股份有限公司城邦分公司
臺北市中山區民生東路二段一四一號十一樓
服務專線：02-25007718；25007719
二十四小時傳真專線：02-25001990；25001991
服務時間：週一至週五上午09:30-12:00；下午13:30-17:00
劃撥帳號：19863813　戶名：書虫股份有限公司
讀者服務信箱：service@readingclub.com.tw
城邦網址：http://www.cite.com.tw

香港發行所　城邦（香港）出版集團有限公司
香港灣仔駱克道一九三號東超商業中心一樓
電話：852-25086231　傳真：852-25789337

馬新發行所　城邦（馬新）出版集團
Cite (M) Sdn. Bhd.
41-3, Jalan Radin Anum, Bandar Baru Sri Petaling,57000 Kuala Lumpur, Malaysia.
電話：603-90563833　傳真：603-90576622
讀者服務信箱：services@cite.my

封面設計　廖勁智
排　　版　漾格科技股份有限公司

一版一刷　2019年6月
ISBN　978-986-235-742-2
售　　價　420元